普通高等教育“十三五”规划教材
高等学校环境科学与工程专业教材

环境科学与工程综合实验

马涛　曹英楠　主编

中国轻工业出版社

图书在版编目（CIP）数据

环境科学与工程综合实验/马涛，曹英楠主编. —北京：中国轻工业出版社，2017.5

普通高等教育“十三五”规划教材 高等学校环境科学与工程专业教材

ISBN 978-7-5184-1266-2

Ⅰ.①环… Ⅱ.①马… ②曹… Ⅲ.①环境科学—实验—高等学校—教材 ②环境工程—实验—高等学校—教材 Ⅳ.①X-33

中国版本图书馆 CIP 数据核字（2016）第 326728 号

责任编辑：江 娟 王 朗
策划编辑：王 朗 责任终审：劳国强 封面设计：锋尚设计
版式设计：宋振全 责任校对：吴大鹏 责任监印：张 可

出版发行：中国轻工业出版社（北京东长安街 6 号，邮编：100740）
印 刷：北京君升印刷有限公司
经 销：各地新华书店
版 次：2017 年 5 月第 1 版第 1 次印刷
开 本：787×1092 1/16 印张：14
字 数：340 千字
书 号：ISBN 978-7-5184-1266-2 定价：36.00 元
邮购电话：010-65241695 传真：65128352
发行电话：010-85119835 85119793 传真：85113293
网 址：http://www.chlip.com.cn
Email：club@chlip.com.cn

160728J1X101ZBW

本书编委会

主　编　马　涛　内蒙古工业大学
　　　　曹英楠　内蒙古工业大学

副主编　张晓晶　内蒙古农业大学
　　　　贾永芹　内蒙古农业大学

参　编　王丽萍　内蒙古农业大学
　　　　王利明　内蒙古农业大学
　　　　卢俊平　内蒙古农业大学
　　　　伊三悌　内蒙古工业大学
　　　　罗　颖　内蒙古工业大学
　　　　孙　英　呼和浩特市环境监测中心站

前 言

环境科学与工程学科是一个庞大的学科体系，是具有较强的交叉性、综合性和实践性的学科。许多污染现象的解释、污染治理技术、处理设备的设计参数及运行方式的确定，都需要通过实验解决。因此在教学中做好实践技能教学，对于培养学生的实践能力和创新能力尤为重要。

环境工程实验是环境工程学科的重要组成部分，是学生、科研和工程技术人员理解和掌握环境污染原因及治理污染的一个重要手段。通过实验研究可以掌握污染物在自然界的迁移转化规律，为环境保护工作提供依据；掌握污染物治理过程中污染物去除的基本规律，以改进和提高现有的处理技术及设备；实现污染设备的优化设计和优化控制；解决污染物治理技术开发中的放大问题。

现阶段，我国高等学校环境工程、环境科学专业的教材主要为理论课教材，专业基础课和专业课实验的内容大多分散于理论课教材中，一般采用各门课程单独使用实验讲义的方式来进行实验教学。课程知识之间比较独立，缺乏系统性和完整性，而且综合性、设计性、思考性实验较少，对于新设备、新技术、新方法等，不能及时在实验教学中加以跟进。加之各个高校环境工程、环境科学专业的基础、着重点、历史沿袭等特色各异，课程设置和培养目标不尽相同。

编制环境工程、环境科学专业实验技术指导教程的宗旨是培养学生理论与实际相结合的操作技能和实事求是、精益求精的科学态度，以及分析问题和解决问题的实践能力。同时，突出环境类专业的学科特色，构建合理的教学体系，提高实验教学的教学水平。

《环境科学与工程综合实验》简单扼要地介绍了实验的基础理论、实验方法、实验设计及数据处理等方面知识。根据实验室的仪器、装备、条件及环境类实验教学需要的情况，编制了环境类相关的基础实验及综合性应用实验。从相关知识的交叉点和整体的学科系统性出发，加入了科研、生产实践中的实验操作方法。内容主要覆盖了环境类专业的专业基础课、专业课的实验内容，含有基础验证、演示实验、综合性实验、设计性实验、开放性实验等内容。实验项目的选择是以多方面的综合要求为依据，整合环境类各门课程的单一实验，以多方面知识点结合为依据，对各门课程所开设的实验项目进行了设置和划分，避免了实验内容的重复性及单一性，并注意联系生产实际中污染监测及关注技术发展趋势。在实验装置设计、实验方法等方面，力求做到开放性、设计性及实验项目的实用性、正确性和科学性，具有系统、科学、实用性强等特点。同时，加入新设备、新技术等方面的分析应用实验，对提高学生的动手能力、开阔眼界、培养学生综合运用所学知识来解决实际工作问题的能力有很大的帮助。

目 录

绪　论 ………… 1
一、实验的教学目的 ………… 1
二、实验的基本程序 ………… 1
三、实验的教学要求 ………… 2
第一章　环境工程微生物学实验 ………… 3
第一节　基础性实验 ………… 3
一、光学显微镜的使用及微生物形态的观察 ………… 3
二、微生物的计数 ………… 6
三、微生物的染色 ………… 8
第二节　应用微生物学基本知识点 ………… 10
一、培养基的制备和灭菌 ………… 11
二、微生物的分离、培养和接种技术 ………… 16
三、纯培养菌种的菌体、菌落形态特征观察 ………… 20
四、紫外线杀菌实验 ………… 22
五、水体中细菌菌落总数的测定 ………… 24
六、水中大肠菌群数的测定 ………… 26
七、空气中浮游微生物的测定 ………… 31
八、土壤中微生物的测定 ………… 32
第二章　水污染控制工程实验 ………… 34
第一节　水处理基础知识 ………… 34
一、水处理内容 ………… 34
二、水处理的方法分类 ………… 34
第二节　基础性实验 ………… 35
一、沉淀基础知识 ………… 35
二、澄清基础知识 ………… 43
三、过滤基础知识 ………… 47
第三节　演示性实验 ………… 48
一、滤池过滤与反冲洗实验 ………… 48
二、普通快滤池实验 ………… 51
三、虹吸滤池实验 ………… 52
四、软化实验 ………… 54

五、 气浮法实验 …… 56
第四节 好氧生物处理法基础知识 …… 59
一、 活性污泥性质的测定 …… 59
二、 完全混合式活性污泥法实验 …… 62
三、 清水曝气充氧实验 …… 64
第五节 综合性实验 …… 67
一、 活性污泥耗氧速率测定及废水可生化性与毒性评价 …… 67
二、 水体富营养化程度的评价 …… 71
第三章 大气污染控制工程实验 …… 75
第一节 基础性实验 …… 75
一、 粉尘粒径分布测定实验 …… 75
二、 袋式除尘器性能测定实验 …… 80
三、 静电除尘器性能测定实验 …… 88
四、 碱液吸收法净化气体中的二氧化硫实验 …… 96
五、 吸附法净化气体中的氮氧化物实验 …… 104
第二节 综合性实验 …… 108
一、 催化转化法去除烟气氮氧化物实验 …… 108
二、 室内空气中甲醛测定实验 …… 112
第四章 噪声污染控制工程实验 …… 117
第一节 基础性实验 …… 117
一、 噪声测量仪器的使用 …… 117
二、 城市道路交通噪声测定 …… 117
第二节 综合性实验 …… 119
第五章 环境监测实验 …… 121
第一节 基础性实验 …… 121
一、 废水悬浮物浓度和浊度的测定 …… 121
二、 色度的测定 …… 123
三、 氨氮的测定 …… 125
四、 化学需氧量（COD）的测定 …… 127
五、 五日生化需氧量（BOD_5）的测定 …… 130
六、 水中氟化物的测定 …… 135
七、 水中铬的测定 …… 137
八、 废水中酚类的测定 …… 140
九、 污水中油的测定 …… 143
十、 废水中苯系化合物的测定 …… 146
十一、 大气中总悬浮颗粒物的测定 …… 148
十二、 大气中二氧化硫的测定 …… 150
十三、 大气中氮氧化物的测定 …… 153

十四、 大气中一氧化碳的测定 …… 156
十五、 土壤中金属元素镉的测定 …… 157
十六、 环境噪声监测 …… 158
十七、 工业废渣渗漏模型实验 …… 160
第二节 综合性实验 …… 161
一、 城市区域空气质量监测 …… 161
二、 河流环境质量基础调查 …… 162
三、 校园声环境质量现状监测与评价 …… 162
第六章 固体废物处理与处置实验 …… 165
第一节 基础性实验 …… 165
一、 固体废物热值的测定 …… 165
二、 固体废物的破碎筛分实验 …… 171
三、 固体废物的好氧堆肥实验 …… 172
四、 污泥比阻的测定实验 …… 173
第二节 综合性实验 …… 178
一、 土柱或有害废弃物渗滤和淋溶实验 …… 178
二、 生活垃圾厌氧堆肥产气实验 …… 181
第七章 环境土壤学、生态学实验 …… 184
第一节 土壤样品的采集与制备 …… 184
一、 实验目的 …… 184
二、 样品采集方法 …… 184
三、 制备方法 …… 185
四、 需用仪器工具 …… 185
五、 注意事项 …… 185
六、 思考题 …… 185
第二节 土壤 pH 的测定 …… 186
一、 实验目的 …… 186
二、 测定方法 …… 186
三、 注意事项 …… 189
四、 思考题 …… 189
第三节 土壤有机质的测定 …… 190
一、 实验目的 …… 190
二、 实验原理 …… 190
三、 实验仪器及试剂 …… 190
四、 样品的选择和制备 …… 191
五、 实验步骤 …… 191
六、 结果计算 …… 192
七、 注意事项 …… 192

八、思考题 …… 192
第四节 土壤可溶盐总量的测定 …… 192
一、实验目的 …… 192
二、水浸提液的制备 …… 193
三、可溶性盐总量的测定 …… 194
四、注意事项 …… 196
五、思考题 …… 197
第五节 生态环境中生态因子的观测与测定 …… 197
一、实验目的 …… 197
二、实验仪器 …… 197
三、实验内容 …… 197
四、思考题 …… 198
第六节 叶片缺水程度的鉴定 …… 198
一、实验目的 …… 198
二、实验原理 …… 198
三、实验仪器 …… 198
四、实验内容 …… 199
五、电导率仪操作 …… 199
六、思考题 …… 200
第七节 温度胁迫对植物过氧化物酶（POD）活性的影响 …… 200
一、实验目的 …… 200
二、实验原理 …… 200
三、实验仪器 …… 200
四、实验内容 …… 200
五、思考题 …… 201
第八节 盐胁迫对植物的影响 …… 201
一、实验目的 …… 201
二、实验仪器 …… 201
三、实验内容 …… 201
四、思考题 …… 203
第八章 数字模拟技术在实验中的应用与发展 …… 204
第一节 数字模拟技术 …… 204
一、数字模拟技术对传统实验的提升 …… 204
二、多媒体仿真实验 …… 205
三、拓展演示实验 …… 205
四、优化实验方案设计 …… 205
第二节 城市污水处理仿真系统 …… 205
一、工程简介 …… 205

二、 运行数据 …… 206
三、 污水处理方法及工艺流程 …… 206
四、 主要构筑物 …… 207
五、 工艺流程、 工艺参数与控制方案 …… 208
第三节 环境空气自动监测系统应用 …… 209
一、 系统组成 …… 209
二、 系统参数 …… 210
三、 主要技术指标 …… 210
四、 系统功能 …… 211
参考文献 …… 212

绪　论

环境工程是建立在实验基础上的学科。许多污染现象的解释，污染治理技术、处理设备的设计参数和操作运行方式的确定，都需要通过实验解决。例如，污水处理中混凝沉淀所用药剂种类的选择和生产运行条件的确定，以及采用热解焚烧技术处理固体废物时工艺参数的确定等，都需要通过实验测定，才能较合理地进行工程设计。

环境工程实验是环境工程学科的重要组成部分，是科研和工程技术人员解决环境污染治理中各种问题的一个重要手段。通过实验研究，可以解决下述问题：

（1）掌握污染物在自然界的迁移转化规律，为环境保护提供依据。

（2）掌握污染治理过程中污染物去除的基本规律，以改进和提高现有的处理技术及设备。

（3）开发新的污染治理技术和设备。

（4）实现污染治理设备的优化设计和优化控制。

（5）解决污染治理技术开发中的系统问题。

一、实验的教学目的

实验教学的宗旨是使环境类本科学生理论联系实际，实验教学是培养学生观察问题、分析问题和解决问题能力的一个重要方面。本课程的教学目的有以下几方面：

（1）加深学生对基本概念的理解，巩固新的知识。

（2）使学生了解如何进行实验方案的设计，并掌握环境工程实验研究方法和基本测试技术。

（3）通过实验数据的整理使学生初步掌握数据分析处理技术，包括如何收集实验数据、如何正确地分析和归纳实验数据、如何运用实验成果验证已有的概念和理论等。

二、实验的基本程序

为了更好地实现教学目标，下面简单介绍实验工作的一般程序。

1. 提出问题

根据已经掌握的知识，提出打算验证的基本概念或探索研究的问题。

2. 设计实验方案

确定实验目标后要根据人力、设备、药品和技术能力等方面的具体情况进行实验方案的设计。实验方案应包括实验目的、实验装置、实验步骤、测试项目和测试方法等内容。

3. 实验研究

（1）根据设计好的实验方案进行实验，按时进行测试。

（2）收集实验数据。

（3）定期整理分析实验数据　实验数据的可靠性和定期整理分析是实验工作的重要环

节，实验者必须经常用已掌握的基本概念分析实验数据。通过数据分析加深对基本概念的理解，并发现实验设备、操作运行、测试方法和实验方向等方面的问题，以便及时解决，使实验工作能较顺利地进行。

4. 实验小结

通过系统分析实验数据，对实验结果进行评价。实验小结的内容包括以下几个方面：①通过实验掌握了哪些新的知识；②是否解决了提出研究的问题；③是否证明了文献中的某些论点；④实验结果是否可用于改进已有的工艺设备和操作运行条件或设计新的处理设备；⑤当实验数据不合理时，应分析原因，提出新的实验方案。

三、实验的教学要求

实验的教学要求一般有以下几个方面。

1. 课前预习

为完成好每个实验，学生在课前必须认真阅读实验教材，清楚了解实验项目的目的要求、实验原理和实验内容，写出简明的预习提纲。预习提纲包括：①实验目的和主要内容；②需测试项目的测试方法；③实验注意事项；④实验记录表格。

2. 实验设计

实验设计是实验研究的重要环节，是获得满足要求的实验结果的基本保障。在实验教学中，宜将此环节的训练放在部分实验项目完成后进行，以达到使学生掌握实验设计方法的目的。

3. 实验操作

学生实验前应仔细检查实验设备、仪器仪表是否完整齐全。实验时要严格按照操作规程认真操作，仔细观察实验现象，精心测定实验数据，并详细填写实验记录表。实验结束后，要将实验设备和仪器仪表恢复原状，将周围环境整理干净。学生应注意培养自己严谨的科学态度，养成良好的学习、工作习惯。

4. 实验数据处理

通过实验取得大量数据以后，必须对数据进行科学的整理分析，去伪存真，去粗取精，以得到正确、可靠的结论。

5. 编写实验报告

编写实验报告是实验教学必不可少的环节，这一环节的训练可为学生今后写好科学论文或科研论文打下基础。实验报告包括：①实验目的；②实验原理；③实验装置和方法；④实验数据和数据整理结果；⑤实验结果讨论。

第一章　环境工程微生物学实验

环境工程微生物学的研究对象是：在研究微生物一般特性的基础上，重点研究环境预防与环境治理中的微生物形态与生态、饮用水卫生学、自然环境中物质的循环与转化。环境工程微生物学的研究任务是：充分利用有益的微生物资源解决环境污染问题，包括环境工程微生物净化的原理与方法等研究。

第一节　基础性实验

一、光学显微镜的使用及微生物形态的观察

普通光学显微镜是一种精密的光学仪器。早期的显微镜仅由少数几块透镜组成，难以消除物像的像差和色差。近代的显微镜由一套精密磨制的透镜组成，已能较好地消除像差和色差，并能将物体放大1500~2000倍。

（一）实验目的

（1）掌握光学显微镜的结构、原理，学习显微镜的操作方法和保养。

（2）观察细菌的个体形态。

（3）学习生物图的绘制方法。

（二）实验内容

（1）仪器和材料　光学显微镜、擦镜纸、香柏油、标本片。

（2）实验内容及操作步骤

①做好实验前的准备工作。

②显微镜低倍镜、高倍镜的操作。先用低倍镜观察，旋转转换器换高倍镜，应注意避免与标本片相碰。

③油镜的操作。

④观察并绘制微生物个体形态简图。

⑤擦拭镜头和标本片。

⑥将所用仪器归位。

（3）显微镜的构造　显微镜分机械装置和光学系统两部分（图1-1）。

①机械装置

镜筒：镜筒上端装目镜，下端接转换器。

转换器：转换器装在镜筒的下方，其上有3~5个孔。不同规格的物镜分别安装在各孔上。

载物台：载物台为方形（多数）和圆形的平台，中央有一光孔，孔的两侧各装一个夹

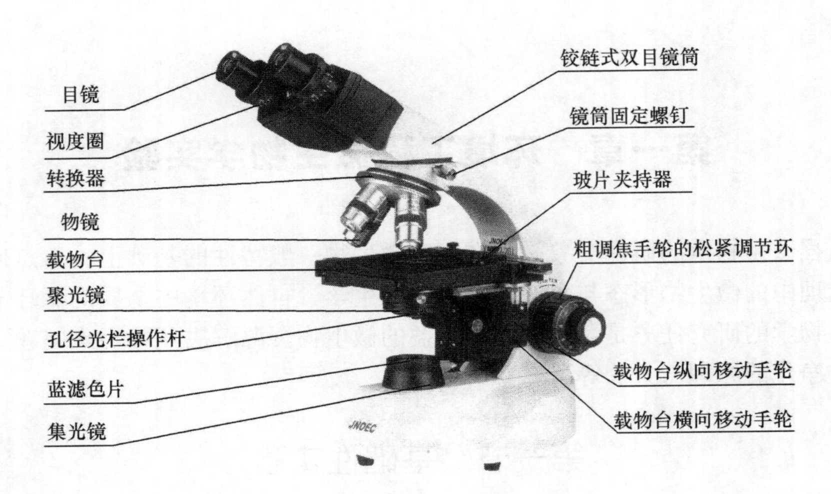

图 1－1　显微镜的结构

片，载物台上还有移动器（其上有刻度标尺），可纵向和横向移动，移动器的作用是夹住和移动标本。

镜臂：镜臂支撑镜筒、载物台、聚光器和调节器。镜臂有固定式和活动式（可改变倾斜度）两种。

镜座：镜座为马蹄形，支撑整台显微镜，其上有反光镜。

调节器：包括大、小螺旋调节器（调焦距）各一个，可调节物镜和所需观察的物体之间的距离。调节器有装在镜臂上方或下方两种，装在镜臂上方的是通过升降镜臂来调焦距，装在镜臂下方的是通过升降载物台来调节焦距，新式显微镜多半装在镜臂的下方。

②光学系统

目镜：显微镜一般备有几个不同规格的目镜。例如，10 倍（10 ×）、16 倍（16 ×）。

物镜：物镜装在转换器的孔上，物镜有低倍（8 ×、10 ×、20 ×）、高倍（40 ×）及油镜（100 ×）。显微镜的总放大倍数为物镜放大倍数和目镜放大倍数的乘积。

聚光镜：聚光镜安装在载物台的下面，反光镜反射来的光线通过聚光器被聚集成光锥照射到标本上，可增强透明度，提高物镜的分辨率。聚光镜可上下调节，它中间装有光圈，可调节光亮度，在看高倍镜和油镜时需调节聚光镜，合理调节聚光镜的高度和光圈的大小，可得到适当的光照和清晰的图像。

反光镜：反光镜装在镜座上，有平、凹两面，光源为自然光时用平面镜，为灯光时用凹面镜。

蓝滤色片：需用滤光片时，可将滤光片放在聚光镜下可变光栏拖架上。

（4）显微镜的操作

①低倍镜的操作

a. 置显微镜于固定的桌上。

b. 旋转转换器，将低倍镜移到镜筒正下方，和镜筒对正。

c. 打开灯光，同时用眼对准目镜，使视野亮度均匀。

d. 将标本片放在载物台上，使观察的目的物置于圆孔的正中。

e. 孔径光栏的调节。通常，当孔径光栏开启到物镜出瞳的70% ~80%时，就可以得到足够对比度的良好图像。要观察孔径光栏像，可取下目镜，从空目镜筒中往下看物镜出瞳。具体如图1－2所示。

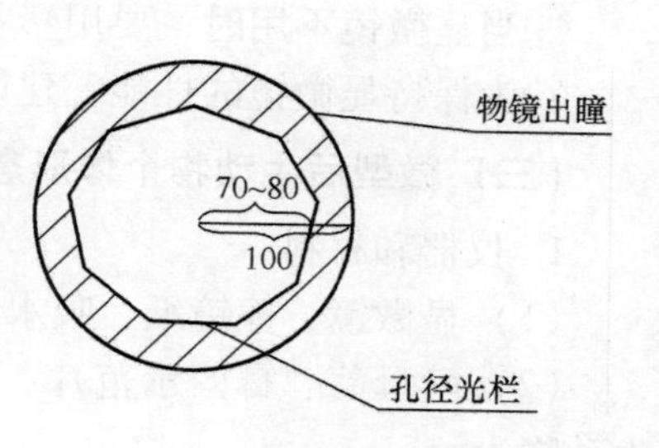

图1－2 孔径光栏的调节

f. 转轴式双目镜筒调节

瞳距调节：转轴式双目镜筒的瞳距标志在上表面的黑色圆形刻度板上，瞳距范围为55 ~75mm，以满足不同操作者的瞳距要求，使左、右目镜中的图像合并。

视度的调节：转动视度圈，使视度圈上的零刻度线与其下端的白点对齐，此时是零视度位置，对于左右眼视度不等的操作者，调节视度，可达到双眼同时看清图像的目的。

g. 将粗调节器向下旋转（或载物台向上旋转），眼睛注视物镜，以防物镜和载玻片相碰。当物镜的尖端距载玻片0.5cm处时停止旋转。

h. 左眼向目镜里观察，将粗调节器向上旋转，如果见到目的物，但不十分清楚，可用细调节器调节，至目的物清晰为止。

i. 如果粗调节器旋得太快，使超过焦点，必须从g步重调，不应正视目镜情况下调粗调节器，以防没把握的旋转使物镜与载玻片相碰撞坏。

j. 观察时两眼同时睁开（双眼不感疲劳）。单筒显微镜应习惯用左眼观察，以便于绘图。

②高倍镜、油镜的操作

a. 如果用高倍镜观察目的物未能看清，可用油镜。先用低倍镜和高倍镜检查标本片，将目的物移到视野正中。

b. 在载玻片上滴一滴香柏油（或液体石蜡），将油镜移至正中，使油镜头浸没在油中，刚好贴近载玻片。如果有气泡进入油层，会使像质变差，要驱出气泡，可转动转换器若干次或再加一点油，再使用调节器微微向上调（切记不能用粗调节器）即可。

c. 油镜观察完毕，用擦镜纸将镜头上的油擦净，另用擦镜纸蘸少许二甲苯擦拭镜头，再用擦镜纸擦干。

（5）显微镜的维护与保养

显微镜的光学系统是显微镜的主要部分，尤其是物镜和目镜。

①避免直接在阳光下曝晒。

②避免和挥发性药品或腐蚀性酸类一起存放，碘片、酒精、盐酸和硫酸等对显微镜金属质机械装置和光学系统都是有害的。

③透镜的清洁最好用柔软的刷子或纱布，更多的较顽固的污迹可以用干净的软棉布、镜头纸或纱布蘸上无水酒精轻轻地擦去。欲从油浸物镜上擦去浸油，应使用镜头纸蘸上二甲苯轻轻擦去。同时注意不要用二甲苯清洗双目镜筒底部的入射透镜或目镜筒内的棱镜表面。纯酒精和二甲苯均易燃烧，在将电源开关打开或关闭时特别要当心着火。

④不能随意拆卸显微镜，尤其是物镜、目镜、镜筒。机械装置经常加润滑油，以减少因摩擦而受损。

⑤当显微镜不用时，要用塑料罩盖好，并贮放在干燥的地方以免发霉。

⑥为保持显微镜的性能，建议进行定期检查。

（三）微型后生动物个体形态的观察

1. 仪器和材料

（1）显微镜、擦镜纸、吸水纸。

（2）酵母菌、霉菌示范片、藻类培养液及活性污泥混合液（内有原生动物和微型后生动物）。

2. 实验内容和操作方法

（1）严格按显微镜的操作方法，用低倍镜和高倍镜观察酵母菌和霉菌的示范片，绘制形态图。

（2）用压滴法制作藻类、原生动物和微型后生动物的标本片。制作方法如图1－3所示。取一片干净的载玻片放在实验台上，用一支滴管吸取试管中藻类培养液于载玻片的中央，用干净的盖玻片覆盖在液滴上（注意不要有气泡）即成标本片。用低倍镜和高倍镜观察。

（3）用压滴法观察活性污泥中的原生动物和微型后生动物。

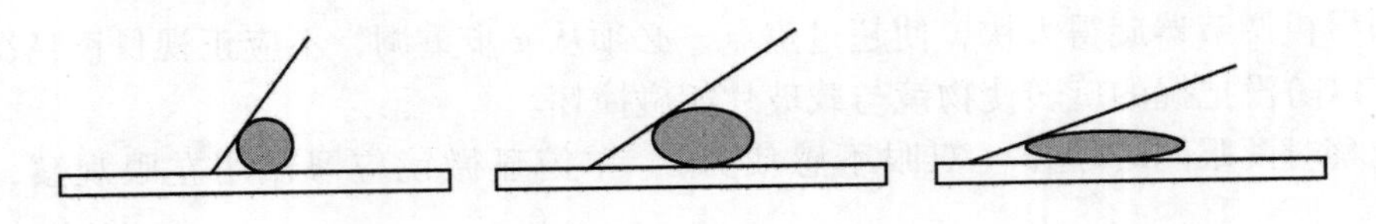

图1－3　压滴法制作标本的过程

（四）思考题

（1）简述显微镜包括哪些部分？

（2）使用油镜前为什么要先用低倍镜和高倍镜检查？

二、微生物的计数

（一）实验目的

（1）掌握细菌的直接计数法技术。

（2）学会几种细菌直接计数法的应用。

（二）实验原理

细菌直接计数法包括计数板法、涂片染色法、比例计数法等，计数板法最为常用。该法是根据测定对象选用特制的载玻片（即计数板），其上刻有已知面积的大小方格（即计数格），当盖上盖玻片后，盖玻片与计数格间的高度为已知，因此计数格的容积为一定。根据在显微镜下测得的该计数格中的微生物个数，可换算出单位体积待测液中所含微生物数。

（三）实验仪器

显微镜、血球计数板、吸管、盖玻片等。

（四）实验试剂

香柏油、酒精、待测菌液。

（五）实验操作

1. 血球计数板的构造

血球计数板是一种专门用于计数较大单细胞微生物的一种仪器，由一块比普通载玻片厚的特制玻片制成的，玻片中有四条下凹的槽，构成三个平台。中间的平台较宽，其中间又被一短横槽隔为两半，每半边上面刻有一个方格网。方格网上刻有9个大方格，其中只有中间的一个大方格为计数室。这一大方格的长和宽各为1mm，深度为0.1mm，其容积为$0.1mm^3$，即1mm×1mm×0.1mm方格的计数板，其平面及纵切面图如图1－4（a）（b）所示。图1－4（c）为放大后的计数格，在显微镜下，可见众多的大小方格与长格，一般是以小方格为基础进行测数，每一小方格面积为$1/400mm^2$（见计数板上的标注）。

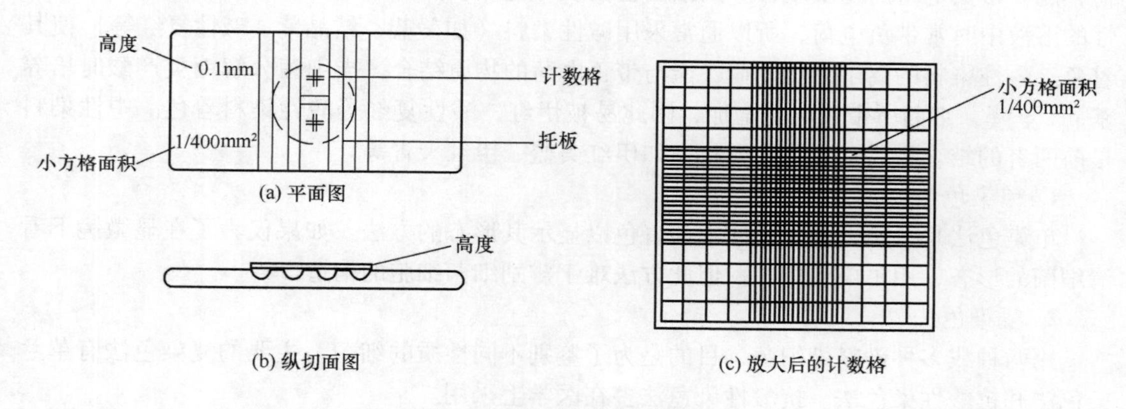

图1－4　血球计数板示意图

2. 操作步骤

（1）稀释　将样品稀释到合适的浓度，一般将样品稀释到每一中方格中有15～20个细胞为宜。

（2）加样　取已洗净的血球计数板，将盖玻片盖住中央计数室，用无菌吸管吸取经充分摇匀并打散开的待测菌液，小心地滴一小滴于盖玻片边缘（勿过多），菌液自行渗入并布满计数格处，注意勿产生气泡。

（3）显微计数　加样后静置3～5min，镜检。根据受检微生物的个体大小选用适宜的接物镜头，先用低倍镜找好计数室位置，然后换用高倍镜进行计数。计数前如发现菌液过浓，可稀释一定倍数后再镜检计数，一般以每小方格内有5～10个菌体为宜。按对角线取点，至少计数20个大方格中的微生物细胞数。计数时注意转动细调节器，使液层上下菌数都可测到，每份菌液样品至少计数两次，取其平均值。

（4）结果计算　以高度为0.1mm的血细胞计数板为例：

①先求出每小方格（即$1/400mm^2$）中的平均菌数A。

②每毫升（mL）菌液中的总菌数＝$A\times400\times1000\times$稀释倍数。

（5）清洗　血球计数板使用完毕后，在水管下用水冲洗，切勿用硬物洗刷，冲洗后风干即可。如镜检发现小格内有残留菌体或其他沉淀物，则需重复洗涤至干净为止。

（六）思考题

如何减少测定结果的误差？

三、微生物的染色

（一）实验目的

学习微生物的染色原理、染色的基本操作步骤、无菌操作技术，学习细菌的单染色和革兰染色法。

（二）实验原理

用于生物染色的染料主要有碱性、酸性和中性染料三大类。碱性染料的离子带正电荷，能和带负电荷的物质结合。因细菌蛋白质等电点较低，当它生长于中性、碱性或弱酸性的溶液中时常带负电荷，所以通常采用碱性染料（如美蓝、结晶紫、碱性复红等）使其着色。酸性染料的离子带负电荷，能与带正电荷的物质结合。当细菌分解糖类产酸时培养基 pH 下降，细菌所带正电荷增加，因此易被伊红、酸性复红等酸性染料着色。中性染料是前两者的结合物，又称复合染料，如伊红美蓝、伊红天青等。

1. 单染色法

单染色法是只用一种染料使细菌着色以显示其形态的方法。如果仅为了在显微镜下看清细菌的形态，用单染色即可。但此方法难于辨别细菌细胞的构造。

2. 复染色法

用两种或多种染料染细菌，目的是为了鉴别不同性质的细菌。主要的复染色法有革兰染色法和抗酸性染色法。抗酸性染色法多在医学上采用。

革兰染色法是 1884 年由丹麦病理学家 C. Gram 所创立的。革兰法可将所有的细菌区分为革兰阳性菌（G^+）和革兰阴性菌（G^-）两大类，是细菌学上最常用的鉴别染色法。该染色法能将细菌分为 G^+ 菌和 G^- 菌，是由这两类菌的细胞壁结构和成分的不同所决定的。G^- 菌的细胞壁中含有较多易被乙醇溶解的类脂质，而且肽聚糖层较薄、交联度低，故用乙醇或丙酮脱色时溶解了类脂质，增加了细胞壁的通透性，使初染的结晶紫和碘的复合物易于渗出，结果细菌就被脱色，再经番红复染后就成红色。G^+ 菌细胞壁中肽聚糖层厚且交联度高，类脂质含量少，经脱色剂处理后反而使肽聚糖层的孔径缩小，通透性降低，因此细菌仍保留初染时的颜色。

（三）仪器和器材

（1）显微镜、香柏油、二甲苯、擦镜纸、吸水纸、接种环、载玻片、酒精灯。

（2）石炭酸复红染色液、草酸铵结晶紫染色液、碘液、95% 乙醇、番红（沙黄）复染液。

（3）枯草杆菌、大肠杆菌。

（四）实验方法

1. 细菌的简单染色步骤

（1）涂片　取干净载玻片一块，在正面边角做个记号，并滴一滴无菌蒸馏水于载玻片的中央，将接种环在火焰上烧红，待冷却后从斜面挑取少量菌种与玻片上的水滴混匀后，在载玻片上涂布成一均匀的薄层，涂布面不宜过大。无菌操作步骤如图 1 - 5 所示。

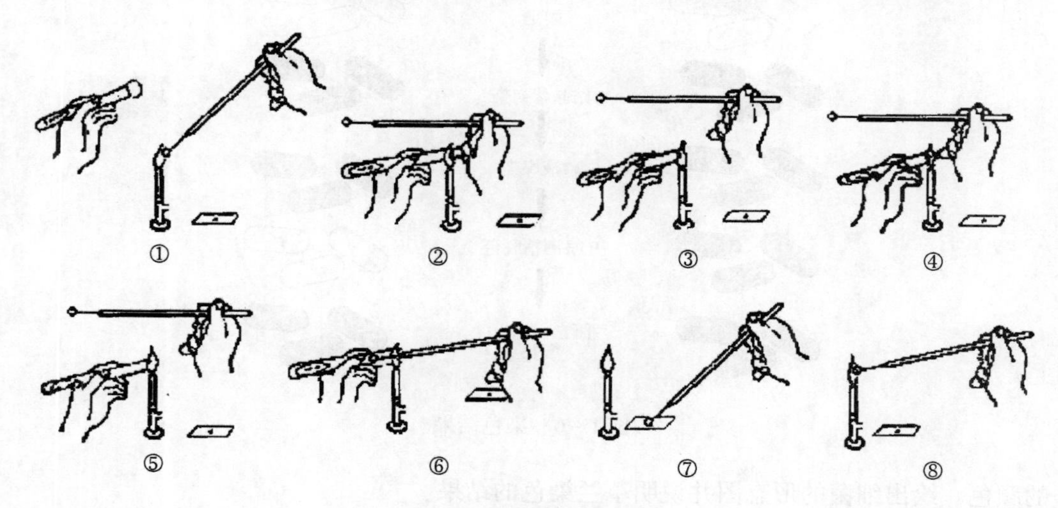

图 1 - 5　无菌操作步骤

（2）干燥　让涂片自然晾干或者在酒精灯火焰上方用温火烘干。注意不要在高温下长时间烤干，否则急速失水会使菌体变形。

（3）固定　手执玻片一端，让菌膜朝上，通过火焰 2 ~ 3 次固定（以不烫手为宜）。

（4）染色　在载玻片上滴加染色液（石炭酸复红染色液或草酸铵结晶紫染色液任选一种），使染液在涂有细菌的部位作用约 1min。

（5）水洗　倾去染液，斜置载玻片，在自来水龙头下用小股水流冲洗，直至水呈无色为止。

（6）干燥　将载玻片倾斜，用吸水纸吸去涂片边缘的水珠，注意勿将细菌擦掉。

（7）镜检　用显微镜观察，并用铅笔绘出细菌形态图。

2. 细菌的革兰染色步骤

先用草酸铵结晶紫染色，经碘 - 碘化钾（媒染剂）处理后用乙醇脱色，最后用番红液复染。如果细菌能保持草酸铵结晶紫与碘的复合物而不被乙醇脱色，用番红液复染后仍呈紫色者为革兰阳性菌。被乙醇脱色，用番红液复染后呈红色者为革兰阴性菌。

（1）涂片　方法与单染色涂片相同。

（2）晾干　与单染色法相同。

（3）固定　与单染色法相同。

（4）结晶紫染色　用结晶紫染液染 1min，水洗。

（5）媒染　加碘液媒染 1min，水洗。

（6）脱色　将载玻片倾斜，连续滴加 95% 乙醇脱色 20 ~ 25s 至流出液无色，立即水洗。注意为了节约乙醇，可将乙醇滴在涂片上静置 30 ~ 45s，水洗。

（7）复染　用番红染液复染 1 ~ 5min，水洗。染色结果如图 1 - 6 所示。

（8）干燥　与单染色法相同。

（9）镜检　用显微镜观察。先用低倍镜观察，发现目的物后用油镜观察，注意细菌细

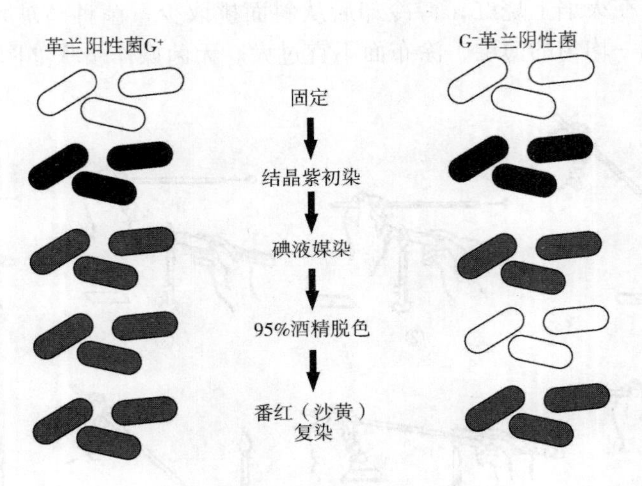

图 1－6　染色结果

胞的颜色。绘出细菌的形态图并说明革兰染色的结果。

（五）实验完毕后的处理

（1）将浸过油的镜头按正确方法擦拭干净。先用擦镜纸将油镜上的油擦去，再用擦镜纸蘸少许二甲苯将镜头擦 2～3 次，最后用干净的擦镜纸将镜头擦 2～3 次。注意擦镜时向一个方向擦拭。

（2）使用后的染色载玻片用废纸将香柏油擦干净。

（六）注意事项

（1）革兰染色成败的关键是酒精脱色。如脱色过度，革兰阳性菌也可被脱色而染成阴性菌；如脱色时间过短，革兰阴性菌也会被染成革兰阳性菌。

（2）染色过程中勿使染色液干涸。用水冲洗后，应吸去载玻片上的残水，以免染色液被稀释而影响染色效果。

（七）思考题

（1）细菌涂片为什么不能过厚？

（2）通过革兰染色，你认为它在微生物学中有何实践意义？

第二节　应用微生物学基本知识点

培养基是用人工的办法将多种营养物质按微生物生长代谢的需要配制成的一种营养基质。由于微生物种类繁多，对营养物质的要求各异，加之实验和研究的目的不同，所以培养基在成分上也各有差异。但是，不同种类或不同组成的培养基中，均应含有满足微生物生长发育且比例合适的水分、碳源、氮源、无机盐、生长因素以及某些特需的微量元素等。配制培养基时不仅要考虑满足这些营养成分的需求，而且应该注意各营养成分之间的协调。此外，培养基还应具备适宜的酸碱度（pH）、缓冲能力、氧化还原电位和渗透压。

培养基的种类如下所示：

（1）按照培养基的营养物质来源，可将培养基分为天然培养基、合成培养基和半合成培养基三类。

（2）按培养基外观的物理状态，可将培养基分成三类，即液体培养基、固体培养基和半固体培养基。

（3）按照培养基的功能和用途，可将其分为基础培养基、加富培养基、选择培养基、鉴别培养基等。

一、培养基的制备和灭菌

（一）实验目的

（1）熟悉玻璃器皿的洗涤和灭菌前的准备工作。

（2）掌握培养基的制备方法。

（3）学会灭菌技术。

（二）仪器和器材

（1）锥形瓶、烧杯、培养皿、试管、吸管、玻璃棒等。

（2）棉花、橡皮圈、牛皮纸（或报纸）、纱布、洗液等。

（3）精密 pH 试纸 6.4～8.4、10% HCl、10% NaOH。

（4）牛肉膏、蛋白胨、氯化钠、琼脂、蒸馏水。

（5）高压蒸汽灭菌锅、电子天平、烘箱、电磁炉、小煮锅、冰箱等。

（三）实验内容

1. 培养基的制备

配制培养基的流程：原料称量、溶解→调节 pH→分装→过滤→塞棉塞和包装→灭菌→贮存。

（1）原料称量、溶解　根据培养基配方，准确称取各种原料成分，然后依次将各种原料加入水中，用玻璃棒搅拌使之溶解。配制固体培养基时，预先将琼脂称好洗净（粉状琼脂可直接加入，条状琼脂用剪刀剪成小段，以便熔化），然后将液体培养基煮沸，再把琼脂放入，继续加热至琼脂完全熔化。

（2）调节 pH　液体培养基配好后，一般要调节至所需的 pH。常用盐酸及氢氧化钠溶液进行调节。调节培养基酸碱度最简单的方法是用精密 pH 试纸进行测定。

（3）分装　培养基配好后，要根据不同的使用目的，分装到各种不同的容器中。不同用途的培养基，其分装量应视具体情况而定，要做到适量、实用。培养基是多种营养物质的混合液，大多具有黏性，在分装过程中，应注意不使培养基沾污管口和瓶口，以免污染棉塞，造成杂菌生长。分装培养基，通常使用大漏斗（小容量分装）或医用灌肠器（大容量分装）。培养基的分装量，应依照使用目的及实验的具体情况决定。

（4）过滤　用纱布、滤纸或棉花过滤均可。如果培养基杂质很少或实验要求不高，可不过滤。

（5）塞棉塞和包装　培养基分装到各种规格的容器后，应按管口或瓶口的不同大小分别塞以大小适度、松紧适合的棉塞（图 1-7）。由于棉塞外面容易附着灰尘及杂菌，且灭菌时容易凝结水气，因此，在灭菌前和存放过程中，应用牛皮纸或旧报纸将管口、瓶口或

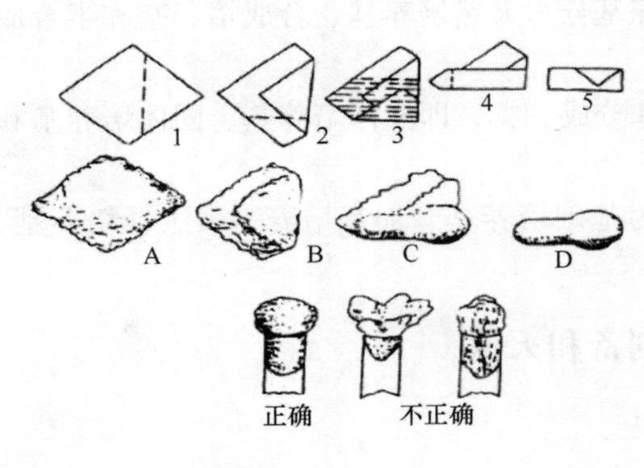

图 1－7 包扎方法

试管包起来。

（6）灭菌 培养基制备完毕后应立即进行高压蒸汽灭菌。如延误时间，会因杂菌繁殖生长，导致培养基变质而不能使用。

（7）贮存 培养基较长时间搁置不用或存贮不当，往往会因污染、脱水或光照等因素而变质，所以培养基一次不宜配制过多，最好是现配现用。因工作需要或一时用不掉的培养基应放在低温、干燥、避光而洁净的地方保存。对含有染料或其他对光敏感的培养基，要特别注意避光保存，特别是避免阳光长时间直接照射。

2. 灭菌和消毒

采用强烈的理化因素使除任何物体外所有的微生物永远丧失其生长繁殖能力的措施称为灭菌。消毒则是用较温和的物理或化学方法杀死物体上绝大多数微生物（主要是病原微生物和有害微生物的营养细胞），实际上是部分灭菌。

微生物学实验最常用的灭菌方法是利用高温处理达到杀菌效果。高温的致死作用，主要是使微生物的蛋白质和核酸等重要生物大分子发生变性。此外，过滤除菌、射线灭菌和消毒、化学药物灭菌和消毒等也是微生物学操作中不可缺少的常用方法。

（1）干热灭菌

①火焰灭菌：这种方法灭菌迅速彻底，微生物接种工具如接种环、接种针或其他金属用具等，可直接在酒精灯火焰上灼烧进行灭菌。此外，接种过程中，试管或三角瓶口等，也可以通过火焰灼烧灭菌。

②加热灭菌：用干燥热空气杀死微生物的方法称为加热灭菌。将灭菌物品置于干燥箱内，在 160～170℃ 加热 1～2h。灭菌时间可根据灭菌物品性质与体积做适当调整，以达到灭菌目的。玻璃制品、金属用品及能耐高温的物品都可以用此法灭菌。但是，培养基、橡胶制品、塑料制品等不能使用加热灭菌。加热灭菌箱如图 1－8 所示。

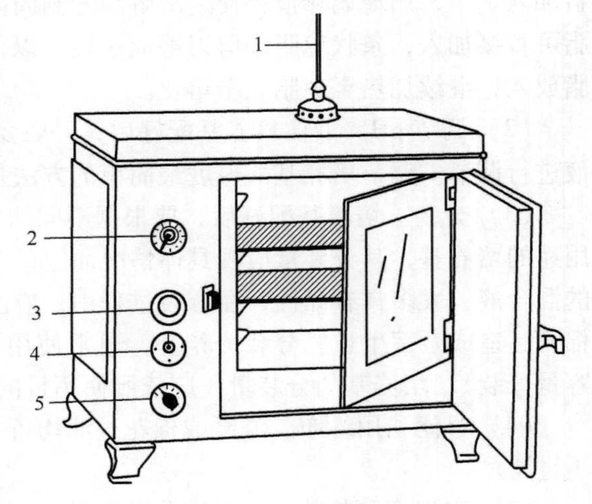

图 1－8 加热灭菌箱

1—温度计与排气孔 2—温度调节旋钮
3—指示灯 4—温度调节器 5—鼓风钮

a. 加热灭菌操作步骤

装箱：将准备灭菌的玻璃器材洗涤干净、晾干，包装好放入灭菌箱内，关好箱门。

灭菌：接通电源，打开灭菌箱排气孔，待温度升至 80～100℃ 时，关闭排气孔。继续升温至 160～170℃ 时，开始计时，恒温 1～2h。

灭菌结束后，断开电源，自然降温至

60℃，打开加热灭菌箱门，取出物品放置备用。

b. 注意事项：灭菌的玻璃器皿切不可有水，以防止炸裂。灭菌物品不能堆得太满、太紧，以免影响温度均匀上升。灭菌物品不能直接放在烘箱底板上，以防止包装纸或棉花被烤焦。灭菌温度恒定在160～170℃为宜，温度超过180℃，棉花、报纸会烧焦甚至燃烧。降温时，需待温度自然降至60℃以下才能打开箱门取出物品，以免因温度过高而骤然降温导致玻璃器皿炸裂。

（2）湿热灭菌　湿热灭菌是利用热蒸汽灭菌。湿热灭菌法比干热灭菌法更有效。原因：热蒸汽对细胞成分的破坏作用更强，水分子的存在有助于破坏维持蛋白质三维结构的氢键和其他相互作用弱键，更易使蛋白质变性；热蒸汽比热空气穿透力强，能更加有效地杀灭微生物；蒸汽存在潜热，当气体转变为液体时，可放出大量热量，故可迅速提高灭菌物体的温度。

多数细菌和真菌的营养细胞在60℃左右处理15min后即可杀死，酵母菌和真菌的孢子要耐热些，要用80℃以上的温度才能杀死，而细菌的芽孢更耐热，一般要在120℃下处理15min才能杀死。湿热灭菌常用的方法有常压蒸汽灭菌和高压蒸汽灭菌。

①常压蒸汽灭菌：常压蒸汽灭菌是湿热灭菌的方法之一，在不能密闭的容器里产生蒸汽进行灭菌。由于常压蒸汽的温度不超过100℃，压力为常压，大多数微生物的营养细胞能被杀死，但芽孢细菌却不能在短时间内死亡，因此必须采用间歇灭菌或持续灭菌的方法来杀死芽孢细菌，达到完全灭菌。

巴氏消毒法：是一种低温消毒法，用于牛奶、啤酒、果酒和酱油等不能进行高温灭菌的液体的一种消毒方法。具体方法可分为两类，第一类是低温维持法，如在63℃下保持30min可进行牛奶消毒；另一类是高温快速法，用于牛奶消毒时只要在85℃下保持5min即可。但是巴氏消毒法不能杀灭引起Q热的病原体。

间歇灭菌法：适用于不耐热培养基的灭菌。方法：将待灭菌的培养基在100℃下蒸煮30～60min，以杀死其中所有微生物的营养细胞，然后置室温或20～30℃下保温过夜，诱导残留的芽孢萌发，第二天再以同样的方法进行灭菌，如此连续重复3天，即可在较低温度下达到彻底灭菌的效果。

蒸汽持续灭菌法：微生物制品的土法生产或食用菌菌种制备时常用这种方法。在容量较大的蒸锅中进行。从蒸汽大量产生开始，继续加大火力保持充足蒸汽，待锅内温度达到100℃时，持续加热3～6h，杀死绝大多数芽孢和全部营养体，达到灭菌目的。

②高压蒸汽灭菌：高压蒸汽灭菌法是微生物学研究和教学中应用最广、效果最好的湿热灭菌方法。

灭菌原理：将待灭菌的物体放在有适量水的高压蒸汽灭菌锅内，把锅内的水加热煮沸，并把其中原有的冷空气彻底驱尽后将锅密闭。再继续加热就会使锅内的蒸汽压逐渐上升，从而温度也随之上升到100℃以上。为达到良好的灭菌效果，一般要求温度应达到121℃（压力为0.1MPa）维持35min。此法适用于一切微生物学实验室、医疗保健机构中对培养基及多种器材、物品的灭菌。在空气完全排除的情况下，一般培养基只需在0.1MPa下灭菌30min即可。

灭菌设备：主要设备是高压蒸汽灭菌锅，有立式、卧式及手提式等不同类型。高压蒸汽灭菌锅如图1－9所示。

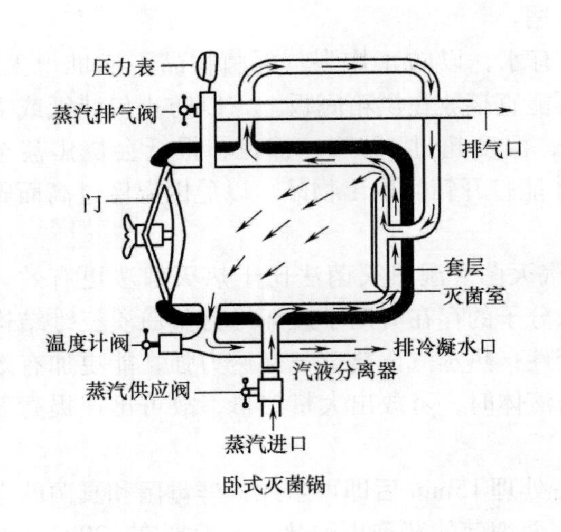

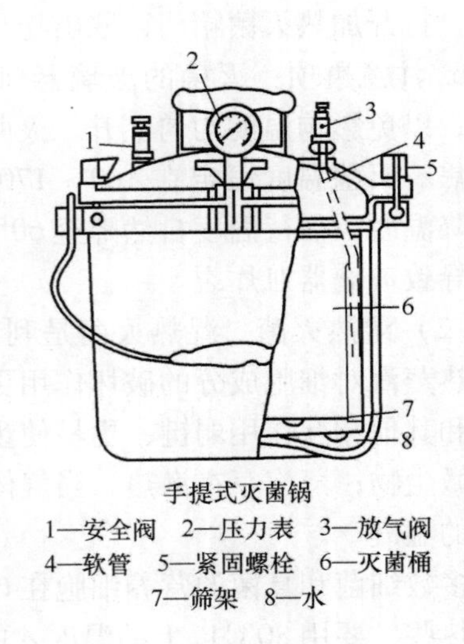

图1-9 高压蒸汽灭菌锅

手提式灭菌锅使用方法：

a. 加水：直接加水至标定水位线以上。

b. 装锅：将待灭菌的物品装入锅内，不要太紧太满。关严锅盖，打开排气阀。

c. 加热排气：合上电闸通电加热。持续加热至锅内的水沸腾并有大量蒸汽自排气阀冒出时，维持2~3min以排除冷空气。

d. 保温保压：当压力升至0.1MPa时，温度达121℃，此时应控制热源。保持压力，维持30min后，切断热源。

e. 出锅：当压力表降至“0”处，稍停，使温度继续降至100℃以下后，打开排气阀，旋开固定螺旋，开盖，取出灭菌物。注意切记在锅内压力尚在“0”点以上，温度也在100℃以上时开启排气阀，否则会因压力骤然降低，而造成培养基剧烈沸腾冲出管口或瓶口，污染棉塞，以防培养时杂菌污染。

f. 保养：灭菌完毕取出物品后，将锅内余水倒出，以保持内壁及内胆干燥，盖好锅盖。

（3）紫外线杀菌　紫外线的波长范围是15~300nm，其中波长在260nm左右的紫外线杀菌作用最强。紫外灯是人工制造的低压水银灯，能辐射出波长主要为253.7nm的紫外线，杀菌能力强且较稳定。紫外线杀菌作用是因为它可以被蛋白质（波长为280nm）和核酸（波长为260nm）吸收，造成这些分子的变性失活。紫外光穿透能力很差，不能穿过玻璃、衣服、纸张或大多数其他物体，但能够穿透空气，因而可以用作物体表面或室内空气的杀菌处理，在微生物学研究及生产实践中应用较广。在一般实验室、接种室、接种箱中，均可利用其杀菌。紫外灯的功率越大，效能越高。但是紫外线对眼黏膜及视神经有损伤作用，对皮肤有刺激作用，所以应避免在紫外灯下工作，必要时需穿防护工作衣帽，并戴有色眼镜进行工作。

3. 常用玻璃器皿的清洁与灭菌

（1）清洁　清洁的玻璃器皿是得到正确实验结果的重要条件之一。要求所使用的器皿不能妨碍得到正确的结果，至少必须洗去灰尘、油垢、无机盐类等物质。器皿洗涤之后，必须晾干或烘干备用。

①洗涤工作注意事项

a. 任何洗涤法，都不应对玻璃器皿有所损伤。所以不能使用对玻璃器皿有腐蚀作用的化学试剂，也不能使用比玻璃硬度大的制品来擦拭玻璃制品。

b. 用过的器皿必须及时洗涤，放置太久会增加洗涤的困难。随时洗涤还可以提高器皿的使用率。

c. 含有对人有传染性的或者是属于植物免疫的微生物试管、培养皿及其他容器，应先浸在5%石炭酸溶液内或蒸煮灭菌后再进行洗涤。

d. 盛过有毒物品的器皿，不要与其他器皿放在一起。

e. 难洗涤的器皿不要与易洗涤的器皿放在一起，以免增加洗涤的麻烦。

f. 强酸强碱及其他氧化物和有挥发性的有毒物品，都不能倒在洗涤槽内，必须倒在废水缸中。

g. 剩余汞溶液，切勿装在铝锅等金属器皿中，以免引起金属的腐蚀。

②洗涤剂的种类及应用

水：水是最主要的洗涤剂，但只能洗去可溶解在水中的沾污物。不溶解于水的沾污物，如油、蜡等，必须用其他方法处理以后，再用水洗。

肥皂：肥皂是很好的去污剂。一般肥皂的碱性都不强，不会损伤器皿和皮肤，所以洗涤时常用肥皂。热的肥皂水（5%）去污力很强，洗去器皿上的油脂很有效。

去污粉：去污粉内含有碳酸钙、碳酸镁等，有起泡沫和除油污的作用，有时也可以加一些盐、硼砂等，以增加摩擦作用。一般玻璃器皿、搪瓷器皿等都可以使用去污粉。

洗衣粉：洗衣粉有很强的去污能力。用1%的洗衣粉液洗涤载玻片和盖玻片，能达到良好的清洁效果。

洗涤液：通常用的洗涤液是重铬酸钾的硫酸溶液，是一种强氧化剂，去污能力很强，常用它洗涤玻璃和瓷质器皿上的有机质。

硫酸及碱：器皿上如有煤膏、焦油以及树脂一类物质，可以用浓硫酸或40%氢氧化钠溶液洗。

有机溶剂：有时洗涤油脂物质及其他不溶于水也不溶于酸和碱的物质，需要用特定的有机溶剂，常用的有机溶剂有汽油、丙酮、酒精、苯、二甲苯及松节油等。

③各种玻璃器皿的洗涤方法

新玻璃器皿的洗涤法：新购置的玻璃器皿含有游离碱，应用2%的盐酸溶液浸泡数小时，再用水充分冲洗干净。

含有琼脂培养基的玻璃器皿的洗涤法：先用小刀或铁丝将器皿中的琼脂培养基刮下，并用刷子蘸肥皂擦洗内壁，然后用自来水洗去肥皂。

载玻片及盖玻片的洗涤法：新载玻片可放入1%的洗衣粉液内煮沸1min，待沸点泡平下后，再煮沸1min，如此2～3次，待冷却后用自来水冲洗干净。用过的载玻片和盖玻片，应用纸擦去油垢，然后浸入洗衣粉液中，方法同新载玻片洗衣粉液洗涤法，只不过时间要长些（30min左右）。

（2）灭菌

①包装：移液管的吸端用细铁丝将少许棉花塞入构成1～1.5cm长的棉塞。棉塞要塞

得松紧适宜。将塞好棉花的移液管的尖端，放在4～5cm宽的长纸条的一端，移液管与纸条约成30°夹角，使包装纸包住移液管的尖端，压紧移液管，在桌面上向前搓转，使纸条螺旋式地包在移液管外面，余下纸头折叠打结。吸管包裹法如图1－10所示。

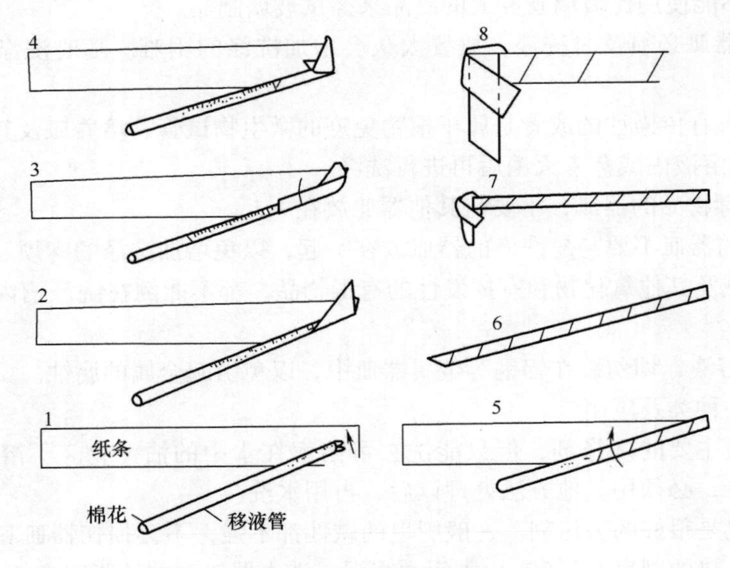

图1－10　吸管包裹法

按实验需要，可单支或多支包装，待灭菌。

②用棉塞将试管管口和锥形瓶瓶口部塞住。

③培养皿由一底一盖组成一套，用牛皮纸或报纸将10套培养皿（皿底朝里，皿盖朝外，5套、5套相对）包好。

④按照实验要求进行灭菌。

二、微生物的分离、培养和接种技术

在不同的生态系统中，生存着不同的微生物；在同一生态系统中，不同种类的微生物混在一起生活。如果要获得某种微生物时，就需要从混杂的微生物类群中将其分离出来，得到只含有该种微生物的纯培养。这种方法就称为微生物的分离与纯化。

微生物接种技术是进行微生物实验和相关研究的基本技能，其中无菌操作是微生物接种技术的关键。由于实验目的、实验器皿、培养基种类等不同，所用的接种方法也不尽相同。不同的接种方法，所使用的接种工具也不同。

（一）实验目的

（1）从环境中分离、培养微生物，掌握一些常用的分离和纯化微生物的方法。

（2）学会几种接种技术。

（二）仪器和器材

（1）无菌培养皿、吸管、锥形瓶、试管、无菌水等。

（2）已灭菌的培养基、待测样品（土壤、水体、活性污泥等）。

（3）接种环、酒精灯、恒温培养箱等。

（三）纯种分离的操作方法及步骤

1. 稀释平板法

（1）取样　用无菌瓶到现场取一定的土壤或湖水或待测水样，迅速带回实验室。

（2）稀释水样

①将5只装有9mL无菌水的试管10^{-1}、10^{-2}、10^{-3}、10^{-4}、10^{-5}依次编号。

②以无菌操作，用1mL的无菌吸管吸取1mL的待测水样置于第一个无菌水试管中，将吸管吹吸三次，摇匀，即为10^{-1}浓度的混合菌液；用1mL的无菌吸管吸取1mL 10^{-1}浓度的菌液置于第二个无菌水试管中，将吸管吹吸三次，摇匀，即为10^{-2}浓度的混合菌液。依次类推稀释到10^{-5}。

（3）平板制作

①将无菌培养皿编号10^{-3}、10^{-4}、10^{-5}各三套，另取一套为对照。

②另取一支1mL的无菌吸管从浓度小的10^{-5}菌液开始，依次分别取1mL菌液于相应编号的培养皿内，每个浓度做三个平板，每次吸取菌液时注意摇匀，且在吸管中反复吹吸几次。

③将已经熔化并冷却到45℃左右的培养基15～20mL注入培养皿中。倒平板方法如图1－11所示。

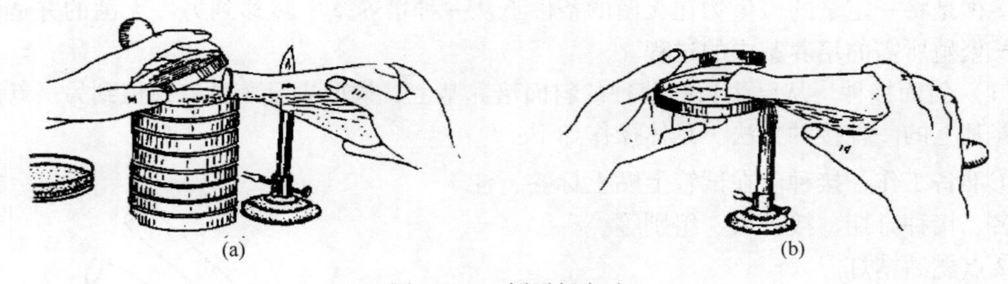

图1－11　倒平板方法

④将培养基注入对照培养皿冷凝后，倒置于37℃恒温培养箱内培养24～48h，然后观察结果。

2. 平板划线法

（1）取样，同前。

（2）将熔化并冷却到50℃左右的培养基15～20mL倒入培养皿中，制成平板。

（3）以无菌操作，右手持灼烧灭菌冷却的接种环取一环活性污泥（或土壤悬液、污水等其他样品），左手拿培养皿，方法同前打开皿盖，将接种环在培养皿表面轻轻地划线，可以是平行划线、扇形划线，或其他连续划线。划线后，盖好皿盖，培养皿倒置于37℃恒温培养箱内培养24～48h，然后观察结果。接种环用过之后，随即灼烧灭菌。

3. 平板表面涂布法

（1）取样，同前。

（2）稀释样品，同前。

（3）制作平板，同前。

（4）在无菌的环境中，用无菌移液管吸取一定量的经过稀释的样品于平板上，用三角刮板在平板上旋转涂布均匀。

（5）正置，放在恒温培养箱中培养，次日把培养皿倒置继续培养。

（6）待长出菌落，分析观察结果。

采用以上任一方法分离后，若仍然有杂菌存在，可用相同分离方法再次分离，直至达到纯化标准为止。

（四）接种技术

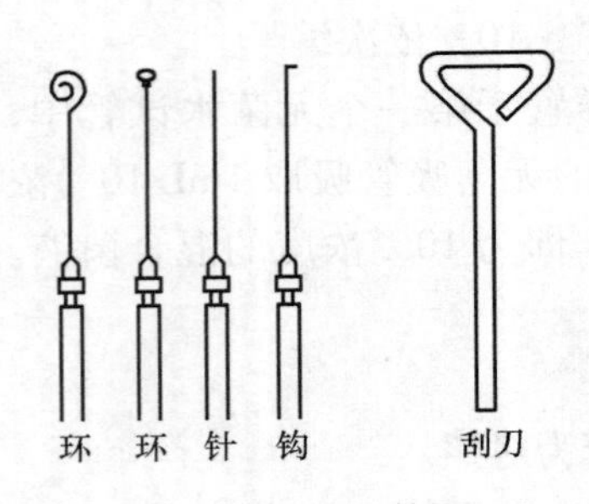

图 1－12 接种用具

1. 接种用具

常用的接种用具有接种针、接种环、接种铲、移液管、滴管、三角刮刀、刮刀和定量移液器等。前三种用具主要用于从固体培养基到固体培养基或固体培养基到液体培养基的接种，后几种用具多用于从液体培养基到液体培养基或液体培养基到固体培养基的接种。接种用具如图 1－12 所示。

2. 接种环境

微生物的分离培养、接种等操作，需要在无菌操作室、无菌操作箱或生物超净工作台等无菌环境下进行。

3. 接种技术

接种是将一定量的微生物在无菌的条件下从一种培养基中转移到另一无菌的并适合该菌生长繁殖所需的培养基中的过程。

（1）斜面接种　从已生长好菌种的斜面培养基上，挑取少量菌种，移植到另一新鲜斜面培养基上的一种接种方法。具体操作如下：

①准备工作：接种前在试管上贴上标签，注明菌名、接种日期、接种人、组别等。

②点燃酒精灯。

③接种：操作必须按无菌操作方法进行，具体操作流程（图 1－13）如下：

手持试管：将菌种和待接斜面的两支试管放在左手上，用拇指压住两支试管，中指位于两支试管中间，斜面向上，管口齐平，使它们位于水平位置。

旋松管塞：用右手旋松管塞，以便接种时易拔出管塞。

灼烧接种环：右手拿接种环，在酒精灯上，灼烧接种环及可能伸入到试管内的部分，重复此操作。

拔管塞：用右手的无名指、小拇指和手掌边取下菌种和待测试管的管塞，然后将试管口缓慢地过火灭菌。

接种环冷却：将灼烧过的接种环伸入菌种管

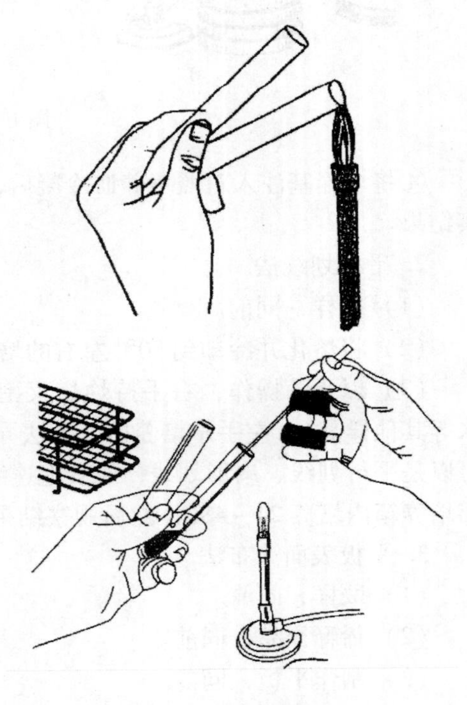

图 1－13 接种技术

内，触及没有长菌的培养基部分，使接种环冷却。

取菌：接种环冷却后，轻轻蘸取少量菌体或孢子，然后将接种环移出菌种管。不要让接种环的部分碰到管壁。

接种：在火焰旁迅速将蘸有菌种的接种环伸入到另一待接试管中，从斜面培养基的底部向上做"z"形来回密集划线（图1－14）。

塞管塞：取出接种环，灼烧试管口，在火焰旁将管塞塞上。

灭菌：将接种环灼烧灭菌。

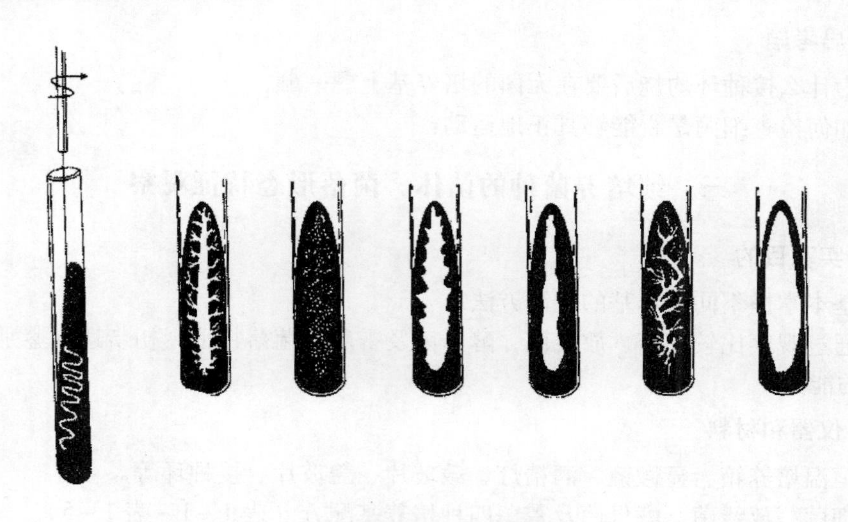

图1－14　斜面接种

（2）液体接种

①从斜面培养基到液体培养基的接种方法：当接种量少时，取菌种，将蘸有菌种的接种环送入液体培养基中，使菌环上的菌种洗入液体培养基内并轻轻旋转，使菌环上的菌全部进入到液体培养液中。取出接种环并灼烧，试管过火后塞上棉塞，将培养液体轻轻摇动，使菌体在培养基内分布均匀，放置在恒温培养箱中培养，等待结果。

当接种量大时，可先在斜面培养基试管中加入定量无菌水，用接种环把菌苔刮下并散开，试管口在酒精灯上过火灭菌，再把菌悬液倒入液体培养基中。

②从液体培养基到液体培养基的接种方法：用液体培养物接种液体培养基时，在火焰旁用无菌的吸管或移液管吸取一定量的菌液接种，摇匀，放置培养箱中培养。

（3）固体接种　固体接种最普遍的形式是接种固体菌制剂。

①斜面培养基接种到固体培养基：在斜面培养基的试管中加入定量无菌水，把菌苔刮洗下来，制成菌悬液，按无菌操作方法将菌悬液直接倒入固体培养基中搅拌均匀，即可培养。

②用固体种子菌接种到固体培养基中：直接把接种的材料包括用孢子粉、菌丝孢子混合菌或其他固体培养的种子菌，混入灭菌的固体培养基中，充分搅拌，混合均匀后，进行培养。

（4）穿刺接种　这是一种用接种针从菌种斜面上挑取少量菌体，之后把它穿刺在固体或半固体培养基上的一种接种方法。具体操作如下：

①在酒精灯火焰旁，左手持试管，右手旋松棉塞。
②右手拿接种针灼烧灭菌，拔出棉塞。
③接种针先在培养基无菌处冷却，再用接种针的针尖蘸取少量菌种。
④将接种针自培养基中心垂直地刺入培养基中，且将接种针刺到试管的底部。
⑤沿接种线拔出接种针，塞上棉塞，灼烧接种针灭菌。
⑥接种过的试管直立在试管架上，然后培养。
⑦如果有运动能力的细菌，从接种线向外运动，所形成的接种线较粗，反之则细。

（五）思考题

（1）为什么接种环灼烧后要在无菌的培养基上蘸一蘸？

（2）如何检查细菌是否能够真正地运动？

三、纯培养菌种的菌体、菌落形态特征观察

（一）实验目的

（1）基本掌握不同培养基的配制方法。

（2）通过观察比较细菌、放线菌、酵母菌及霉菌的菌落特征，初步达到鉴别上述四种菌落特征的能力。

（二）仪器和材料

（1）恒温培养箱、显微镜、酒精灯、载玻片、盖玻片、接种环等。

（2）细菌、放线菌、酵母菌及霉菌四种培养基配方（表1－1～表1－5）。

表1－1　牛肉膏蛋白胨琼脂培养基

组分	含量（每1000mL培养基）	灭菌条件
牛肉膏	3g或5g	0.103MPa、121℃、15～20min
蛋白胨	10g	
NaCl	5g	
琼脂	15～20g	
蒸馏水	1000mL	
pH	7.0～7.2	

注：用于培养细菌，具体配制方法：将上述各成分加入900mL蒸馏水中，煮沸至琼脂完全溶解，加热过程中不断搅拌，避免糊底。用蒸馏水补充至1000mL，调整pH为7.0～7.2。趁热用纱布或脱脂棉过滤，分装灭菌后，冷藏备用。

表1－2　淀粉琼脂培养基（高氏一号）

组分	含量（每1000mL培养基）	灭菌条件
可溶性淀粉	20g	0.103MPa、121℃、15～20min
$FeSO_4$	0.5g	
KNO_3	1.0g	
琼脂	20g	

续表

组分	含量（每1000mL培养基）	灭菌条件
NaCl	0.5g	0.103MPa、121℃、15~20min
K_2HPO_4	0.5g	
$MgSO_4$	0.5g	
蒸馏水	1000mL	
pH	7.0~7.2	

注：用于培养放线菌，具体配制方法：配制时先用少量冷水将淀粉调成糊状，在火上加热，边搅拌边加水及其他药品，加热溶解后，补充水分至1000mL。

表1-3　蔗糖硝酸钠培养基（查氏培养基）

组分	含量（每1000mL培养基）	灭菌条件
$NaNO_3$	2g	0.072MPa、115℃、15~20min
$MgSO_4$	0.5g	
K_2HPO_4	1g	
KCl	0.5g	
$FeSO_4$	0.01g	
蔗糖	30g	
琼脂	15~20g	
蒸馏水	1000mL	
pH	自然条件	

注：配制方法同牛肉膏蛋白胨琼脂培养基。适合于鉴定多数霉菌，如用于分离霉菌时，可加乳酸调制成pH为5.0~5.5的酸性培养基。

表1-4　马铃薯培养基

组分	含量（每1000mL培养基）	灭菌条件
马铃薯去皮	200g	0.072MPa、115℃、灭菌30min
葡萄糖（或蔗糖）	20g	
琼脂	20g	
蒸馏水	1000mL	
pH	自然	

注：用以培养酵母菌，具体配制方法：新鲜马铃薯去皮，切成薄片，称200g，加蒸馏水1000mL，煮沸0.5h，用四层纱布过滤，补足因蒸发而减少的水分，即制成20%马铃薯汁，然后再加入计算量的葡萄糖（或蔗糖）和琼脂。加热熔化并用玻璃棒从加热容器底部不断搅拌，直至所有组分完全溶解。如果在上述培养基中加入1%的酵母粉或蛋白胨，则能促进孢子的大量增加。

表1-5 豆芽汁培养基

组分	含量（每1000mL培养基）	灭菌条件
黄豆芽（或绿豆芽）	100g	0.072MPa、115℃、15~20min
白糖（或蔗糖）	10~30g	
琼脂	20g	
水	1000mL	
pH	自然	

注：适用于酵母菌和霉菌的培养，具体配制方法：先将洗净的豆芽放在水中煮沸30min，用两层纱布滤去豆芽，将豆芽汁补足水分，加糖（培养酵母菌时，糖量要高）。

（三）实验内容及方法

1. 四种菌的培养

在无菌操作下，用接种环分别挑取平板上生长的各种菌，并把它们分别接种于各个培养基上，培养细菌的培养皿，置于37℃恒温培养箱中，培养24~48h，放线菌、酵母菌、霉菌在28℃下培养3~7d。

2. 菌落形态特征的观察与比较

不同微生物的个体及其群体，在培养基上的菌落特征不尽相同，一般通过菌落的形状、大小、表面结构、边缘结构、颜色、气味、透明度、黏滞性、表面光滑与粗糙、质地软硬等综合情况进行判别。

将培养好的菌落逐个观察、比较，描述各种菌的菌落特征，并记录、绘制菌落形态图。四种菌的菌落形态特征如下：

（1）细菌　菌落多为光滑型，湿润或较湿润，质地软，菌落与培养基结合不紧，表面结构及边缘结构特征较多，透明或半透明，具有各种颜色，菌落正反面的颜色基本相同，但也有干燥、粗糙的，有的呈霉状但不起绒毛。

（2）酵母菌　菌落呈圆形，大小接近细菌，表面光滑，质地软，颜色多为白色和红色，稍透明，菌落和培养基结合不紧，菌落正反面的颜色基本相同。

（3）放线菌　菌落硬度大，干燥致密，且与基质结合牢固，不透明，不易被挑取，菌落表面呈粉状或褶皱呈龟裂状，颜色多样，菌落正反面颜色一般不同。

（4）霉菌　菌落干燥，绒状或棉絮状，大而疏松，不透明，能扩散生长，用接种环易挑取，菌落与培养基结合较牢固，颜色多样且鲜艳，菌落正反面颜色一般不同。（注意如果做分离实验少，得到的单菌落可能还不太纯，镜检时会出现多种形态。）

（四）思考题

1. 实验中哪几个步骤为无菌操作？
2. 通过实验，能根据菌落特征辨别不同的微生物吗？

四、紫外线杀菌实验

（一）实验目的

了解紫外线的杀菌作用原理，学习紫外线杀菌实验方法。

（二）实验原理

紫外线对微生物有很强烈的致死作用，微生物对紫外线的吸收与剂量有关。剂量高低取决于紫外灯的功率、照射距离与照射时间。此外紫外线穿透力很弱，普通玻璃、薄纸、水层等均能阻止其透过，故紫外线只限于进行物体表面或接种室的空气灭菌。经紫外线照射后的受损细胞，遇光会有光复活现象，故处理后的接种物应避光培养。

（三）实验器材

（1）活材料　培养好的细菌。

（2）培养基　牛肉膏蛋白胨琼脂培养基。

（3）器材　无菌水、无菌培养皿、1mL 无菌吸管、玻璃刮铲、灭菌五角星形图案纸、紫外灯箱。

（四）实验方法

（1）制平板　取无菌培养皿 6 套，将已熔化并冷却至 50℃ 左右的牛肉膏蛋白胨琼脂培养基按无菌操作法倒入培养皿中，使之冷却成平板。

（2）菌悬液制备　取试管无菌水 2 支，以无菌操作法取培养好的两种细菌各 2 环，接入无菌水中充分摇匀，制成菌悬液。

（3）接种　将培养皿分成两组，分别接种菌悬液各 0.1mL，用无菌刮铲涂匀，随即用无菌镊子夹取无菌图案纸小心放在接种好的平皿中央。接种图如图 1－15 所示。

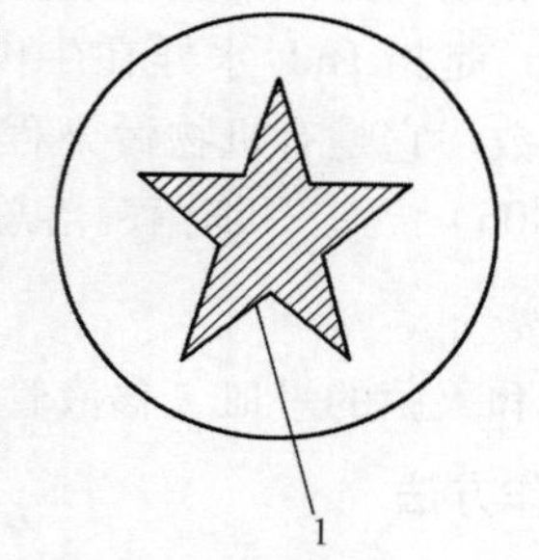

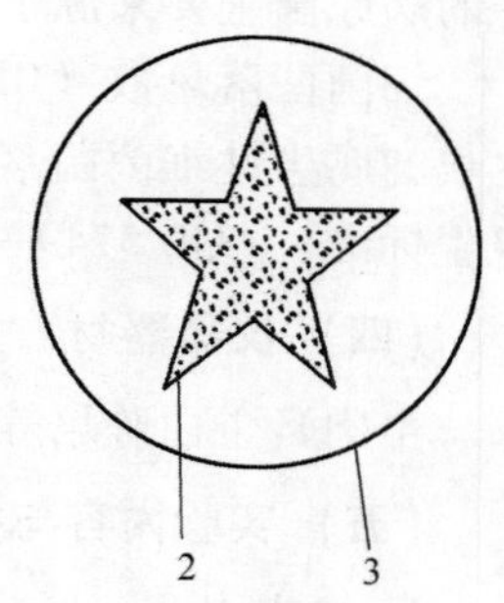

图 1－15　接种图

（4）紫外线处理　将紫外线灯先预热 2～3min，再将上述培养皿置于紫外灯下，打开皿盖，在 30cm 距离处照射。一组 1min，一组 5min，一组 10min，小心地取下图案纸，盖上皿盖。用黑布或厚纸遮盖，送入培养箱。

（5）培养　将培养皿于 28～30℃ 下培养 48h。

（6）取出培养皿观察并分析平板上细菌生长的状况，绘图表示。

（五）实验作业

记录观察到的结果，填写表 1－6。

表 1－6　　**实验结果记录表**

采样样品	菌落平均数	菌落类型	特征描写

五、水体中细菌菌落总数的测定

（一）概述

细菌总数测定是测定水中需氧菌、兼性厌氧菌和异氧菌密度的方法。因为细菌能以单独个体、成双成对、链状、成簇等形式存在，而且没有任何单独一种培养基能满足一个水样中所有细菌的生理要求，所以，由此法所得的菌落可能要低于真正存在的活细菌的总数。

此法主要作为判定饮用水、水源水、地表水等污染程度的标志。

（二）实验目的

（1）了解和学习水中细菌总数的测定原理和测定意义。

（2）学习和掌握用稀释平板记数法测定水中细菌总数的方法。

（三）实验原理

水是微生物广泛分布的天然环境。水中的微生物主要来源有水中的水生微生物（如光合藻类），来自土壤径流、降雨的外来菌群，来自下水道的污染物和人畜的排泄物等。水中的病原菌主要来源于人和动物的传染性排泄物。

细菌菌落总数（CFU）是指1mL水样在牛肉膏琼脂培养基中，于37℃培养24h后所生长的腐生性细菌菌落总数。它是有机物污染程度的指标，也是卫生指标。《生活饮用水卫生标准》（GB 5749—2006）规定：细菌菌落总数在1mL自来水中不得超过100个。

（四）仪器器材

牛肉膏蛋白胨培养基和灭菌的平皿、移液管、试管等。

（五）实验内容与操作方法

1. 自来水

（1）采集自来水水样　先将自来水龙头用火焰灼烧3min灭菌，再开放水龙头，流水5min后，用无菌的三角瓶取水样，如果水样含有余氯，则采样瓶灭菌后，按每500mL水样加3%的$Na_2S_2O_3 \cdot 5H_2O$溶液1mL。

（2）以无菌操作方法，用无菌移液管吸取1mL水样注入无菌培养皿中，倾注15～20mL已熔化并冷却至45℃左右的牛肉膏蛋白胨培养基，平放于桌上迅速摇匀，使水样与培养基充分混匀，凝固后倒置于37℃培养箱中，培养24h，然后进行菌落计数。每个水样倒三个平板，另取一个做空白对照，三个平板的平均菌落数即为1mL水样的细菌菌落总数。

2. 水源水（江、河、湖、池等地表水体）

（1）水体取样　可以采用采样器或带塞的玻璃瓶取样。采样器或带塞的玻璃瓶提前灭菌，将带塞的玻璃瓶瓶口向下浸入水中，然后翻转过来，拿掉瓶塞，瓶口逆着水流方向取水，水量不要过满，水面到瓶口留有2～3cm的空隙，盖上瓶盖，再将玻璃瓶从水中取出。

（2）稀释水样　在无菌条件下，将水样做10倍系列稀释（图1-16）。

（3）根据对水样污染情况的估计，选择2～3个适宜的稀释度，以培养后平板的菌落数在30～300个的稀释度为合适。吸取1mL稀释液于无菌平皿内，每个稀释度做3个

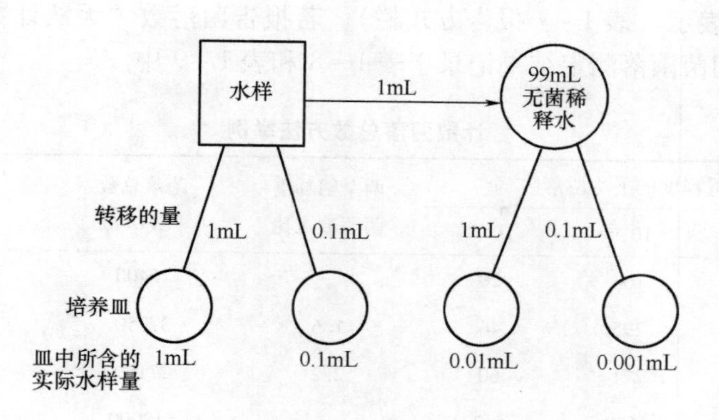

图 1－16

重复。

（4）以无菌操作方法，用无菌移液管吸取 1mL 水样注入无菌培养皿中，倾注 15～20mL 已熔化并冷却至 45℃左右的牛肉膏蛋白胨培养基，平放于桌上迅速摇匀，使水样与培养基充分混匀。

（5）培养基凝固后，倒置于 37℃培养箱培养 24h，计菌落数，算出三个平板的平均菌落数，再乘以稀释倍数即为 1mL 水样的细菌菌落总数。

（六）菌落计数及报告方法

用肉眼观察，计数平板上的细菌菌落数，也可用放大镜和菌落计数器计数。记下同一浓度的三个平板的菌落总数，计算平均值，再乘以稀释倍数即 1mL 水样中的细菌菌落总数。各种不同情况的计算方法如下：

（1）首先选择平均菌落数在 30～300 者进行计算，当只有一个稀释度的平均菌落符合此范围时，则以该平均菌落数乘其稀释倍数报告（表 1－7 例次 1）。

（2）若有两个稀释度的平均菌落数均在 30～300，则按两者菌落总数之比值来决定，若其比值小于 2 应报告两者的平均数，若大于 2 则报告其中较小的菌落总数（表 1－7 例次 2 及例次 3）。

（3）若所有稀释度的平均菌落数均大于 300，则应按稀释度最高的平均菌落数乘以稀释倍数报告（表 1－7 例次 4）。

（4）若所有稀释度的平均菌落数均小于 30，则应按稀释度最低的平均菌落数乘以稀释倍数报告（表 1－7 例次 5）。

（5）若所有稀释度的平均菌落数均不在 30～300，则以最接近 300 或 30 的平均菌落数乘以稀释倍数报告（表 1－7 例次 6）。

（6）在求同稀释度的平均数时，若其中一个平板上有较大片状菌落生长时，则不宜采用，而应以无片状菌落生长的平板作为该稀释度的平均菌落数。若片状菌落约为平板的一半，而另一半平板上菌落数分布很均匀，则可按半平板上的菌落计数，然后乘以 2 作为整个平板的菌落数。

（7）菌落计数的报告，菌落数在 100 以内时核实有效报告，大于 100 时，采用二位有效数字，在二位有效数字后面的位数，以四舍五入方法计算。为了缩短数字后面的零数，可用10的指数来表示（表1－7报告方式栏）。若报告菌落数“无法计数”时，应注明水样的稀释倍数。细菌菌落测定结果记录于表1－8和表1－9中。

表1－7 计数菌落总数方法举例

例次	不同稀释度的平均菌落数/个			两个稀释度菌落数之比	菌落总数/（CFU/mL）	报告方式/（CFU/mL）
	10^{-1}	10^{-2}	10^{-3}			
1	1365	164	20	—	16400	16000或1.6×10^4
2	2760	295	46	1.6	37750	38000或3.8×10^4
3	2890	271	60	2.2	27100	27000或2.7×10^4
4	无法计算	4650	513	—	513000	510000或5.1×10^5
5	27	11	5	—	270	270或2.7×10^2
6	无法计算	305	12	—	30500	31000或3.1×10^4

表1－8 自来水中细菌菌落数测定结果

平板	菌落数/（个/皿）	自来水中细菌总/（CFU/mL）	对照
1			
2			
平均值			

表1－9 水源水中细菌菌落测定结果

稀释度	10^{-1}			10^{-2}			10^{-3}		
平板	1	2	3	1	2	3	1	2	3
菌落数/（个/皿）									
平均菌落数/（个/皿）									
计算方法									
细菌总数/（CFU/mL）									

（七）思考题

（1）根据我国饮用水水质标准，讨论这次检验结果。

（2）测定水体中细菌菌落总数有什么意义？

六、水中大肠菌群数的测定

（一）实验目的

（1）了解和学习水中大肠菌群的测定原理和测定意义。

（2）学习和掌握水中大肠菌群的检测方法。

（二）实验原理

所谓大肠菌群是指在37℃、24h内能发酵乳糖产酸、产气的兼性厌氧的革兰阴性无芽孢杆菌的总称，主要由肠杆菌科中四个属内的细菌组成。

水的大肠菌群数是指100mL检测水样内含有的大肠菌群实际数值，以大肠菌群最近似数（MPN）表示。由于大肠菌群在肠道内数量最多，所以，水源中大肠菌群的数量是直接反映水源被人畜排泄物污染的一项重要指标。我国饮用水标准规定：大肠菌群数每升中不超过3个。

（三）实验器材

（1）锥形瓶、试管、移液管（1mL、10mL）、培养皿、接种环、试管架、酒精灯。

（2）蛋白胨、牛肉膏、乳糖、氯化钠、溴甲酚紫乙醇溶液、蒸馏水。

（3）10% NaOH、10% HCl、精密pH试纸6.4~8.4。

（四）实验前准备工作

1. 制作培养基

（1）乳糖蛋白胨培养基（供多管发酵法的复发酵用）

配方：蛋白胨10g、牛肉膏3g、乳糖5g、1.6%溴甲酚紫乙醇溶液1mL、蒸馏水1000mL、pH =7.2~7.4。

制备：按配方分别称取各药品溶解于1000mL蒸馏水中，调整pH为7.2~7.4。加入1.6%溴甲酚紫乙醇溶液1mL，充分混匀后，分装于试管内，每管10mL，另取一小倒管倒放入试管内。塞好棉塞、包扎好。置于高压灭菌锅内，0.07MPa、115℃灭菌20min，取出置于阴冷处备用。

（2）三倍浓缩乳糖蛋白胨培养液（供多管法初发酵用）　按上述乳糖蛋白胨培养液浓缩三倍配制，分装于试管中，每管5mL。再分装大试管，每管装50mL，然后在每管内放置小倒管。塞棉纱、包扎，置高压灭菌锅内以0.07MPa灭菌20min，取出置于阴冷处备用。

2. 水样的采集、保存和处置

可用自来水或受粪便污染的湖、河水。

（五）实验步骤

多管发酵法适用于饮用水、水源水，特别是浑浊度高的水中的大肠菌群测定。

1. 生活饮用水的测定步骤

（1）初步发酵实验　在2支各装有50mL三倍浓缩乳糖蛋白胨培养液的大发酵管中，以无菌操作各加入100mL水样；在10支各装有5mL三倍浓缩乳糖蛋白胨培养液的发酵管中，以无菌操作各加入10mL水样，混匀后置于37℃恒温箱中培养24h，观察其产酸产气的情况。

情况分析：

①若培养基红色不变为黄色，小导管没有气体，即不产酸不产气，为阴性反应，表明无大肠菌群存在。

②若培养基由红色变为黄色，小导管有气体产生，即产酸又产气，为阳性反应，说明有大肠菌群存在。

③培养基由红色变为黄色说明产酸，但不产气，仍为阳性反应，表明有大肠菌群存在。

④若小导管有气体，培养基红色不变，也不浑浊，是操作技术上有问题，应重做检验。

以上结果为阳性者，说明水可能被粪便污染，需进一步检验。

（2）确定性实验　用平板划线分离，将经培养24h后产酸（培养基呈黄色）、产气或只产酸不产气的发酵管取出，以无菌操作，用接种环挑取一环发酵液于品红亚硫酸钠培养基（或伊红美蓝培养基）平板上划线分离，共三个平板。倒置于37℃恒温箱内培养18～24h，观察菌落特征。如果平板上长有如下特征的菌落并经涂片和进行革兰染色，结果为革兰阴性的无芽孢杆菌，则表明有大肠菌群存在。

在品红亚硫酸钠培养基平板上的菌落特征：

①紫红色，具有金属光泽的菌落；

②深红色，不带或略带金属光泽的菌落；

③淡红色，中心色较深的菌落。

在伊红美蓝培养基平板上的菌落特征：

①深紫黑色，具有金属光泽的菌落；

②紫黑色，不带或略带金属光泽的菌落；

③淡紫红色，中心色较深的菌落。

（3）复发酵实验　用无菌接种环在具有上述菌落特征、革兰染色阴性的无芽孢杆菌的菌落上挑取一环于装有10mL普通浓度乳糖蛋白胨培养基的发酵管内，每管可接种同一平板上（即同一初发酵管）的1～3个典型菌落的细菌。盖上棉塞置于37℃恒温箱内培养24h，有产酸、产气则证实有大肠菌群存在。

根据证实有大肠菌群存在的阳性菌（瓶）数，查表1－5至表1－8，报告每升水样中大肠菌群数。

根据阳性管数及实验所用的水样量，运用数理统计原理计算出每升（或每100mL）水样中总大肠菌群的最大可能数目（MPN），可用下式计算：

$$\text{MPN} = \frac{1000 \times A}{\sqrt{B \times T}} \tag{1-1}$$

式中　A——阳性管数

B——阴性管数水样体积，mL

T——全部水样体积，mL

MPN的数据并非水中实际大肠菌群的绝对浓度，而是浓度的统计值。为了使用方便，现已制成检索表。所以根据证实有大肠菌群存在的阳性管（瓶）数可直接检索表1－5至表1－8，即得结果。

2. 水源水中大肠菌群的测定步骤

（1）稀释水样　根据水源水的清洁程度确定水样的稀释倍数，除严重污染外，一般稀释倍数为10^{-1}及10^{-2}，稀释方法见实验五所述的10倍稀释法，均需无菌操作。

（2）初步发酵实验　在无菌条件下，用无菌移液管吸取1mL 10^{-2}和10^{-1}的稀释水样及1mL原水样，分别注入装有10mL普通浓度乳糖蛋白胨培养基的5个发酵管中，另取10mL原水样注入装有5mL三倍浓缩乳糖蛋白胨培养基的发酵管中，如果为较清洁的水样，可再取100mL水样注入装有5mL三倍浓缩乳糖蛋白胨培养基的发酵瓶中，置37℃恒温箱中培养24h后观察结果。以后的测定步骤与生活饮用水的测定方法相同。

根据证实有大肠菌群存在的阳性管数或瓶数查表1－10至表1－13，即可求得每

100mL 水样中存在的大肠菌群数，乘以 10 即为 1L 水中的大肠菌群数。

表 1-10 **大肠菌群检验表** 单位：个/L

10mL 水量的阳性管数	100mL 水量的阳性管数			10mL 水量的阳性管数	100mL 水量的阳性管数		
	0	1	2		0	1	2
	每升水样中大肠菌群数				每升水样中大肠菌群数		
0	<3	4	11	6	22	36	92
1	3	8	18	7	27	43	120
2	7	13	27	8	31	51	161
3	11	18	38	9	36	60	230
4	14	24	52	10	40	69	>230
5	18	30	70				

注：水样总量 300mL（二份 100mL，十份 10mL）。此表用于检测生活饮用水。

表 1-11 **大肠菌群检验表（-1）** 单位：个/L

100mL	10mL	1mL	0.1mL	水中大肠菌群数/L	100mL	10mL	1mL	0.1mL	水中大肠菌群数/L
-	-	-	-	<9	-	+	+	-	28
-	-	-	+	9	+	-	-	+	92
-	-	+	-	9	+	-	+	-	94
-	+	-	-	9.5	+	-	+	+	180
-	-	+	+	18	+	+	-	-	230
-	+	-	+	19	+	+	-	+	960
-	+	+	-	22	+	+	+	-	2380
+	-	-	-	23	+	+	+	+	>2380

注：水样总量 111.1mL。+表示有大肠菌群，-表示无大肠菌群。

表 1-12 **大肠菌群检验表（-2）** 单位：个/L

10mL	1mL	0.1mL	0.01mL	水中大肠菌群数/L	10mL	1mL	0.1mL	0.01mL	水中大肠菌群数/L
-	-	-	-	<90	-	+	+	-	280
-	-	-	+	90	+	-	-	+	920
-	-	+	-	90	+	-	+	-	940
-	+	-	-	95	+	-	+	+	1800
-	-	+	+	180	+	+	-	-	2300
-	+	-	+	190	+	+	-	+	9600
-	+	+	-	220	+	+	+	-	23800
+	-	-	-	230	+	+	+	+	>23800

注：水样总量 11.1mL。+表示有大肠菌群，-表示无大肠菌群。

表 1-13 **大肠菌群的最可能数** 单位：个/100mL

出现阳性份数			100mL 水样中细菌数的最可能数	95% 可信限值		出现阳性份数			100mL 水样中细菌数的最可能数	95% 可信限值	
10mL	1mL	0.1mL		下限	上限	10mL	1mL	0.1mL		下限	上限
0	0	0	<2			4	2	1	26	9	78
0	0	1	2	<0.5	7	4	3	0	27	9	80
0	1	0	2	<0.5	7	4	3	1	33	11	93
0	2	0	4	<0.5	11	4	4	0	34	12	93
1	0	0	2	<0.5	7	5	0	0	23	7	70
1	0	1	4	<0.5	11	5	0	1	34	11	89
1	1	0	4	<0.5	11	5	0	2	43	15	110
1	1	1	6	<0.5	15	5	1	0	33	11	93
1	2	0	6	<0.5	15	5	1	1	46	16	120
2	0	0	5	<0.5	13	5	1	2	63	21	150
2	0	1	7	1	17	5	2	0	49	17	130
2	1	0	7	1	17	5	2	1	70	23	170
2	1	1	9	2	21	5	2	2	94	28	220
2	2	0	9	2	21	5	3	0	79	25	190
2	3	0	12	3	28	5	3	1	110	31	250
3	0	0	8	1	19	5	3	2	140	37	310
3	0	1	11	2	25	5	3	3	180	44	500
3	1	0	11	2	25	5	4	0	130	35	300
3	1	1	14	4	34	5	4	1	170	43	190
3	2	0	14	4	34	5	4	2	220	57	700
3	2	1	17	5	46	5	4	3	280	90	850
3	3	0	17	5	46	5	4	4	350	120	1000
4	0	0	13	3	31	5	5	0	240	68	750
4	0	1	17	5	46	5	5	1	350	120	1000
4	1	0	17	5	46	5	5	2	540	180	1400
4	1	1	21	7	63	5	5	3	920	300	3200
4	1	2	26	9	78	5	5	4	1600	640	5800
4	2	0	22	7	67	5	5	5	≥2400		

（六）实验作业

将实验结果记录在表 1-14 中，并对所测样品进行评价。

表 1－14　　监测分析原始记录（生物）

填表日期：		打印日期：		监测目的：		密级：
样品来源：		样品编号：		采样时间：		分析日期：
测试观察环境条件						
实验观察环境	场所	温度	湿度			
仪器条件	名称	编号	测量范围			状态
其他条件						
分析项目	方法名称		方法范围		基本步骤	
测试观察结果						
名称及编号	观察时间	测试观察结果记录				
		1	2	3	均值	
处理结果						
观察结论						
备注						
观察者：		校核者：		报告编号：		

七、空气中浮游微生物的测定

（一）实验目的

（1）通过实验了解不同环境条件下空气中微生物的分布状况。

（2）学习并掌握空气中微生物测定的基本方法。

（二）实验原理

空气不是微生物生存的良好环境，然而，在空气中仍存在着相当数量的微生物。但是，其最终还是要沉降到固体表面或地面上。通过这一特点，空气中的微生物沉降到固体培养基的表面，经过培养，形成肉眼可以看到的细胞群体，即菌落。观察菌落的大小、形态，可以大致鉴别空气中存在的微生物种类。利用计数菌落数，按公式推算单位体积内微生物的数量。

（三）仪器和材料

（1）培养基　牛肉膏蛋白胨琼脂培养基、高氏一号培养基、查氏琼脂培养基。

（2）仪器　高压蒸汽灭菌锅、恒温培养箱、空气采样器等。

（3）器皿　灭菌培养皿、三角瓶、无菌水等。

（四）实验内容与操作方法

1. 沉降法

（1）标记培养皿　分别在皿底贴上标签，注明所用的培养基，同时进行编号。

（2）制作平板　将熔化的牛肉膏蛋白胨琼脂培养基、马铃薯培养基，各倒入 15 个培养皿，冷凝。

（3）采样　在一定的面积内（室内或室外）按 5 点采样法，每种培养基、每个点放 3 个平板，打开培养皿盖，暴露 5min 或 10min 后，盖上培养皿盖。

（4）培养　将培养皿倒置，培养细菌的培养皿置 37℃恒温培养箱培养 24～48h，培养真菌和放线菌的培养皿置 28℃恒温培养箱培养 3～7d。

（5）观察　培养结束后，观察各种微生物的菌落大小、形态、颜色等特征，并记录。

（6）计算　计数平板上的菌落数，根据奥梅梁斯基换算公式计算出 $1m^3$ 空气中的微生物数量。如果平板培养皿的面积为 $100cm^2$，在空气中暴露 5min，于 37℃下培养 24h 后长出的菌落数，相当于 10L 空气中的细菌数，即：

$$X = \frac{N \times 100 \times 100}{\pi r^2} \quad (1-2)$$

式中 X——每立方米空气中的菌落数，个/cm^3 空气

N——平板培养基在空气中暴露 5min，于 37℃恒温培养箱培养 24h 后长出的菌落数，个/cm^2

r——皿底半径，cm

2. 过滤法

（1）准备　盛有 10L 蒸馏水瓶，100mL 无菌水的三角瓶。

（2）安装　安装好空气采样器，将采样器分别放在 5 个采样点上。

（3）采样　打开 10L 蒸馏水瓶，使水缓缓流出，外界空气经过喇叭口进入 100mL 无菌水的三角瓶中，10L 蒸馏水流完后，10L 空气中的微生物被滤在 100mL 无菌水的三角瓶中。

（4）培养　将 5 个三角瓶的液体摇匀，分别从中吸取 1mL 注入无菌培养皿中（平行 3 个皿），之后，加入已经熔化的冷却到 45℃左右的牛肉膏蛋白胨琼脂培养基，摇匀，凝固后，置 37℃恒温培养箱培养。培养放线菌和真菌相同方法。

（5）计算结果　培养 24h，依平板上长出的菌落数，计算出每升空气中细菌的数目。先按下列公式计算出每一套采样器的细菌数，再求出 5 套采样器的平均值。

$$\text{细菌数（个/L 空气）} = \frac{s \times 100}{10} \quad (1-3)$$

式中 s——1mL 水中培养所得菌数，个/L 空气

（五）思考题

（1）试比较沉降法和过滤法测定空气中微生物数量的异同点。

（2）试分析沉降法测定空气中微生物数量的优缺点。

（3）在空气微生物的测定中，应从哪几个方面确定采样点？

八、土壤中微生物的测定

土壤是微生物生长、繁殖及进行生命活动的天然培养基，土壤中微生物存在的种类

多、数量大。通过测定土壤中微生物的种类、数量，了解土壤肥力及有机物降解、转化情况。

（一）实验目的

（1）学习土壤微生物样本的采集方法。

（2）了解土壤中微生物主要种群及其数量存在状况。

（3）了解微生物在土壤中的作用。

（二）仪器和材料

（1）培养基　牛肉膏蛋白胨琼脂培养基（培养细菌）、淀粉琼脂培养基（培养放线菌）、查氏培养基（培养霉菌）。

（2）仪器　高压蒸汽灭菌锅、恒温培养箱、移液枪等。

（3）器皿　灭菌培养皿、灭菌三角瓶、灭菌试管、无菌水等。

（三）实验内容与操作方法

1. 土壤采样

（1）采样前准备　采样前应准备好灭菌的小铲、土钻若干把，灭菌的纸袋、铝盒、记录本。

（2）采样地点　根据实验要求选择采样地点，同时记录采样日期、时间；采样地的特点；土壤类型或土地利用方式；植被状况等。

（3）采样方法　在一定的土壤范围内，可采取蛇形或棋盘或五点法不同点取样，最少为 5 个点，每个点取约 100g 土样，放入纸袋中，并在采样袋上写明日期、时间、地点、采样人及采样深度等内容。

（4）样品保存　将采集的土样迅速带回实验室，准备测定。如不能及时测定，将土样放在 4℃的条件下保藏，时间不要超过 24～48h。

2. 土壤微生物的测定

（1）配制土壤浸出液　将同一土壤范围的土样混合均匀，称取土样 5g，加入装有 45mL 的无菌水的三角瓶中，再装入若干玻璃珠，充分振荡或在摇床上震荡 10min，静置 2min，制成 10^{-1} 的稀释液，如果土壤中有机物质含量高，视情况制成 10^{-2}、10^{-3}、10^{-4}、10^{-5} 等不同稀释梯度的稀释液。

（2）土壤微生物的测定　每种土样选择 3 个稀释度，每个稀释度设 3 次重复。用无菌吸管吸取 1mL 的土壤悬液于无菌培养皿中，再加入已熔化并冷却至约 45℃的培养基，然后轻轻地摇动，混合均匀。凝固后，倒置于 37℃的恒温培养箱中培养。

（3）菌落计数　进行平皿计数时，可用肉眼观察计数，也可用放大镜和菌落计数器，记下同一浓度的 3 个平板的菌落数，计算平均值，再乘以稀释倍数。

（4）计算　计算出每克土壤中微生物的个数。

（四）思考题

（1）制作土壤浸出液时，为什么要充分震荡？

（2）如果土壤采集的量偏少，可能会出现什么问题？

第二章 水污染控制工程实验

第一节 水处理基础知识

一、水处理内容

水处理是给水处理和废水处理的简称。水处理的主要内容可概括为以下三种：①去除水中影响使用的杂质以及对污泥的处置，这是水处理的最主要内容；②为了满足用水的要求，在水中加入其他物质以改变水的性质，如食用水中加氟以防止龋齿病，循环冷却水中加缓蚀剂及阻垢剂以控制腐蚀及结垢等；③改变水的物理性质的处理，如水的冷却和加热等。本章只讨论去除水中杂质的方法。

二、水处理的方法分类

废水中所含污染物的种类是多种多样的，不能预期只用一种方法就可以将所有的污染物都去除干净，因此水处理的方法也多种多样。根据不同的分类原则，通常对废水处理方法可做如下分类。

（一）按废水处理的程度分类

一般划分为一级处理、二级处理和三级处理（深度处理、高级处理），废水的分级处理见表2－1。

表2－1　废水的分级处理

处理级别	污染物质	处理方法
一级处理	悬浮或胶态固体、悬浮油类、酸、碱	格栅、沉淀、气浮、过滤、混凝、中和
二级处理	可生化降解的有机物	生物化学处理
三级处理	难生化降解的有机物、溶解态的无机物、病毒、病菌、磷、氮等	吸附、离子交换、电渗析、反渗透、超滤、化学处理法

（二）按水中污染物的化学性质是否改变分类

水处理方法可分为分离处理、转化处理和稀释处理三大类。

（1）分离处理　是通过各种力的作用，使污染物从水中分离出来。一般来说，在分离过程中并不改变污染物的化学性质。

（2）转化处理　是指通过化学的或生物化学的作用，将污染物转化为无害的物质，或转化为可分离的物质，然后再进行分离处理，在这一过程中污染物的化学性质发生了变化。

（3）稀释处理　是既不把污染物分离出来，也不改变污染物的化学性质，而是通过稀释混合，降低污染物的浓度，从而使其达到无害的目的。

（三）按处理过程中发生的变化分类

水处理方法可分为物理处理法、化学法、物理化学法和生物法。

物理法是利用物理作用来分离水中的悬浮物，处理过程中只发生物理变化。常用的物理法有格栅、筛滤、过滤、沉淀和气浮等。

化学法是利用化学反应的作用来处理水中的溶解物质或胶体物质，其处理过程中发生的是化学变化。常用的化学法有中和法、化学沉淀法、氧化还原法等。

物理化学法是运用物理和化学的综合作用使废水得到净化的方法。物理化学法处理废水既可以是独立的处理系统，也可以是与其他方法组合在一起使用。其工艺的选择取决于废水的水质、排放或回收利用的水质要求、处理费用等。如为除去悬浮和溶解的污染物而采用的混凝法和吸附法就是比较典型的物理化学法。常用的物理化学法有吸附法、离子交换法以及膜技术（电渗析、反渗透、超滤等）。

生物法则是利用微生物的作用去除水中胶体的和溶解的有机物质的方法。常用的生物法有好氧活性污泥法、生物膜法、厌氧消化法等。

第二节　基础性实验

一、沉淀基础知识

1. 基本原理

沉淀是水处理技术中最基本的方法之一，是利用水中悬浮颗粒的可沉淀性能，在重力作用下产生下沉作用，以达到固液分离的一种过程。

2. 沉淀类型

沉淀的过程根据性质可以分为 4 种类型：①自由沉淀；②絮凝沉淀；③区域沉淀（或成层沉淀）；④压缩沉淀。

3. 应用范围

（1）自由沉淀　用于废水的预处理工艺（沉砂池），主要是去除污水中的无机物（沙粒）以及某些相对密度较大的颗粒状物质。

（2）絮凝沉淀　用于污水进入生物处理构筑物前的初次沉淀池。在这一阶段，是去除相当部分的呈悬浮物状的有机物，以减轻微生物处理的有机负荷。

（3）区域沉淀　用于生物处理后的二次沉淀池。主要用来分离微生物处理工艺中产生的微生物脱落物、活性污泥等，使处理后的水得以澄清。

（4）压缩沉淀　用于污泥处理阶段的污泥浓缩池。主要将来自初沉池及二沉池的污泥进一步浓缩，以减少污泥体积、降低后续工艺的构筑物尺寸及处理费用等。

（一）自由沉淀实验

1. 实验目的

（1）掌握颗粒自由沉淀的实验方法。

（2）了解和掌握自由沉淀的规律，根据实验结果绘制颗粒自由沉淀曲线，即时间－沉淀率（$t-E$），沉速－沉淀率（$u-E$）的关系曲线。

2. 实验原理

沉淀是指从液体中借重力作用去除固体颗粒的一种过程。根据液体中固体物质的浓度和性质，可将沉淀过程分为自由沉淀、絮凝沉淀、成层沉淀和压缩沉淀等四类。本实验是研究探讨污水中非絮凝性固体颗粒自由沉淀的规律，用沉淀管进行（图2－1）。设水深为h，在t时间能沉到h深度颗粒的沉速$u=h/t$。根据某给定的时间t_0计算出颗粒的沉速u_0。凡是沉淀速度等于或大于u_0的颗粒，在t_0时都可全部去除。设原水中悬污物浓度为C_0，t时的悬浮物浓度为C_t，则沉淀率：

$$E=\frac{C_0-C_t}{C_0}\% \tag{2-1}$$

式中在时间t时能沉到h深度的颗粒沉淀速度u

$$u=\frac{h}{t} \tag{2-2}$$

3. 实验装置及材料

（1）有机玻璃沉淀柱一根$D=150$mm，高2.0m；工作水深设为两种，$H_1=1.5$m，$H_2=1.2$m，每根沉淀柱由取样管、进水管及放空阀组成。

（2）测定水深用标尺，计时用秒表。

（3）玻璃烧杯、移液管、玻璃棒和搪瓷托盘。

（4）万分之一天平、干燥器、烘箱、抽滤装置和定量滤纸等。

（5）人工配制水样。

实验装置如图2－1所示。

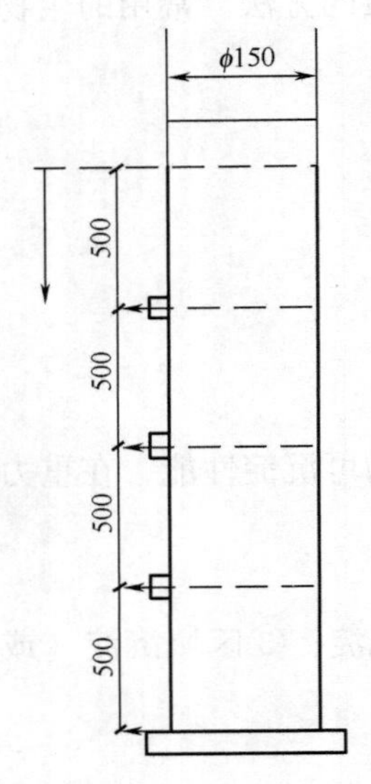

图2－1 自由沉淀实验设备图

4. 实验步骤

（1）打开沉淀管的阀门将污水注入沉淀管，然后打开进气阀，曝气搅拌均匀。

（2）关闭进气阀，此时取水样100mL（测得悬浮物浓度C_0），同时记下取样口高度，开启秒表，记录沉淀时间。

（3）分别取样100mL，测其悬浮物浓度（C_t），记录沉淀柱内液面高度。

（4）测定每一沉淀时间的水样悬浮物固体量。悬浮物固体的测定方法：首先调烘箱至（105±1）℃，叠好滤纸放入称量瓶中，打开盖子，将称量瓶放入已调好的烘箱（105±1）℃中至恒重；然后将已恒重好的滤纸取出放在玻璃漏斗中，过滤水样，并用蒸馏水冲净，使滤纸上得到全部悬浮固体，然后将带有滤渣的滤纸移入称量瓶，烘干至恒重。

（5）悬浮物固体计算

悬浮物固体含量
$$C=\frac{(\omega_2-\omega_1)\times 10^6}{V}(\text{mg/L}) \tag{2-3}$$

式中 ω_1——称量瓶＋滤纸质量，g

ω_2——称量瓶＋滤纸质量＋悬浮物固体的质量，g

V——水样体积，mL

（6）整理实验数据，填写实验记录表（表2－2和表2－3）。

表2－2　　自由沉淀实验记录表

时间/min	0	5	10	15	20	25	30	45	90
W_1/g									
W_2/g									
S_S/g									
V/mL									
$C_i = S_S/V/$（mg/L）									
$P_i = C_i/C_0$									
$H_{上}$/mm									
$H_{下}$/mm									
$H = H_{上} - H_{下}$									
$u = H/t_i$									

表2－3　　$u-E$ 计算结果统计表

序号	U_0	P_0	$1-P_0$	ΔP	U_S	$\Sigma U_S \cdot \Delta P$	$\frac{\sum u_s \cdot \Delta P}{u_0}$	$E = (1-P_0) + \Sigma U_S \cdot \Delta P/U_0$	t

5. 结果整理与分析

（1）实验基本参数

水样性质及来源＿＿＿＿＿＿＿＿　　柱高 H＝＿＿＿＿＿＿＿

沉淀柱直径 D＝＿＿＿＿＿＿＿＿　　水温＿＿＿＿＿＿＿

原水悬浮物浓度 C_0＝＿＿＿＿＿＿＿＿mg/L

（2）实验数据整理及关系曲线绘制　根据不同沉淀时间的取样口距液面平均深度 h 和沉淀时间 t，计算出各种颗粒的沉淀速度 u_t 和沉淀率 E，并绘制时间－沉淀率和沉速－沉淀率的曲线。

利用上述实验数据，计算不同时间 t 时，沉淀管内未被去除的悬浮物的百分比，即：

$$p = \frac{C_t}{C_0} \times 100\%$$

以颗粒沉速 u 为横坐标，以 P 为纵坐标，在普通格纸上绘制 $u-P$ 关系曲线。

（3）通过 $u-P$ 曲线，利用图解法计算不同沉速时悬浮物的去除率 E 并绘制 $u-E$ 关系曲线及 $t-E$ 关系曲线。

（二）成层沉淀实验

1. 实验目的

（1）加深对成层沉淀的特点、基本概念以及沉淀规律的理解。

（2）通过实验确定某种污水曝气池混合液的静沉曲线，并为设计澄清浓缩池提供必要的设计参数。

2. 基本原理

高浓度水，如黄河高浊度水、活性污泥曝气池混合液等，不论所含颗粒性质如何，在沉淀时，颗粒间的相对位置保持不变，颗粒的下沉速度表现为浑液面等速下沉速度。该速度与原水浓度、悬浮物性质等因素有关。因此成层沉淀研究针对的是水中所含悬浮物整体，即整个浑液面的沉淀过程，从而提供设计浓缩池所需的参数。为消除器壁效应，实验柱内装设慢速搅拌器。为方便实验记录，柱上设标尺表明高度。

3. 实验装置及材料

（1）2000mL 量筒 1 个。

（2）人工配制高浓度水样。

（3）秒表 1 块。

4. 实验步骤及记录

（1）将配好的水样倒入 2000mL 大量筒中，至 1800～2000mL。

（2）充分摇匀量筒，使量筒中水样浓度处于均匀。

（3）停止摇动，放在静止的实验台上静沉。

（4）待水样出现浑液面时开始计时（作为 0 时），记下泥面高度。

（5）每隔一定时间，记录浑液面高度，并记入表 2－4，直至浑液面不再下降为止。

表 2－4　　氧总转移系数 K_{La} 计算表

t									
H									

5. 结果整理

（1）以沉淀时间为横坐标，以沉淀高度为纵坐标，绘制各浓度的 $H-t$ 线。

（2）根据所得的 $H-t$ 关系线，利用肯奇式分别求得各断面处的 C_i 及泥面沉速 U_i，绘制 $U-C$ 曲线。

6. 思考题

观察实验现象，注意成层沉淀不同于自由沉淀的地方，原因是什么？

（三）斜板沉淀实验

1. 实验目的

（1）通过斜板沉淀池的模拟实验，进一步加深对其构造和工作原理的认识。

（2）进一步了解斜板沉淀池运行的影响因素。

（3）熟悉斜板沉淀池的运行操作方法。

2. 实验原理

根据浅层理论，在沉淀池有效容积一定的条件下，增加沉淀面积，可以提高沉淀效率。斜板沉淀池实际上是把多层沉淀池底板做成一定倾斜率，以利于排泥。斜板与水平成 60°角放置于沉淀池中，水流从下向上流动，颗粒沉于斜板上，当颗粒积累到一定程度时，便自动滑下。

在池长为 L，池身为 H，池中水平流速为 v，颗粒沉速为 u_0 的沉淀池中，当池水在池中为流动状态时，

$$\frac{L}{H} = \frac{v}{u_0} \tag{2-4}$$

可见，L 与 v 值不变时，池身 H 越浅，可被沉淀去除的悬浮颗粒也越小。若用水平隔板，将 H 分为三等，每层深 $H/3$，如图 2-2（a）所示，在 u_0 与 v 不变的条件下，则只需 $L/3$，就可将沉速为 u_0 的颗粒去除，即总容积可减少 1/3。如果池长 L 不变，如图 2-2（b）所示，由于池深为 $H/3$，则水平流速可增加 $3v$，仍能将沉速为 u_0 的颗粒沉淀去除，即处理能力可提高 3 倍。把沉淀池分成 n 层就可把处理能力提高 n 倍。这就是 20 世纪初，Hazen 提出的浅层沉淀理论。

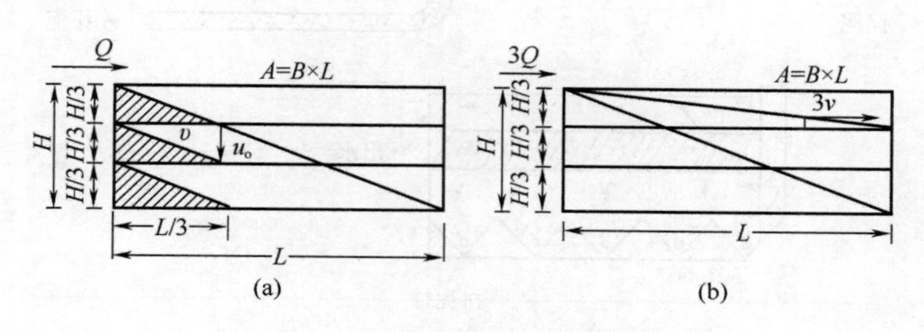

图 2-2　浅层沉淀理论示意图

浅层理论应用于实践中，需要考虑解决排泥问题，工程上通常将水平隔板改为水平倾斜成一定角度（通常为 60°）的斜面板，构成斜板沉淀池。

水平隔板改成有一定倾角的斜面后，其水流的总沉降面积就是各斜板有效面积总和与倾角 α 的余弦的乘积，用公式来表示即

$$A = \sum_{n=1}^{n} A_1 \cos\alpha \tag{2-5}$$

式中　A——水流沉降总面积（即所有澄清单元在水面上的投影面积总和），m^2

α——斜板与水平面的夹角

A_1——每块斜板的有效面积（澄清单元在水平面的投影面积，如图所示），m^2

$$A_1 = B(a + l\cos\theta) \tag{2-6}$$

式中　B——池宽，m

a——水平间距，m

l——斜板长度，m

θ——斜板倾角

斜板沉淀池按照水流方向与颗粒沉淀方向之间的相关关系，可分为：

（1）侧向流斜板沉淀池，水流方向与颗粒沉淀方向互相垂直，如图 2-3（a）所示。

（2）同向流斜板沉淀池，水流方向与颗粒沉淀方向相同，如图 2-3（b）所示。

（3）逆向流斜板沉淀池，如图 2-3（c）所示。

3. 实验装置及材料

（1）斜板沉淀池（图 2-4）。

（2）浊度仪 1 台。

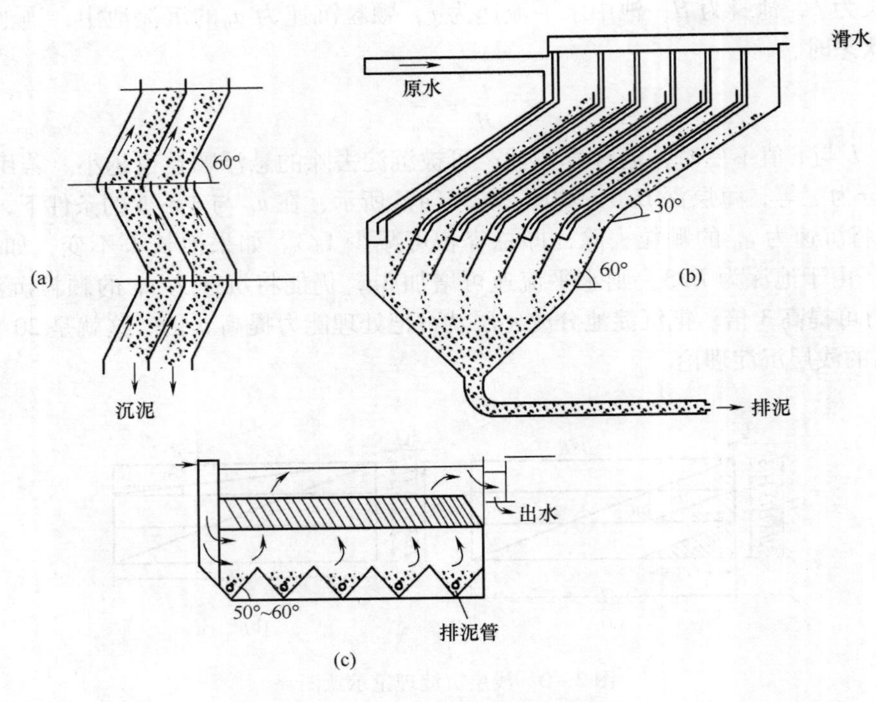

图 2－3　斜板沉淀池的类型

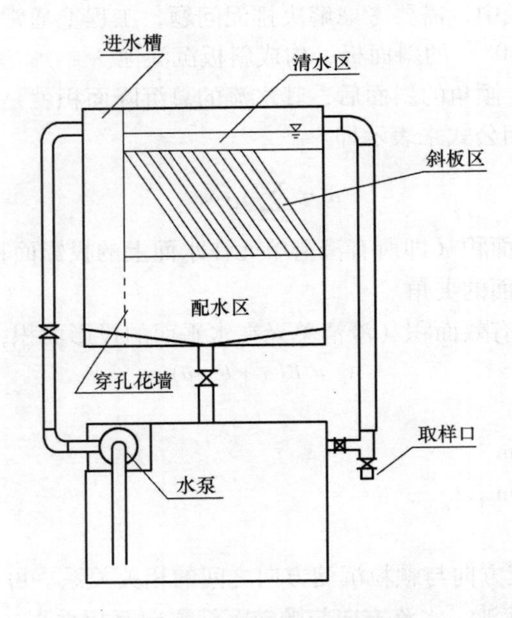

图 2－4　斜板沉淀池实验图

（3）酸度计 1 台。

（4）烧杯（200mL，5 个）。

（5）投药设备与反应器。

（6）混凝剂　$FeCl_3 \cdot 6H_2O$；$Al_2(SO_4)_3 \cdot 18H_2O$。

4. 实验步骤

（1）打开进水阀启动水泵，原水经进水槽通过底部配水花墙，均匀流入配水区，水流向上流通过斜板区到达清水区，经净化后从表层出水。沉淀物从斜板滑落到池底。

（2）打开排水阀即可排泥、排水或放空。

（3）可用不同的原水或混凝剂以及混凝剂的不同投加量来进行实验，测定其去除率。

5. 实验数据及结果整理

（1）将实验中测得的数据填入表2－5中。

（2）根据测得的进出水浊度计算去除率。

表2－5　　实验记录表

序号	原　水		投　药		浊　度		
	水温/℃	流量/（L/h）	名称	投药量/（mg/L）	进水/NTU	出水/NTU	去除率/%
1							
2							
3							
4							
5							

6. 应用

斜板沉淀池由于去除率高、停留时间短、占地面积小等优点，故常用于已有污水处理厂挖潜或扩大处理能力；或常用作初沉池。因活性污泥的黏度较大，容易粘在斜板上，经厌氧消化后，脱落并浮到水面结壳或阻塞斜板，影响沉淀面积，所以在废水处理中应慎重使用。一般用在选矿水尾矿浆的浓缩、炼油厂含油污水的隔油等都有成功经验。

7. 思考题

提高沉淀池沉淀效果的有效途径是什么？

（四）混凝沉淀实验

1. 实验目的

（1）通过本实验确定某水样的最佳投药量。

（2）观察矾花的形成过程及混凝沉淀效果。

2. 实验原理

混凝就是在原水中投入药剂后，经过搅拌、混合、反应，使水中悬浮物及胶体杂质形成易于沉淀的大颗粒絮凝体，而后通过沉淀池进行重力分离的过程。水中粒径小的悬浮物以及胶体物质，由于微粒的布朗运动、胶体颗粒间的静电斥力和胶体的表面作用，致使水中这种浑浊状态稳定。向水中投加混凝剂后，由于①能降低颗粒间的排斥能峰，降低胶的ζ电位，实现胶粒“脱稳”；②同时也能发生高聚物式高分子混凝剂的吸附架桥作用；③网捕作用，而达到颗粒的凝聚。创造适宜的化学和水力条件，是混凝工艺上的技术关键。由于各种原水有很大差别，混凝效果不尽相同。混凝剂的混凝效果不仅取决于混凝剂投加量，同时还取决于水的pH、水流速度梯度等因素。投加混凝剂的多少，直接影响混凝效果。投加量不足不可能有很好的混凝效果。同样，如果投加的混凝剂过多，也未必能得到好的混凝效果。水质是千变万化的，最佳的投药量各不相同，必须通过实验方可确定。

3. 实验装置及材料

（1）无极调速六联搅拌机（图2-5）。

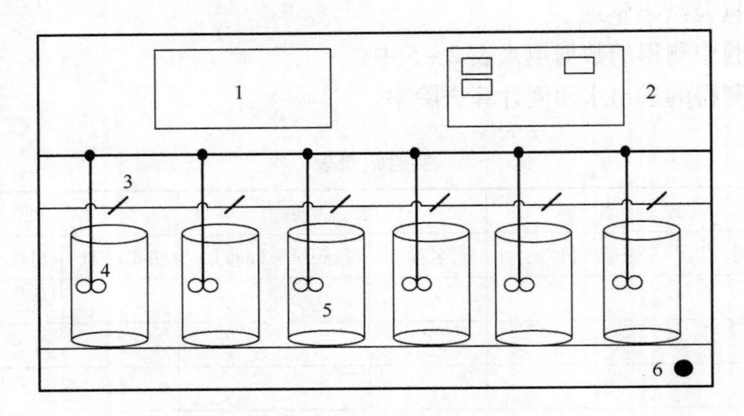

图2-5 无极调速六联搅拌机示意图

1—显示屏 2—程序按键 3—加药短管 4—搅拌器 5—烧杯 6—电源

（2）1000mL 烧杯 6~8 个。

（3）200mL 烧杯 8 个。

（4）100mL 注射器 1~2 支，移取沉淀水上清液。

（5）100mL 洗耳球 1 个，配合移液管移药用。

（6）1mL、5mL、10mL 移液管各 1 根。

（7）温度计 1 支（测水温用）。

（8）1000mL 量筒 1 个，量原水体积。

（9）1% $FeCl_3$ 或 $Al_2(SO_4)_3$ 溶液一瓶。

（10）酸度计、浊度仪各 1 台。

4. 实验步骤

（1）测原水水温、浊度（70°~80°）和 pH，记入表2-6中。

表2-6 实验数据记录表

水样编号	1	2	3	4	5	6
原水浊度/NTU						
原水 pH						
加药量/mL	0	0.5	1	2	3	5
剩余浊度/NTU						
沉淀后 pH						

（2）用1000mL 量筒分别量取500mL 水样置于6个1000mL 的烧杯中。

（3）用移液管分别移取0、0.5mL、1mL、2mL、3mL、5mL的混凝剂于搅拌机的加药试管中，混凝剂为3%的$Al_2(SO_4)_3$溶液或$FeCl_3$溶液。

（4）将准备好的水样置于搅拌机中，开动机器调整转速，中速（200r/min）运转5min。

（5）5min后将搅拌机调快，快速（400r/min）运转，同时将混凝剂加入水样中（用蒸馏水将药管中残留液洗净，一同加入水样中），同时开始计时，快速搅拌30s。

（6）30s后，迅速将转速调到中速运转（200r/min），搅拌5min后，再迅速将转速调至慢速（100r/min），搅拌10min。

（7）搅拌过程中，注意观察并记录矾花形成的过程，矾花外观、大小、密实度等填入表2-7中。

（8）搅拌完成后，停机，将水样杯取出，于一旁静置15min并观察矾花沉淀过程。15min后，用注射器分别汲取水样中上清液约100mL（能测浊度、pH即可），置于6个洗净的20mL的烧杯中，测浊度及pH，并记入表2-6中。

（9）整理实验数据，填写表2-7。

表2-7　　混凝沉淀实验观察记录

实验组号	观察记录		小结
	水样编号	矾花形成及沉淀过程的描述	

5. 注意事项

（1）取水样时，所取水样要搅拌均匀，要一次量取以尽量减少所取水样浓度上的差别。

（2）移取烧杯中沉淀上清液时，要在相同条件下取上清液，不要把沉下去的矾花搅起来。

6. 实验数据及结果整理

以投药量为横坐标，以剩余浊度为纵坐标，绘制投药量-剩余浊度曲线。

7. 思考题

（1）根据实验结果以及实验中所观察到的现象，简述影响混凝的几个主要因素。

（2）为什么最大投药量时混凝效果不一定好？

二、澄清基础知识

（一）基本原理

利用原水中加入混凝剂并和池中积聚的活性泥渣相互碰撞、接触、吸附，将固体颗粒从水中分离出来，而使原水得到净化的过程，称为澄清。

澄清过程是给水处理或废水处理中的预处理过程，也通常是混凝过程之后和过滤技术之前的一个中间过程。澄清在过滤之前，可以为过滤过程创造一个快速过滤的有利条件。

对于澄清技术，我们可做如下分析，澄清过程示意图如图 2-6 所示。

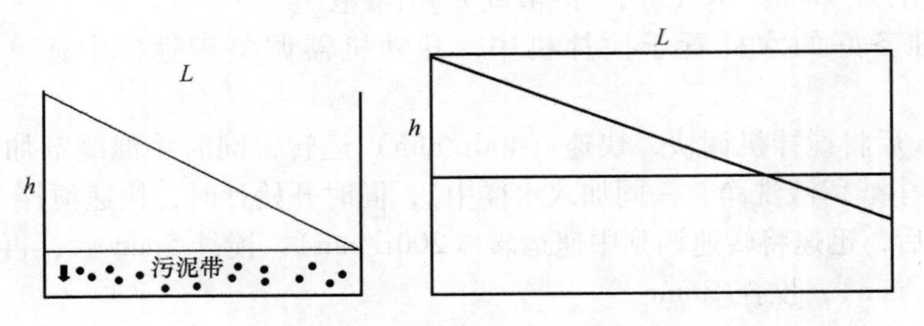

图 2-6 澄清过程示意图

澄清所需时间和沉降速度之间的关系为：

$$T = h/V = A \cdot h/Q \quad 或 \quad V = h/T = h/(A \cdot h/Q) = Q/A \tag{2-7}$$

式中 T——澄清所需时间，s

h——澄清池高度，m

V——沉降速度，m/s

A——澄清池表面积，m^2

Q——进水流量，m^3/s

由式 2-7 可知，沉降速度快，澄清时间短；反之，沉降速度慢，澄清时间长。同时水中颗粒的沉降速度也与所选混凝剂有关，如选择铝盐作混凝剂时，因生成的矾花较轻，故沉降速度低；而选择其他类型混凝剂，如铁盐或石灰等，则颗粒的沉降速度就相对高。此外，在设计澄清池时，为保证澄清效果，在澄清池中除去最小颗粒的沉降速度和水平流速之比，一般不大于 20∶1～40∶1，如果两者之比大于这一比例，则颗粒往往来不及沉降而影响澄清效果。

根据物理学中斯托克斯定律：

$$V = 64.4(\sigma - \rho)D^2/\mu \tag{2-8}$$

式中 V——沉降速度，m/s

σ——颗粒相对密度，kg/m^3

ρ——流体相对密度，kg/m^3

μ——流体黏度，Pa·s

D——颗粒直径，μm

由此可见，颗粒直径 D 越大，沉降速度越高，而且两者呈平方关系。颗粒相对密度 σ 越大或颗粒与流体两者的相对密度差越大，则沉降速度也越大。此外流体的黏度 μ 越小，沉降速度越大，因为两者成反比关系。由此可分析出，在澄清前投加混凝剂后，一方面可使水中颗粒凝聚成较大的颗粒，使颗粒直径 D 增大，另一方面加入高分子絮凝剂后，常可使水的黏度变小，因而使沉降速度增大。

总之，澄清效果与很多因素有关，在此我们还要再强调两个方面。

第一，停留时间：停留时间是指单位体积水流经澄清池所需的时间。停留时间取决于澄清池的目的和处理对象。如主要是去除水中的沙砾、黏土等大颗粒的杂质，则停留时间可短一些；如果主要是去除水中浊度等小颗粒的杂质，则停留时间宜长一些。

第二，污泥的排放和利用：无论是给水处理或废水处理中，通过混凝沉降处理都会产生一定量的污泥。因此污泥的合理排放和利用也是水处理工厂必须考虑和解决的一个突出问题。例如，对澄清池的设计中为了便于污泥的排出，一般均设计成锥形底或尖底；又如，通常需考虑污泥的脱水问题，经过板框压滤或离心分离等措施进一步降低污泥中的含水量。此外，污泥的综合利用也是必须要考虑的问题。

（二）机械搅拌澄清池实验

1. 实验目的

（1）了解机械搅拌澄清池的构造及其净水工艺过程；测定运行参数。

（2）观察脉冲澄清池的工作原理及了解进水、布水、澄清、出水、排泥及脉冲发生器等各部分的构造和工作情况，从而对全池的运行建立完整的认识。

2. 基本原理及工作过程

（1）机械搅拌澄清池（水力循环澄清池，图2－7）

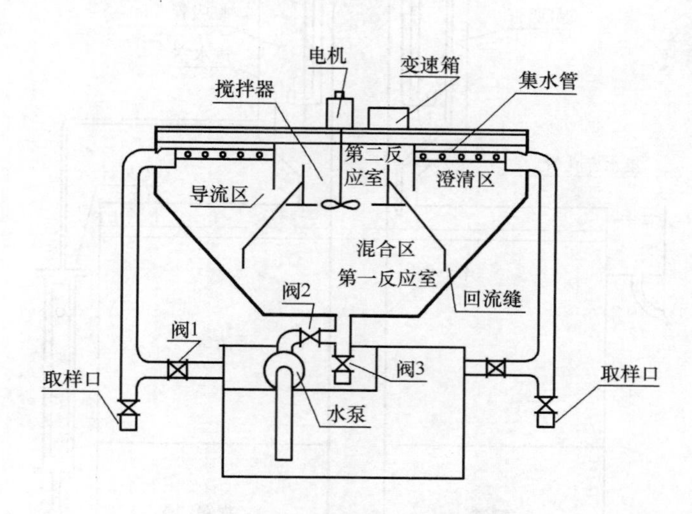

图2－7　机械搅拌澄清池

①工作原理：该装置是将混凝、反应和澄清的过程建在同一个构筑物内，利用悬浮状态的泥渣层作为接触介质，来增加颗粒的碰撞机会，并提高了混凝效果。

②工作过程：经过加药的原水进入三角形分配槽，并从底边的调节缝流入第一反应室。水中的空气从三角槽顶部伸出水面的放空管排走。进入第一反应室的水，经过搅拌、提升至第二反应室，在此进一步进行混凝反应，以便聚结成更大的颗粒，然后从四周进入导流室而流向分离室。由于进入分离室时，断面积突然扩大，因此流速骤降，泥渣下沉，清水以每秒1.0～1.4mm的上升速度向上经集水槽流出。沉下的泥渣从回流缝进入第一反应室，再与从三角槽出来的原水相互混合。在分离室里，部分泥渣进入泥渣浓缩斗，定期予以排除。池底也有排泥阀，以调整泥渣的含量。提升循环回流的水量是处理水量的3～5倍。经一定循环后，泥渣量会不断增加，需要进行排放，以控制一定的沉降比。在第二反应室和导流室内部装有导流板，目的是为了改善水力条件，既利于混合反应，又利于泥渣与水的分离。在处理高浊度的水和池子直径较大时，有的在池底还设有刮泥机装置，以便

把池底的沉泥刮至池子中央，从排泥管排放，因此排泥很方便。

③运行操作步骤：开启进水阀1，启动水泵，水自底部进入向上，在混合区与回流泥渣经搅拌器搅拌后充分混合，然后向上流入导流区后进入澄清区，穿过悬浮泥渣层后，水得到净化。泥渣经回流缝重入混合区。

运行完毕，停泵关阀1，开启排水阀2，排水、排泥及放空。

机械搅拌澄清池的优点是效率较高，且比较稳定，对进水水质和处理水量的变化适应性较强，操作运行比较方便；缺点是设备维修工作量较大，设备投资较大。

（2）脉冲澄清池（图2－8） 脉冲澄清池是一种悬浮泥渣层澄清池，是间歇性进水的。当进水时上升流速增大，悬浮泥渣层就上升，在不进水或少进水时，悬浮泥渣层就下降，因此使悬浮泥渣处于脉冲式的升降状态，而使水得到澄清。

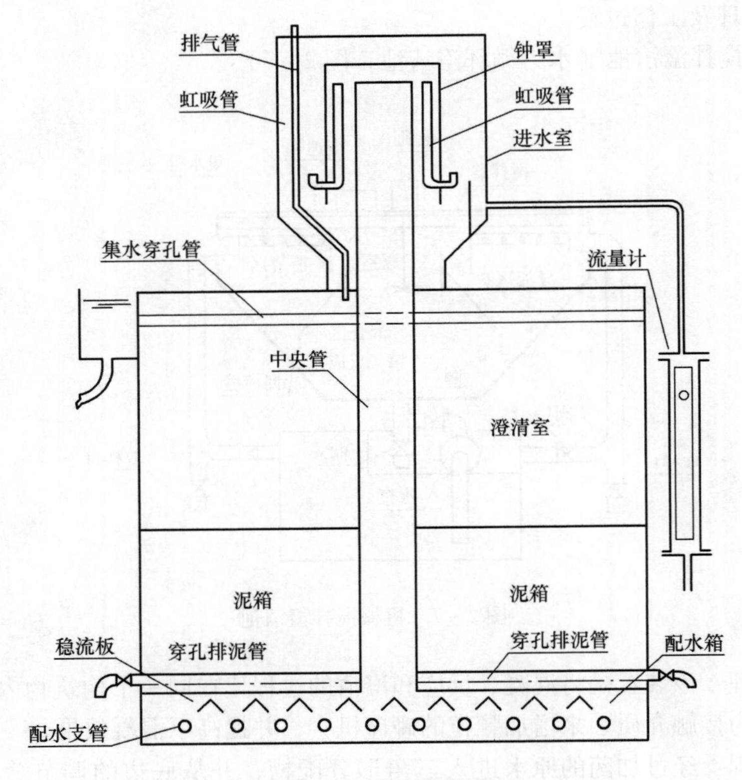

图2－8 脉冲澄清池

脉冲澄清池的关键设备是脉冲发生器，脉冲发生器的形式很多，有虹吸式、真空式、钟罩式、皮膜切门式以及浮筒切门式等。以钟罩式脉冲发生器的结构简单而广为使用。

脉冲澄清池主要由两部分组成：上部为进水室和脉冲发生器；下部为澄清池池体，包括配水区、澄清区、集水系统和排泥系统等。

工作过程如下。

①脉冲发生：启动水泵，水进入进水室，室内水位逐渐上升，当水位超过中央管顶时，开始溢入中央管，同时将聚集在钟罩顶部的空气带走，形成真空，发生虹吸，进水室内的水通过钟罩和中央管迅速进入池底配水系统，向上流入澄清室。随着配水过程的继

续，进水室的水位迅速下降，到水位低于虹吸管口时，虹吸被破坏，进水室水位又重新逐渐上升，开始第二次脉冲。

②悬浮泥渣层形成：开始运转时，在原水中投加过量的混凝剂，适当降低负荷，调整水在澄清室的上升流速，使颗粒所受阻力与其在水中的重力相等，处于悬浮状态，逐渐积累形成泥渣层。

③配水稳流及澄清：原水经中央管迅速进入池底配水系统，从配水支管孔口高速喷出，在稳流板以下很短时间内混合和初步反应，经稳流板调整，缓速垂直上升，并在脉冲水流作用下，悬浮泥渣层有规律地上下运动，时而膨胀，时而静沉，原水中的颗粒通过悬浮泥渣层的碰撞、吸附，使水得以澄清，由池顶的集水穿孔管引出。

④排泥：在原水不断地被澄清过程中，因颗粒被泥渣层截留，泥渣逐渐过剩，为使泥渣层保持其新陈代谢，保持其接触絮凝活性，过剩泥渣经浓缩室由穿孔排泥管排出。

脉冲澄清池优点是混合充分、布水均匀、虹吸式机械设备比较简单；缺点是真空式设备比较复杂、操作运行管理要求高。

3. 思考题

（1）影响混凝效果的因素有哪些？

（2）脉冲发生器虹吸发生时间如何调整？

三、过滤基础知识

过滤是利用过滤材料分离废水中杂质的一种技术。在污水的深度处理中，普遍采用过滤技术。根据过滤材料不同，过滤可分为多孔材料过滤和颗粒材料过滤两类。多孔材料过滤主要包括筛网和微滤机过滤；颗粒材料过滤就是让待滤水流经过具有一定空隙率的粒状材料组成的滤床，去除水中悬浮物的过程。

过滤过程是一个包含多种作用的复杂过程，它包括输送和附着两个阶段，悬浮粒子输送到滤料表面并与之接触产生附着作用，附着以后不再移动才算被滤料截留，输送是过滤的前提。颗粒材料过滤主要用于去除悬浮和胶体杂质，特别是用重力沉淀法不能有效去除的微小颗粒（固体和油类）以及细菌，同时对污水中的 BOD 和 COD 等也有一定的去除效果。

滤池就是完成过滤工艺的处理构筑物，滤池里以不同颗粒的大小滤料，从上到下、由小而大依次排列。当水从上流经过滤层时，水中部分的固体悬浮物质进入上层滤料形成的微小孔眼，受到吸附和机械阻留作用被滤料的表面层所截留。同时，这些被截留的悬浮物之间又发生重叠和架桥等作用，就像在滤层的表面形成一层薄膜，继续过滤着水中的悬浮物质，这就是所谓滤料表面层的薄膜过滤。这种过滤作用不仅滤层表面有，当水进入中间滤层也有这种截留作用，为了区别于表面层的过滤，称为渗透过滤作用。此外，由于滤料彼此之间紧密地排列，水中的悬浮物颗粒流经滤料层中那些曲曲弯弯的孔道时，就有着更多的机会及时间与滤料表面相互碰撞和接触，于是，水中的悬浮物在滤料的颗粒表面与絮凝体相互黏附，从而发生接触混凝过程。综上所述，滤池的过滤就是通过薄膜过滤、渗透过滤和接触混凝过程，使水进一步得到净化。

滤池净化的主要作用是接触凝聚作用，水中经过絮凝的杂质截留在滤池之中，或者有絮凝作用的滤料表面黏附水中的杂质。滤层去除水中杂质的效果主要取决于滤料的总表面积，随着过滤时间的增加，滤层颗粒的大小和形状，过滤进水中悬浮物含量及截留杂质在垂直方向的分布而定。当滤速大，滤料颗粒粗，滤层较薄时，过滤过的水水质很快变差，过滤水质周期较短；如滤速大、滤料颗粒细，滤池中的水头损失增加也很快，这样很快达到过滤压力周期。所以在处理一定性质的水时，正确确定滤速、滤料颗粒的大小、滤料及厚度之间的关系，具有重要的技术意义与经济意义，这种关系可通过实验的方法来确定。滤料层在反冲洗时，当膨胀率一定，滤料颗粒越大，所需的冲洗强度也越大，水温越高(水的黏滞系数越小)，所需冲洗强度也越大。对于不同的滤料、同样颗粒的滤料，当相对密度大的与相对密度小的膨胀率相同时，所需的冲洗强度就大。精确地确定在一定的水温下冲洗强度与膨胀率之间的关系，最可靠的方法是进行反冲洗实验。

根据上述原理，作为完成过滤技术的设备——过滤器，可分为恒压过滤和恒速过滤两种。恒压过滤是指在过滤过程中压力保持恒定，随着过滤的进行，滤出水的流量将逐渐减小，当达到特定的最小流量时，就需要进行反冲洗。而恒速过滤则指在过滤过程中滤出水的流量维持恒定，随着过滤的进行就需要不断增加压力，当达到特定压力时，过滤器需要进行反冲洗。

影响过滤的因素：在过滤过程中，随着过滤时间的增加，滤层中悬浮颗粒的量也会随之不断增加，这就必然会导致过滤过程水力条件的改变。当滤料粒径、形状、滤层级配和厚度及水位一定时，如果孔隙率减小，则在水头损失不变的情况下，必然引起水头损失的增加。就整个滤料层来说，上层滤料截污量多，下层滤料截污量少，因此水头损失的增值也由上而下逐渐减小。此外，影响过滤的因素还有水质、水温以及悬浮物的表面性质、尺寸和强度等。

第三节 演示性实验

一、滤池过滤与反冲洗实验

（一）实验目的

(1) 熟悉普通过滤池过滤、冲洗的工作过程。

(2) 观察过滤及反冲洗现象，加深理解过滤及反冲洗原理。

(3) 了解过滤及反冲洗实验设备的组成与构造。

(4) 了解进行过滤及反冲洗实验的方法。

(5) 测定滤池工作中的主要技术参数并掌握观测的方法。

（二）实验原理

水的过滤原理：滤池净化的主要作用是接触凝聚作用，水中经过絮凝的杂质截留在滤池之中，或者有接触絮凝作用的滤料表面黏附水中的杂质。滤层去除水中杂质的效果主要取决于滤料的总表面积。随着过滤时间的增加，滤层截留的杂质增加，滤层的水头损失也随之增长，其增长速度随滤速大小、滤料颗粒的大小和形状、过滤进水中悬浮物含量及截留杂质在垂直方向的分布而定。当滤速大、滤料颗粒粗、滤料层较薄时，滤过水水质将很快变差，过滤水质周期变短；如滤速大，滤料颗粒细，滤池中的水头损失增加很快，这样很快达到过滤压力周期。所以在处理一定性质的水时，正确确定滤速、滤料颗粒的大小、滤料及厚度之间的关系，是有重要的技术意义与经济意义，这一关系可用实验方法确定。滤料层在反冲洗时，当膨胀率一定，滤料颗粒越大，所需冲洗强度便越大，水温越高（即水的黏滞系数越小），所需冲洗强度也越大。对于不同的滤料来说，同样颗粒的滤料，当相对密度大的与相对密度小的滤料膨胀率相同时，其所需冲洗强度就大。精确确定在一定的水温下冲洗强度与膨胀率的关系，最可靠的方法是进行反冲洗实验。

反冲洗的方式很多，其原理是一致的。反冲洗开始时承托层、滤料层未完全膨胀，相当于滤池处于反过滤状态。当反冲洗速度增大后，滤料层完全膨胀，处于流态化状态。根据滤料层前后的厚度便可求出膨胀率。膨胀率 e 可用下式计算：

$$e = \frac{L - L_0}{L_0} \tag{2-9}$$

式中　L——砂层膨胀后厚度，cm

L_0——砂层膨胀前厚度，cm

（三）实验装置及材料

（1）过滤实验滤管。

（2）秒表。

（3）100mL 量筒。

（4）200mL 烧杯。

（5）温度计。

（6）浊度仪。

（7）钢卷尺。

（8）硫酸铝（质量分数 1%）。

（9）三氯化铁（质量分数 1%）。

过滤及反冲洗实验图如图 2－9 所示。

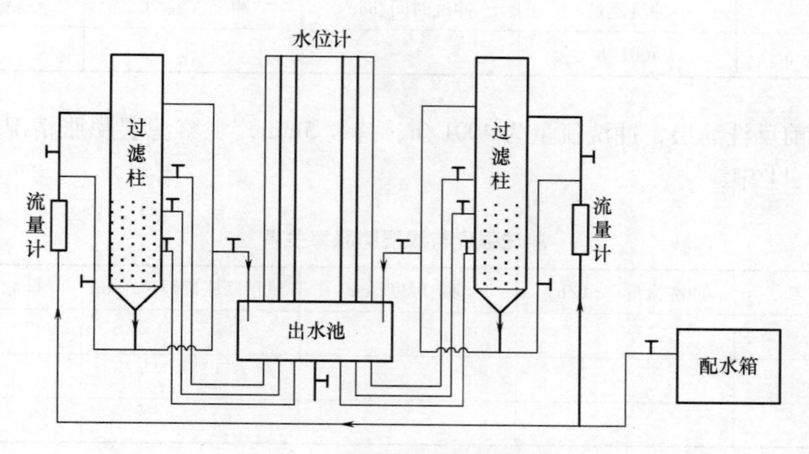

图 2－9　过滤及反冲洗实验图

（四）实验过程

（1）将滤料进行一次冲洗，冲洗强度逐渐加大到 400L/h 左右，以便去除滤层中的气泡。

(2) 冲洗完毕后，开启滤水阀门，降低柱内水位，但应保证砂层上面至少有10cm高的水位，同时将有关数据记入表2-8。

表2-8 原始条件记录

编号	滤管直径/mm	滤管面积/m^2	滤管高度/m	滤料名称	滤料高度/m
1					
2					

(3) 通入浑水，开始过滤，滤速为60L/h，开始过滤后的1min、3min、5min、10min、20min、30min取样测出水浊度，同时测进水浊度及水温，记入表2-9。

表2-9 过滤记录

滤速/(m/h)	流量/(L/h)	过滤历时/min	进水浊度/NTU	出水浊度/NTU

(4) 做冲洗强度与滤层膨胀率关系实验，测冲洗流量分别为170L/h、250L/h、340L/h、400L/h、450L/h时的滤层膨胀后的厚度，将有关数据记入表2-10。

表2-10 冲洗记录

冲洗强度	冲洗流量	冲洗时间/min	冲洗水温/℃	滤料膨胀情况
12~15L/(s·m^2)	400L/h			

(5) 提前反洗滤层，冲洗流量为400L/h，持续5min，观察滤层膨胀情况，测冲洗水温记入表2-11中。

表2-11 冲洗强度与滤层膨胀率关系

冲洗水温/℃	冲洗流量/(L/h)	滤层厚度/mm	滤层膨胀后厚度/mm	滤层膨胀率

(6) 做滤速与清洗滤层水头损失的关系实验，通入清水，测不同滤速(60L/h、80L/h、100L/h、120L/h)时滤层顶部的测压管水位和滤层底部附近测压管水位，将有关数据记入表2-12中，停止冲洗，结束实验。

表 2－12　　滤速与清洁滤层水头损失的关系

滤速/（m/h）	流量/（L/h）	清洁滤层顶部测压管水位/m	清洁滤层底部测压管水位/m	清洁滤层水头损失/m

（五）实验数据与结果整理

（1）根据表 2－9 实验结果，以过滤时间为横坐标，出水浊度为纵坐标，绘制滤速为 8m/h 时的初滤水浊度变化曲线，如出水浊度不能超过 57NTU，滤柱运行多长时间后出水浊度才符合要求？

（2）根据表 2－11 记录结果，以冲洗强度为横坐标，滤层膨胀率为纵坐标，绘制冲洗强度与膨胀率的关系曲线。

（3）根据表 2－12 实验结果，以滤速为横坐标，清洁滤层水头损失为纵坐标，绘制滤速与清洁滤层水头损失关系曲线。

（六）注意事项

（1）在过滤实验前，滤层中应保持一定水位，以免过滤实验时测压管中积有空气。

（2）反冲洗过滤时，应缓慢开启进水阀，以防滤料冲出柱外。

（3）反冲洗时，为了准确地量出砂层厚度，一定要在砂面稳定后再测量，并在每一个反冲洗流量下连续测量三次。

（七）思考题

（1）滤层内有空气泡时对过滤、冲洗有何影响？

（2）冲洗强度为何不宜过大？

（3）简述滤池反冲洗时膨胀率与冲洗强度有何关系？

二、普通快滤池实验

（一）实验目的

（1）认识并熟悉普通快滤池的构造。

（2）熟悉普通快滤池的过滤、反冲洗过程。

（二）实验原理

以石英砂为滤料的普通快滤池，使用历史悠久，在给水处理中被广泛采用。在此基础上发展了其他形式的快滤池，如为减少阀门，用虹吸管代替进水和出水阀门，从而成为"双阀、双虹吸"滤池，习惯上称为双阀滤池。在给水处理厂中，滤池是多个组成运行的，池数按造价、冲洗效果和运行管理等多方面因素综合考虑、优化决定，一般为两个。装置可清楚地展示出各部分的构造，进出水管廊所设的三个带堵头的三通，表明相邻的滤池管道就此向外延伸。

快滤池滤料层能截留粒径远比滤料孔隙小的水中杂质，主要通过接触絮凝作用，其次为筛滤作用和沉淀作用。要想使过滤出的水水质好，除了滤料组成需符合要求外，沉淀前或滤前投加混凝剂也是必不可少的。当过滤水头损失达到最大允许水头损失时，滤池需进行冲洗；少数情况下，虽然水头损失未达到最大允许值，但如果滤池出水浊度超过规定要求，也需进行反冲洗。

（三）实验装置（图2－10）

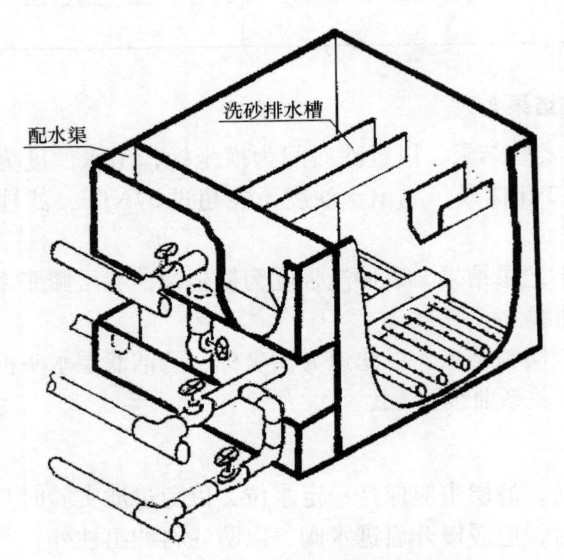

图2－10 普通快滤池设备简图

（四）运行过程

主要是过滤和反冲洗的交替循环。运行操作如下。

（1）过滤 启动水泵，打开阀门，处理水沿进水管进入配水渠，进洗砂排水槽，充满后溢流向下，穿过砂滤层，进行过滤，滤过的清水经池底排水系统收集沿清水管流入清水池，贮存待用。当水头损失增加到产水量锐减时，就要停止过滤，进行冲洗。

（2）反冲洗 启动水泵，开启阀门，水泵从清水箱抽水，沿反冲洗水管进滤池底部，与过滤时的流向相反，向上穿过滤层使砂层膨胀，砂粒互相摩擦，洗除污物。污水上升漫过洗砂排水槽，流入配水渠，经阀排入废水渠排出，直到冲洗结束。

三、虹吸滤池实验

（一）实验目的

（1）了解并掌握虹吸滤池的组成，操作使用方法。

（2）通过实验加深对虹吸滤池工作原理的理解。

（二）实验原理

虹吸滤池是采用真空系统来控制进水虹吸管、排水虹吸管，并采用小阻力配水系统的一种新型滤池。因完全采用虹吸真空原理，省去了各种阀门，只在真空系统中设置小阀门即可完成滤池的全部操作过程。虹吸滤池是由若干个单格滤池组成为一组，滤池底部的清水区和配水系统彼此相通，可以利用其他滤格的滤后水来冲洗其中一格；又因这种滤池是小阻力配水系统，可利用出水堰口高于排水槽一定距离的滤后水位能作为反冲洗的动力（即反冲洗水头），故此种滤池不需专设反冲洗水泵。

（三）实验装置及材料

（1）虹吸滤池实验室装置（图2-11）。

（2）浊度仪。

（3）酸度计。

（4）烧杯。

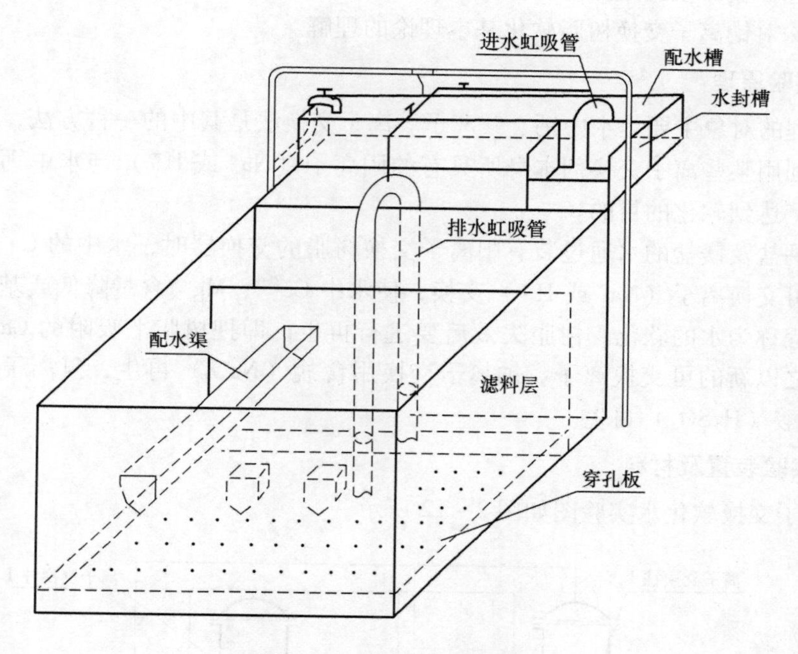

图2-11　虹吸滤池实验图

（四）实验步骤

（1）过滤过程　打开进水虹吸管上抽气阀门，启动真空泵（形成真空后即关闭）。启动进水泵流量 $Q=500\sim800L/h$，原水自进水渠通过进水虹吸管、进水斗流入滤池过滤，滤后水通过滤池底部空间经连通渠、连通管、出水槽、出水管送至清水池。

（2）反冲洗过程　当某一格滤池阻力增加，滤池水位上升到最高水位或出水水质大于规定标准时，应进行反冲洗。先打开进水虹吸管的放气阀门，启动真空泵抽气，形成真空后即可关闭阀门，池内水位迅速下降，冲洗水由其余几个滤格供给。经底部空间通向砂层，使砂层得到反冲洗。反冲洗后的水经冲洗排水槽、排水虹吸管、管廊下的排水渠以及排水井、排水管排出。冲洗完毕后，打开排水虹吸管上放气阀门，虹吸破坏。

（3）重复（1）步骤，恢复过滤即可。

（五）实验数据及结果整理

（1）测出一格滤池的反冲洗膨胀率与冲洗强度的变化值。

（2）测出进水虹吸管与排水虹吸管虹吸形成时间/min。

（六）思考题

（1）观察反冲洗时水位变化规律。

（2）通过实验总结说明此种滤池的主要优缺点及模型存在的问题，有哪些改进措施？

四、软化实验

（一）实验目的

（1）熟悉顺流再生固定床运行操作过程。

（2）加深对钠离子交换树脂软化基本理论的理解。

（二）实验原理

软化处理的对象主要是水中钙、镁离子。离子交换法是其中的一种方法，它基于离子交换原理，利用某些离子交换剂本身所具有的阳离子（Na^+或H^+）与水中钙、镁离子进行交换反应，达到软化的目的。

当含有钙盐及镁盐的水通过装有阳离子交换树脂的交换器时，水中的Ca^{2+}和Mg^{2+}便与树脂中的可交换离子（Na^+或H^+）交换，使水中Ca^{2+}、Mg^{2+}含量降低或基本上全部去除，这个过程称为水的软化。树脂失效后要进行再生，即把树脂上吸附的Ca^{2+}、Mg^{2+}置换出来，代之以新的可交换离子。钠离子交换用食盐（NaCl）再生，氢离子交换用盐酸（HCl）或硫酸（H_2SO_4）再生。

（三）实验装置及材料

（1）离子交换软化水实验图如图2－12所示。

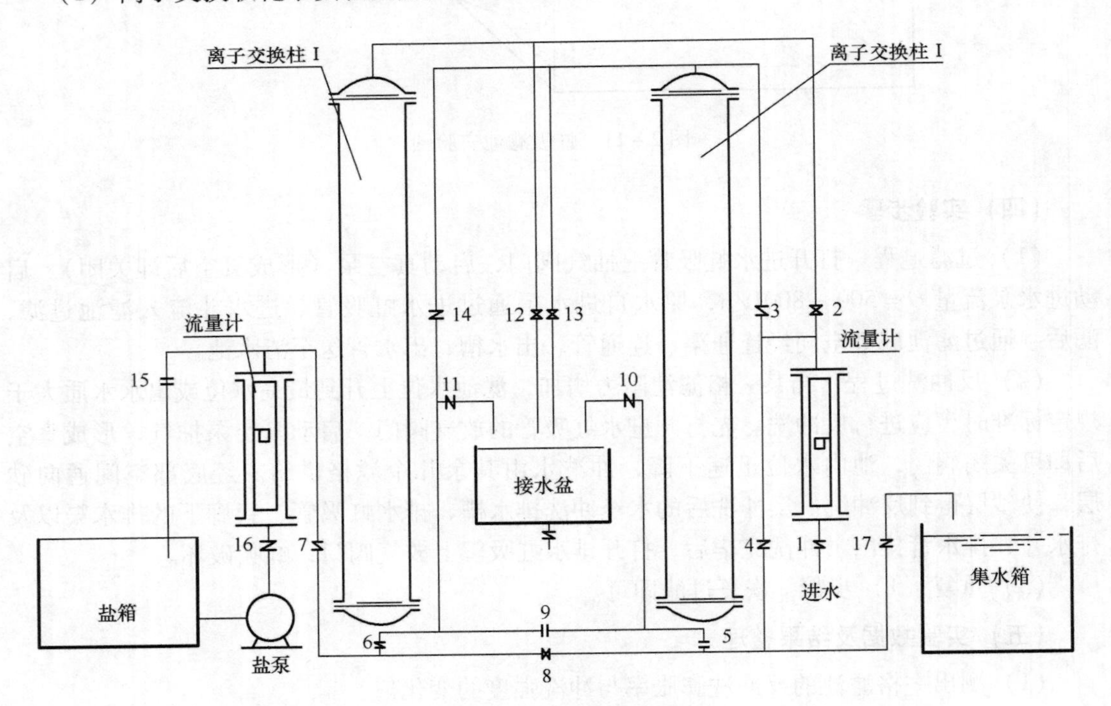

图2－12 离子交换软化水实验图

（2）测硬度所需用品。

（3）食盐数百克。

（四）实验步骤

（1）熟悉实验装置，弄清每条管路、每个阀门的作用。

（2）测原水硬度、测量交换柱内径及树脂层高度，记入表中2－13。

（3）将交换柱内树脂以15m/h流速，反洗2min，去除树脂层气泡。

（4）软化 运行流速15m/h，每5min测一次出水硬度，并记入表2－14中，直至出水硬度与原水硬度接近，此时表明树脂已被穿透。

（5）反洗 冲洗水用自来水，反洗流速采用15m/h，反洗时间5min，反洗结束后将水放至高于树脂层10cm以上。

（6）再生 采用NaCl再生液，将准备好的再生液用漏斗缓缓倒入软化柱中，将树脂在盐液中浸泡5min。

（7）清洗 流速采用15m/h，清洗5min，每分钟测一次出水硬度。

（8）清洗完毕，结束实验（交换柱内树脂应浸泡在水中）。

表2－13 原水硬度及实验装置有关数据

原水硬度（以$CaCO_3$计）/（mg/L）	交换柱内径/cm	树脂层高度/cm	树脂名称及型号

表2－14 软化实验记录

历时/min	原水硬度/（mg/L）	出水硬度		历时/min	原水硬度/（mg/L）	出水硬度	
		mg/L	德国度 mmol/L			mg/L	德国度 mmol/L

（五）注意事项

（1）反冲洗时应控制流量大小，不要将树脂冲走。

（2）再生液若未经过滤处理，则宜用精制食盐配制。

（六）实验数据与结果整理

绘制软化过程（历时）与出水硬变化曲线。

（七）思考题

本实验钠离子交换运行装置出水硬度是否小于0.05mmol/L？影响出水硬度的因素有哪些？

五、气浮法实验

（一）气浮法基础知识

气浮就是在水中通入空气，产生细微的气泡，有时还需同时加入混凝剂或浮选剂（根据水质而定），使水中细小的悬浮物粘附在气泡上，随气泡一起上浮到水面，形成浮渣，从而回收了水中的悬浮物质，改善了水质。

气浮法是一种有效的固－液和液－液分离方法，特别是对于那些颗粒密度接近或小于水的以及非常细小的颗粒，具有很好的处理效果。气浮法处理技术实质上是一个气－固吸附与固－液分离的综合过程。在这一过程中，微小气泡与在水中呈悬浮状的颗粒相粘附，形成水－气－固三相混合体系，颗粒粘附气泡后，其视密度小于水而产生上浮作用，从而使呈悬浮状态的污染物质得以从水中分离出去，形成一种浮渣层。由此可见，气浮法水处理工艺必须满足下述基本条件：一是必须向水中提供足够量的细微气泡；二是必须使污水中的污染物质能形成悬浮状态；三是必须要使气泡与呈悬浮状的物质产生黏附作用。有了上述三个基本条件，才能完成浮上处理过程，达到污染物质从水中去除的目的。

气浮的类型有电解浮上法、分散空气浮上法、溶解空气浮上法（又包括真空浮上法、加压溶气浮上法）。

在水处理技术中，浮上法分离技术应用在以下几个方面。

（1）在饮用水处理上，能处理低浊、含藻类及一些浮游生物的水。

（2）用于石油、化工及机械制造中的含油污水的油水分离。

（3）用于有机及无机污水的物化处理工艺中。

（4）用于污水中有用物质的回收，如造纸厂污水中纸浆纤维及填料的回收工艺。

（5）与有机废水生物处理相结合，用浮上法代替二次沉淀池，特别对于那些易于产生污泥膨胀的生物处理工艺中，可保证处理工作的正常运行。

（6）对活性污泥进行浮上浓缩的处理工艺。

水中的悬浮颗粒与微小气泡相黏附的原理：水中的悬浮颗粒物粘附在气泡上，形成“颗粒－气泡”复合体，这一现象涉及气、液、固三相之间的问题，为了理解颗粒与气泡相粘附的条件和它们之间的内在规律，就必须研究存在水中的气泡及颗粒之间的某些基本问题。

（1）气泡的形成与表面张力　压力溶气水在经过减压释放后即形成无数细小气泡。所形成气泡的大小与稳定性取决于释放时的各种条件和水的表面张力的大小。如水的表面张力较小时，则形成的气泡较细小，有利于气泡的分散。

（2）悬浮颗粒物的疏水性能和亲水性能　一是以气、液、固三相间各相接触粘附时所形成的接触线之间的接触角 θ 的大小来区分；二是以悬浮颗粒在水中产生电荷的方式不同和吸附水分子层的厚度不同来区分。

（二）加压气浮实验

1. 实验目的

（1）通过实验掌握气浮的原理及影响因素。

（2）通过实验模型的运行掌握加压溶气气浮装置的工艺流程。

2. 实验原理

气浮是固液分离或液液分离的一种技术，是指人为采取某种方式产生大量的微小气泡，使气泡与水中一些杂质物质微粒相吸附，形成相对密度比水轻的气浮体，气浮体在水浮力的作用下，上浮到水面而形成浮渣，进而达到杂质与水分离的目的。

加压气浮法实质是在一定的压力情况下，将空气溶入水中，并达到指定压力状态下的饱和值，然后突然降至常压，这时溶解在水中的空气即以非常细小的气泡释放出来。这些数量众多的细胞气泡与欲处理污水中呈悬浮状态的颗粒产生黏附作用，使这些夹带了无数细微气泡的颗粒的相对密度小于水而产生上浮作用。此法是当今应用最广泛的一种气浮方法。

气体在水中的溶解度与压力、温度和接触时间有关。根据亨利定律可知，空气在水中的溶解度与所受压力成正比：

$$V = K_T P \tag{2-10}$$

式中　V——空气在水中的溶解度，L/m^3

P——溶解上方空气所受绝对压力，Pa

K_T——溶解系数

各种温度下的 K_T 值见表 2-15。

表 2-15　各种温度下的 K_T 值

温度/℃	0	10	20	30	40	50
K_T	0.038	0.029	0.024	0.021	0.018	0.016

3. 实验装置与材料

(1) 加压溶气气浮实验装置（图 2-13）。

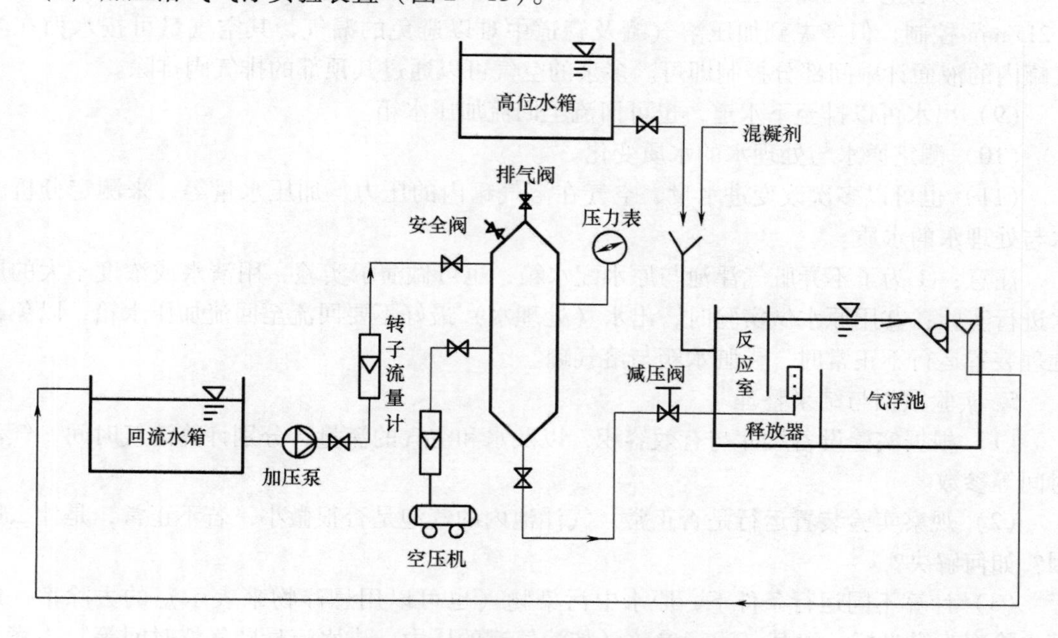

图 2-13　加压溶气气浮实验装置图

（2）空压机。

（3）加压泵。

（4）流量计。

（5）止回阀、减压阀。

（6）水箱。

（7）混凝剂如 $Al_2(SO_4)_3$。

（8）分析原水出水的各种仪器。

（9）化学药品。

本装置是一套压力溶气气浮法有部分回流的工艺系统。因为只是部分处理水量被用来加压，所以节能效果很好；在采用混凝剂时，能更充分利用，减少投量，在生产中较广泛采用。

4. 实验步骤

（1）首先熟悉并检查气浮实验装置是否完好。

（2）往回流加压水箱与气浮池中注水，至有效水深的90%高度。

（3）将含乳化油或其他悬浮物的原水加到原水配水箱中，并投 $Al_2(SO_4)_3$ 等混凝剂后搅拌混合，投加 $Al_2(SO_4)_3$ 的量为50～60mg/L。

（4）先开动空压机加压至0.3MPa。

（5）开启加压水泵，流量按2～4L/min控制。

（6）待溶气罐中的水位升至一定高度，缓慢打开溶气罐底部的闸阀，其流量与加压水量相同（2～4L/min）。

（7）当加压溶气的水在气浮池中释放并形成大量微小气泡时，再打开原水配水箱、原水进水流量可按4～6L/min控制。

（8）开启空压机加压至0.3MPa（并开启加压水泵）后，其空气流量可先按0.1～0.2L/min控制，但考虑到加压溶气罐及管道中难以避免的漏气，其空气量可按水面在溶气罐内的液面计中间部分控制即可。多余的空气可以通过其顶部的排气阀排除。

（9）出水可以排至下水道，也可回流至回流加压水箱。

（10）测定原水与处理水的水质变化。

（11）也可以多次改变进水量、空气在溶气罐内的压力、加压水量等，来测定分析原水与处理水的水质。

注意：①为了不弄脏气浮池与原水配水箱，也可做演示实验，用清水或浓度不大的原水进行实验；②用原水做实验时，出水（处理水）最好不要回流至回流加压水箱，以免在处理装置运行不正常时，弄脏水箱与溶气罐。

5. 实验数据与结果整理

（1）根据实验设备尺寸与有效容积，以及水和空气的流量，分别计算溶气时间、气浮时间等参数。

（2）观察实验装置运行是否正常，气浮池内的气泡是否很微小，若不正常，是什么原因？如何解决？

（3）计算不同运行条件下，原水中污染物（也可以用悬浮物来表示）的去除率，以其去除率为纵坐标，以某一运行参数（如溶气罐的压力、进水流量即气浮时间等）为横坐标，画出污染物去除率与某运行参数之间的定量关系曲线。

6. 思考题

（1）简述气浮法的含义及原理。

（2）简述加压溶气气浮装置的组成及各部分作用。

（3）加压溶气气浮法有何特点？与沉淀法有什么相同之处？有什么不同之处？

第四节　好氧生物处理法基础知识

在自然界中，存在着大量依靠有机物生活的微生物，它们不但能分解氧化一般的有机物，并将其转化为稳定的化合物，而且还能转化有毒有机物。实际上，在工业废水的无害化过程中，不仅利用微生物处理有机毒物，如酚、醛、腈等，而且用于处理有微生物营养元素构成的无机毒物，如氰化物、硫化物等。这些物质本身对微生物有毒害作用，但组成这些物质的元素，有些也是微生物营养所需，因此它们对微生物具有两重性，通过浓度的控制，毒物可以成为养料。生物处理就是利用微生物分解氧化有机物的这一功能，并采取一定的人工措施，创造有利于微生物生长、繁殖的环境，使微生物大量增殖，以提高其分解氧化有机物效率的一种废水处理方法。常用的人工好氧生物处理法有活性污泥法和生物膜法两种。

活性污泥法就是以活性污泥为主体的废水处理法，是目前有机废水生物处理的主要方法。它于1914年在英国建成试验场以来，已有80多年的历史。

良好的活性污泥和充足的氧气是活性污泥法正常运行的必要条件。影响活性污泥性能的几项指标如下：

（1）污泥沉降比（SV）　是指曝气池混合液沉淀30min后，沉淀污泥与混合液的体积比（以百分数表示）。对于一般城市污水，污泥沉降比常在15%~30%。

（2）污泥浓度（MLSS）　是指曝气池中单位体积混合液所含悬浮固体的质量，单位是g/L或mg/L。对于普通活性污泥法，污泥浓度常控制在2~3g/L，对于完全混合和吸附再生法，则控制在4~6g/L。

（3）污泥体积指数（SVI）　简称污泥指数（SI），是指曝气池混合液经30min沉淀后1g干污泥所占的体积（以mL计）。

$$\text{污泥体积指数(mL/g)} = \frac{\text{混合液 30min 沉降比(\%)} \times 10}{\text{混合液污泥浓度(g/L)}} \quad (2-11)$$

环境因素如溶解氧、营养物、pH、水温、有毒物质等均会对活性污泥产生影响。

一、活性污泥性质的测定

在废水生物处理中，活性污泥法是很重要的一种处理方法，也是城市污水处理厂最广泛使用的一种方法。活性污泥法是指在人工供氧的条件下，通过悬浮在曝气池中的活性污泥与废水的接触，以去除废水中有机物或某种特定物质的处理方法。在这里，活性污泥是废水净化的主体。所谓活性污泥，是指充满了大量微生物及有机物和无机物的絮状泥粒。它具有很大的表面积和强烈的吸附和氧化能力，沉降性能良好。活性污泥生长的好坏，与其所处的环境因素有关，而活性污泥性能的好坏，又直接关系到废水中污染物的去除效果。为此，水质净化厂的工作人员经常要通过观察和测定活性污泥的组成和絮凝、沉降性能，以便及时了解曝气池中活性污泥的工作状况，从而预测处理出水的好坏。

（一）实验目的

（1）了解评价活性污泥性能的四项指标及其相互关系。

（2）掌握 SV、SVI、MLSS、MLVSS 的测定和计算方法。

（二）实验原理

活性污泥的评价指标一般有生物相、混合液悬浮固体浓度（MLSS）、混合液挥发性悬浮、固体浓度（MLVSS）、污泥沉降比（SV）、污泥体积指数（SVI）和污泥泥龄（SRT）等。本实验选做其中的四项。

混合液悬浮固体浓度（MLSS）又称混合液污泥浓度，它表示曝气池单位容积混合液内所含活性污泥固体物的总质量，由活性细胞（M_a）、内源呼吸残留的不可生物降解的有机物（M_e）、入流水中生物不可降解的有机物（M_i）和入流水中的无机物（M_{ii}）四部分组成。混合液挥发性悬浮固体浓度（MLVSS）表示混合液活性污泥中有机性固体物质部分的浓度，即由 MLSS 中的前三项组成。活性污泥净化废水靠的是活性细胞（M_a），当 MLSS 一定时，M_a越多，表明污泥的活性越好，反之越差。MLVSS 不包括无机部分（M_{ii}），所以用其来表示活性污泥的活性，数量上比 MLSS 为好，但它还不真正代表活性污泥微生物（M_a）的量。这两项指标虽然在代表混合液生物量方面不够精确，但测定方法简单、易行，也能够在一定程度上表示相对的生物量，因此广泛用于活性污泥处理系统的设计、运行。对于生活污水和以生活污水为主体的城市污水，MLVSS 与 MLSS 的比值在 0.75 左右。

性能良好的活性污泥，除了具有去除有机物的能力以外，还应有好的絮凝沉降性能。这是发育正常的活性污泥所应具有的特性之一，也是二次沉淀池正常工作的前提和出水达标的保证。活性污泥的絮凝沉降性能，可用污泥沉降比（SV）和污泥体积指数（SVI）这两项指标来加以评价。污泥沉降比是指曝气池混合液在 100mL 量筒中沉淀 30min，污泥体积与混合液体积之比，用百分数（%）表示。活性污泥混合液经 30min 沉淀后，沉淀污泥可接近最大密度，因此可用 30min 作为测定污泥沉降性能的主要依据。一般生活污水和城市污水的 SV 为 15% ~30%。污泥体积指数是指曝气池混合液经 30min 沉淀后，每克干污泥所形成的沉淀污泥所占有的体积，以 mL 计，即 mL/g，但习惯上把单位略去。SVI 的计算式为：

$$SVI = \frac{SV(mL/L)}{MLSS(g/L)} \quad (2-12)$$

在一定的污泥量下，SVI 反映了活性污泥的凝聚沉淀性能。若 SVI 较高，表示 SV 较大，污泥沉降性能较差；若 SVI 较小，污泥颗粒密实，污泥老化，沉降性能好。但若 SVI 过低，则污泥矿化程度高，活性及吸附性都较差。一般来说，当 SVI < 100 时，污泥沉降性能良好；当 SVI = 100 ~ 200 时，沉降性能一般；而当 SVI > 200 时，沉降性能较差，污泥易膨胀。一般城市污水的 SVI 在 100 左右。

（三）实验装置与设备

1. 实验装置

曝气池，1 套。

2. 实验设备和仪器仪表

电子分析天平，1台；烘箱，1台；马弗炉，1台；量筒，100mL；三角烧杯，250mL，1个；短柄漏斗，1个；称量瓶，ϕ40mm×70mm，1个；瓷坩埚，30mL，1个；干燥器，1个。

（四）实验步骤

（1）将ϕ12.5cm的定量中速滤纸折好并放入已编号的称量瓶中，在103～105℃的烘箱中烘2h，取出称量瓶，放入干燥器中冷却30min，在电子天平上称重，记下称量瓶编号和质量m_1（g）。

（2）将已编号的瓷坩埚放入马弗炉中，在600℃温度下灼烧30min，取出瓷坩埚，放入干燥器中冷却30min，在电子天平上称重，记下坩埚编号和质量m_2（g）。

（3）用100mL量筒量取曝气池混合液100mL（V_1），静置沉淀30min，观察活性污泥在量筒中的沉降现象，到时记录下沉淀污泥的体积V_2（mL）。

（4）从已编号和称重的称量瓶中取出滤纸，放到已插在250mL三角烧杯上的玻璃漏斗中，取100mL曝气池混合液慢慢倒入过滤。

（5）将过滤后的污泥连同滤纸放入原称量瓶中，在103～105℃的烘箱中烘2h，取出称量瓶，放入干燥器中冷却30min，在电子天平上称重，记下称量瓶编号和质量m_3（g）。

（6）取出称量瓶中已烘干的污泥和滤纸，放入已编号和称重的瓷坩埚中，在600℃温度下灼烧30min，取出瓷坩埚，放入干燥器中冷却30min，在电子天平上称重，记下瓷坩埚编号和质量m_4（g）。

（五）注意事项

（1）称量瓶和瓷坩埚在恒重和灼烧时，应将瓶子打开，称重时应将瓶子盖好。

（2）干燥器盖子打开时，应用手推或拉，不能用手往上拎。

（3）污泥过滤时不可将污泥溢出纸边。

（4）用电子天平称重时要随时关门，称重时要轻拿轻放。

（六）实验结果整理

（1）实验数据记录　参考表2－16记录实验数据。

表2－16　活性污泥评价指数实验记录表

称量瓶				瓷坩埚				挥发分量/g
编号	m_1/g	m_3/g	(m_3-m_1)/g	编号	m_2/g	m_4/g	$(m_4-m_2$/g)	

（2）污泥沉降比计算。

$$SV=\frac{V_2}{V_1}\times 100\% \tag{2-13}$$

（3）混合液悬浮固体浓度计算。

$$MLSS(g/L)=\frac{(m_3-m_1)\times 1000}{V_1} \tag{2-14}$$

(4) 污泥体积指数计算。

$$SVI = \frac{SV(mL/L)}{MLSS(g/L)} \quad (2-15)$$

(5) 混合液挥发性悬浮固体浓度计算。

$$MLSS(g/L) = \frac{(m_3 - m_1) - (m_4 - m_2)}{V_1 \times 10^{-3}} \quad (2-16)$$

(七) 问题与讨论

(1) 测污泥沉降比时，为什么要规定静置沉淀30min?

(2) 污泥体积指数SVI的倒数表示什么？为什么可以这么说?

(3) 当曝气池中MLSS一定时，如发现SVI大于200，应采取什么措施？为什么?

(4) 对于城市污水来说，SVI大于200或小于50各说明什么问题?

二、完全混合式活性污泥法实验

(一) 实验目的

(1) 通过观察完全混合式活性污泥法处理系统的运行，加深对该处理系统的特点和运行规律的认识。

(2) 通过对模型实验系统的调试和控制，初步培养运行小型模拟实验的基本技能。

(3) 熟悉和了解活性污泥法处理系统的控制方法，进一步理解污泥负荷、污泥龄、溶解氧浓度等控制参数在实际运行中的作用和意义。

(二) 实验原理

完全混合式活性污泥法的工作流程与普通活性污泥法相同，但废水和回流污泥流入曝气池时与原池内的混合液立即充分混合。

完全混合式活性污泥法的特点如下:

(1) 曝气池内液体基本上可以得到彻底混合，各点水质几乎完全相同。

(2) 由于池内各点水质比较均匀，微生物群的性质和数量基本上也相同，因此池内各部分工作情况也几乎一致。

合建式完全混合池如图2-14所示，活性污泥法基本流程如图2-15所示。

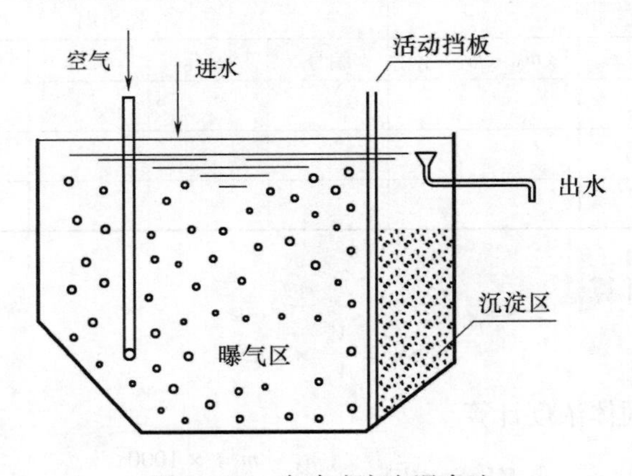

图2-14 合建式完全混合池

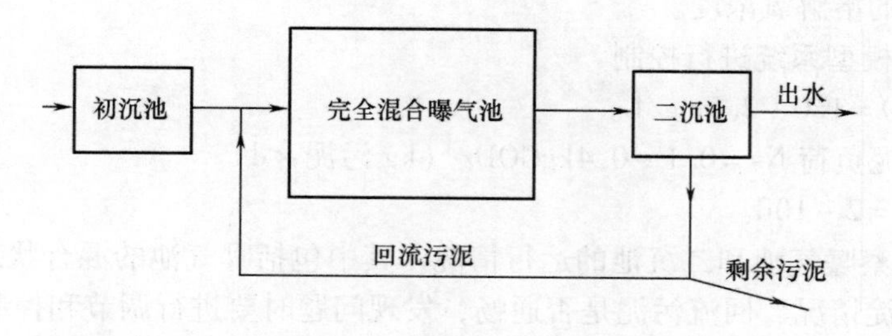

图 2－15　活性污泥法基本流程

（三）实验装置（图 2－16）

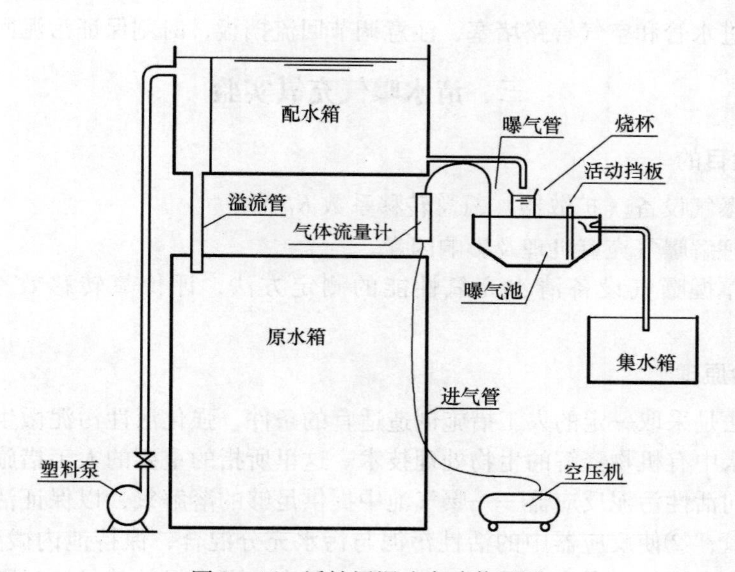

图 2－16　活性污泥法实验装置图

（四）实验步骤

（1）活性污泥的培养和驯化，可以采用生产和人工配制的合成污水进行闷曝，然后采用连续培养驯化，有条件的可以从正在运行的活性污泥法处理厂引种。

（2）每套实验装置的污泥浓度或进水流量可以控制在不同的范围内。

（3）认真观察曝气池中的气水混合、二沉池中的絮凝沉淀以及从二沉池向曝气池回流等情况。

（4）若曝气池中气水液混合不充分，可通过调节空气流量计加大曝气量来解决。若二沉池中的沉淀状态不佳，可以通过调节回流污泥挡板的高低，来减少回流污泥量。若回流液污泥不畅通，则可提高挡板来增大回流缝的高度。

（5）对如下项目进行测定并记录

①进水流量，可用容积法计量。

②进出水的 COD（或 BOD）浓度，出水悬浮物（SS）浓度。

③曝气池的混合液浓度。

④曝气池内的溶解氧浓度。

(6) 对实验模型系统进行控制

①溶解氧 DO = 1.0 ~ 2.5mg/L。

②COD—污泥负荷 Ns = 0.1 ~ 0.4kgCOD/（kg 污泥 × d）。

③污泥龄 θ_c = 2 ~ 10d。

(7) 继续观察曝气池和二沉池的运行情况，其中包括曝气池的混合状态、二沉池沉淀污泥的絮凝和沉淀情况、回流污泥是否通畅，发现问题时要进行调节和控制。

（五）注意事项

(1) 由于实验模型规模小，必须准确地测定流量、容积等数据，以免引起较大的误差。

(2) 防止进水管和空气管路堵塞，注意调节回流挡板，时刻保证污泥回流畅通。

三、清水曝气充氧实验

（一）实验目的

(1) 测定曝气设备（扩散器）氧总转移系数 K_{La} 值。

(2) 加深理解曝气充氧机理及影响因素。

(3) 了解掌握曝气设备清水充氧性能的测定方法，评价氧转移效率 E_A 和动力效率 E_P。

（二）实验原理

活性污泥法是采取一定的人工措施创造适宜的条件，强化活性污泥微生物的新陈代谢作用，加速污水中有机物降解的生物处理技术。这里所指的重要的人工措施主要为了实现两个目的：①向活性污泥反应器——曝气池中提供足够的溶解氧，以保证活性污泥微生物生化作用所需氧；②使反应器中的活性污泥与污水充分混合，保持池内微生物、有机物、溶解氧，即泥、水、气三者充分混合。在实际工程中这两个目的就是通过曝气这一手段实现的。

曝气是人为通过一些设备加速向水中传递氧的过程，常用的曝气设备分为机械曝气与鼓风曝气两大类，无论哪种曝气设备，其充氧过程均属传质过程，氧传递机理为双膜理论。实验是采用非稳态测试方法，即注满所需水后，将待曝气之水以亚硫酸钠为脱氧剂，氯化钴为催化剂脱氧至零后开始曝气，液体中溶解氧浓度逐渐提高，液体中溶解氧的浓度 C 是时间 t 的函数，曝气后每隔一定时间 t 取曝气水样，测水中的溶解氧浓度，从而利用下式计算 K_{La}。

根据氧转移基本方程式 $\frac{dc}{dt} = K_{La}(c_s - c)$ 积分整理后所得到的氧总转移系数：

$$K_{La} = \frac{2.303[\lg(c_s - c_0) - \lg(c_s - c_t)]}{t}$$

或以 $\lg\left(\frac{c_s - c_0}{c_s - c_t}\right)$ 为纵坐标，以时间 t 为横坐标，如下式所示：

$$\lg\left(\frac{c_s - c_0}{c_s - c_t}\right) = \frac{K_{La}}{2.303}t \qquad (2-17)$$

半对数纸上绘图，所得直线斜率为 $\frac{K_{La}}{2.303}$

式中　K_{La}——氧总转移系数，L/h

t——曝气时间，h

c_s——饱和溶解氧浓度

c_0——曝气池内初始溶解氧浓度，本实验中 $t=0$ 时，$c_0=0$

c_t——曝气某时刻 t，池内液体溶解氧浓度，mg/L

（三）实验装置及材料

（1）直径150mm有机玻璃柱1套（图2－17）。

（2）扩散器。

（3）转子流量计。

（4）秒表、压力表、真空表。

（5）空压机、贮气罐。

（6）溶解氧测定仪。

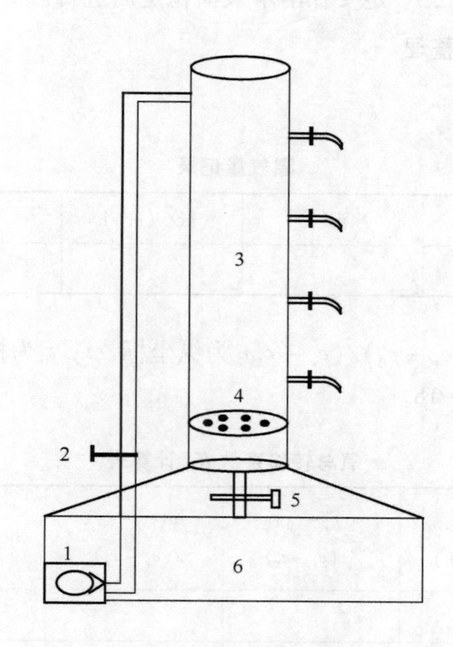

图2－17　曝气充氧装置图

1—进水泵　2—进水阀　3—沉淀柱　4—曝气盘　5—排水阀　6—配水箱

（四）实验步骤及记录

（1）关闭所有开关，向曝气池内注入清水（自来水）至1.9m，测定水中的溶解氧饱和值 c_s，计算池内氧总量 $G=c_s\cdot V(\text{mg})$，$V=\frac{1}{4}\pi d^2\cdot H$。

（2）计算投药量

①脱氧剂采用结晶亚硫酸钠

$$2Na_2SO_3 \cdot 7H_2O + O_2 \xrightarrow{CoCl_2} 2Na_2SO_4$$

$$\frac{O_2}{2Na_2SO_3 \cdot 7H_2O} = \frac{32}{504} = \frac{1}{15.8}$$

投药量 $g = (1.1 - 1.5) \times 8G(\text{mg})$，1.5 为安全系数。

②催化剂采用氯化钴，投加浓度 0.1mg/L，总量为 $0.1 \times V = m(\text{mg})$；

将所称药剂用温水溶解，由筒顶倒入进行小量曝气 20s，使其混合反应 10min 后取水样测溶解氧 DO。

（3）当水样脱氧至零后，开始正常曝气，计时每隔 n 分钟取样一次，也可 3min、5min、7min、9min、11min、13min、15min 取样在现场测定 DO 值（溶解氧测定仪，碘量法均可），直至 DO 为 95% 的饱和值为止。

（4）同时计量空气流量、温度、压力、水温等。

（五）注意事项

（1）加药时，将脱氧剂与催化剂用温水化开后从柱顶均匀加入。

（2）实测饱和溶解氧值，一定要在溶解氧值稳定后进行。

（六）实验数据与结果整理

（1）根据表 2－17 求 K_{La}。

表 2－17　曝气量记录

曝气筒/m	水深/m	水温/℃	气量/（m^3/h）	气温/℃	气压/MPa

（2）利用坐标纸以 $\ln(c_s - c_0)/(c_s - c_t)$ 为纵坐标，$t - t_0$ 为横坐标，绘图求 K_{La}。氧总转移系数 K_{La} 计算表见表 2－18。

表 2－18　氧总转移系数 K_{La} 计算表

$t - t_0$ /min	c_t /（mg/L）	$c_s - c_t$ /（mg/L）	$(c_s - c_0)$ /$(c_s - c_t)$	$\ln(c_s - c_0)$ /$(c_s - c_t)$	$\ln = 2.303/(t - t_0)$	K_{La} /min^{-1}

（七）思考题

（1）曝气在生物处理中的作用。

（2）氧总转移系数 K_{La} 的意义是什么？

第五节 综合性实验

一、活性污泥耗氧速率测定及废水可生化性与毒性评价

（一）实验目的

（1）理解耗氧速率、废水可生化性与毒性的基本概念。

（2）掌握 BI－2000 型电解质呼吸仪的使用方法。

（3）理解耗氧速率在废水生物处理动力学研究中的作用。

（4）掌握废水可生化性与毒性的评价方法。

（二）实验原理

1. BI－2000 型电解质呼吸仪工作原理

BI－2000 型电解质呼吸仪由磁力搅拌和温控系统、反应瓶、CO_2捕捉器、电解单元和计算机软件系统组成。活性污泥和待测废水混合盛放于反应瓶中，由磁力搅拌和温控系统进行搅拌和恒温，微生物消耗废水中的基质，同时消耗反应瓶中的氧气并产生 CO_2，CO_2 被捕捉器中的 KOH 溶液吸收，导致反应瓶中压力下降，开关电极检测到压力下降后接通电解单元的电流，电解硫酸溶液产生氧气补充反应瓶中被消耗的氧气，计算机软件通过记录整个实验过程产生的氧气量来间接反映反应瓶中消耗的氧气量。

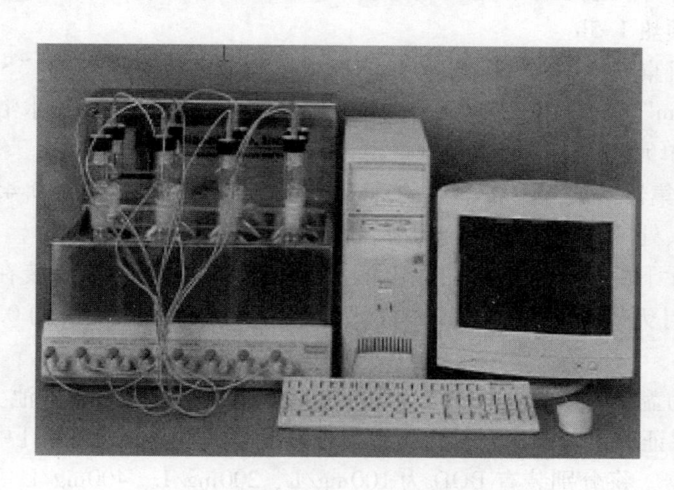

图 2－18 BI－2000 型电解质呼吸仪

2. 耗氧速率表征活性污泥动力学和废水可生化性与毒性的原理

活性污泥的耗氧速率是评价污泥微生物代谢活性的一个重要指标。在日常运行中，污泥 OUR 值的大小及其变化趋势可指示处理系统负荷的变化情况，并可以此来控制剩余污泥的排放。活性污泥的 OUR 值若太大，高于正常值，往往提示污泥负荷过高，这时出水水质较差，残留有机物较多；污泥 OUR 值长期低于正常值，这种情况往往符合延时曝气处理系统，这时出水中残存有机物较少、处理完全，但若长期运行，也会使污泥因缺乏营养而解絮。处理系统在遭受毒物冲击而导致污泥中毒时，污泥 OUR 的突然下降常是最为

灵敏的早期警报。此外，还可通过测定污泥在不同工业废水中的 OUR 值的高低，来判断该废水的可生化性及污泥承受废水毒性的极限程度。同时 OUR 也是研究废水生物处理过程动力学和微生物学的关键参数，尤其在活性污泥数学模型水质划分与表征、动力学和化学计量学参数的测量、校核与识别中，该参数的准确测定尤为重要。

（三）实验仪器及材料

（1）BI－2000 型电解质呼吸仪。

（2）烧杯、移液管、滴管、量筒。

（3）玻璃纤维滤纸。

（4）污水处理厂活性污泥。

（5）0.5mol/L H_2SO_4溶液、0.45g/mL KOH 溶液。

（6）COD 为 1000mg/L 的合成废水、葡萄糖等易降解基质配置。

（7）浓度为 750mg/L 的酒精溶液。

（8）浓度为 1000mg/L 的苯酚溶液。

（四）实验步骤

1. 测定活性污泥的耗氧速率

（1）设备和软件的启动

①向温度控制单元的水浴池中加入自来水至 2/3 高度处，检查各阀门和电源是否完好。

②依次开启计算机显示器和主机、呼吸仪主机和温度控制单元的电源，打开需要用到的磁力搅拌器，预热 1.5h。

③双击计算机桌面上的“BI－2000”图标或单击任务栏左下角的“Start”按钮，滚动鼠标选择“Program”下的“BI－2000”，单击以打开控制软件，设置水浴温度。

（2）反应器单元的制备与组装

①在 KOH 捕集器中放入一条扇形的玻璃纤维滤纸，注入 5.0mL 0.45g/mL 的 KOH 溶液，在捕集器接头处的外部均匀涂上润滑脂，然后置于架子上。

②在电解单元下部的外表面均匀涂上润滑脂并与 KOH 捕集器组装在一起，旋转接头直至润滑脂透明且无气泡，向电解池中注入体积约为其总容积 1/3 的 0.5mol/L 的 H_2SO_4 电解质溶液。

③在电解池的盖子的接头处的内壁均匀涂上润滑脂并将其盖在电解池上，旋转至润滑脂透明且无气泡以保证密封良好，同时，要注意对齐两者上的小孔，清除孔中多余的润滑脂。

④关闭搅拌器。将分别装有 BOD 为 100mg/L、200mg/L、400mg/L 等水样的反应瓶放在水浴池中。放上隔栅以固定反应瓶的位置，待反应瓶内部水样达到平衡温度，约需 0.5h 后，向其中加入污泥并放入搅拌转子，把电解单元和反应瓶组装在一起连接好 4－pin 的连接电缆。

（3）实验开始和实验过程管理

①启动实验：打开搅拌器，在“BI－2000”操作软件中选择“File”的次级菜单中的“Start Cell”，单击该选项进入“Start Sample”对话框，完成对话框内各项参数设置，单击“OK”启动实验。

②实验管理：选择“File”的次级菜单中的“Cell Display”，单击该选项进入“Cell

Display”窗口，在此监控实验状态并进行实验管理，包括实验的暂停、恢复和停止等。

③数据查看：在“Cell Display”窗口中选中所要查看数据的反应器的编号，单击鼠标右键，在弹出的菜单中选中并单击“View Data”。

④图形显示：选择“Graph”次级菜单的“Display Graph”，单击以进入“Graph Curves”对话框，完成对话框设置即可查看图形。

⑤数据保存：选择“File”的次级菜单中的“Save Cell”，单击该选项进入“Save Cell Data”对话框，完成对话框内各项参数设置，单击“OK”。

（4）通过过滤 100mL 的污泥样品，烘干称重后计算出 MLSS 以间接指示接种的活性污泥浓度。

2. 工业废水可生化性和毒性的测定

（1）待上述反应瓶的 OUR 重新降至最低并保持恒定一段时间后，即是污泥的内源呼吸耗氧速率。打开这 3 个反应瓶，由少至多加入乙醇或苯酚，即可进行工业废水的可生化性和毒性测定，也可另取污泥样品，利用新鲜污泥开始实验。

（2）重新密闭好反应瓶后，分别按照 1 的步骤测定它们的耗氧速率。

（五）结果与分析

1. 活性污泥耗氧速率的测定

根据 MLSS 浓度、反应时间和累积耗氧量，采用下式计算污泥的耗氧速率 OUR 并将实验数据记录在表 2－19 中。

表 2－19　　活性污泥耗氧速率的测定实验数据记录表

编号	1		2		3	
底物浓度（COD 计，mg/L）						
MLSS/（mg/L）						
时间/h	累积耗氧量	OUR	累积耗氧量	OUR	累积耗氧量	OUR
0.0						
0.2						
0.4						
0.6						
0.8						
1.0						
1.2						
1.4						
1.6						
1.8						
2.0						
2.2						
2.4						
2.6						
2.8						
3.0						

$$OUR(mgO_2/mgMLSS \cdot h) = A_i(mg/L) + 1 - A_i(mg/L) \div t(h) \div MLSS(mg/L) \quad (2-18)$$

式中 A_i——i 时刻的累积耗氧量

2. 评价工业废水的可生化性和毒性

将第二组实验测得的最大 OUR 及其计算得到的相对耗氧速率记录在表 2－20 中，其中，相对耗氧速率如图 2－19。

$$相对耗氧速率 = OUR_S/OUR_0 \times 100\% \quad (2-19)$$

式中 OUR_S——污泥对被测废水的耗氧速率

OUR_0——污泥的内源呼吸耗氧速率

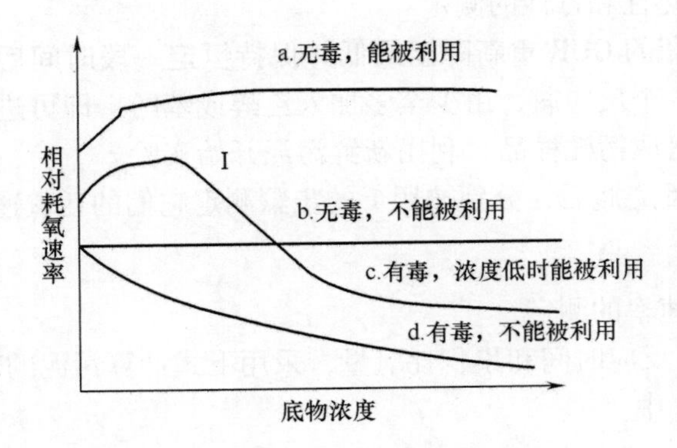

图 2－19 相对耗氧速率图

表 2－20 评价工业废水可生化性和毒性实验数据记录表

编号	乙醇			苯酚		
	1	2	3	4	5	6
底物浓度/（mg/L）						
MLSS/（mg/L）						
最大 OUR/（$mgO_2/mgMLSS \cdot h$）						
内源 OUR/（$mgO_2/mgMLSS \cdot h$）						
相对 OUR/（$mgO_2/mgMLSS \cdot h$）						

利用相对耗氧速率，依图 2－18 评价各种废水的可生化性或毒性。

（六）注意事项

（1）实验前确保所有反应器单元清洁，以免使微生物受到污染。

（2）若不需温度控制，请关闭温度控制器电源以节约电能，若要使用温度控制器，必须先在水浴池中加入自来水，检查并确定各管道畅通，然后再打开电源以免烧坏设备。

（3）在进行时间较短的实验时，请不要启用泄露检测功能，若要进行泄露检测，请关闭搅拌设备，检测完成后再开启搅拌设备。

（4）要保持连接反应器单元和呼吸仪主机的电缆处于自然伸展状态，切勿随意弯曲折叠。

（七）思考题

（1）影响污泥耗氧速率的因素有哪些？

（2）可生物降解基质浓度对污泥耗氧速率有何影响？

（3）对实验污泥有抑制的苯酚是否一定不可降解？

二、水体富营养化程度的评价

富营养化（eutrophication）是指在人类活动的影响下，生物所需的氮、磷等营养物质大量进入湖泊、河口、海湾等缓流水体，引起藻类及其他浮游生物迅速繁殖，水体溶解氧量下降，水质恶化，鱼类及其他生物大量死亡的现象。在自然条件下，湖泊也会从贫营养状态过渡到富营养状态，沉积物不断增多，先变为沼泽，后变为陆地。这种自然过程非常缓慢，常需几千年甚至上万年。而人为排放含营养物质的工业废水和生活污水所引起的水体富营养化现象，可以在短期内出现。水体富营养化后，即使切断外界营养物质的来源，也很难自净和恢复到正常水平。水体富营养化严重时，湖泊可被某些繁生植物及其残骸淤塞，成为沼泽甚至干地。局部海区可变成“死海”，或出现“赤潮”现象。植物营养物质的来源广、数量大，有生活污水、农业面源、工业废水、垃圾等。每人每天带进污水中的氮约50g。生活污水中的磷主要来源于洗涤废水，而施入农田的化肥有50%～80%流入江河、湖海和地下水体中。许多参数可用作水体富营养化的指标，常用的是总磷、叶绿素－a含量和初级生产率的大小（表2－21）。

表2－21　水体富营养化程度划分

富营养化程度	初级生产率/[mgC/（m^2·d）]	总磷/（μg/L）	无机氮/（μg/L）
极贫	0～136	<0.005	<0.200
贫－中		0.005～0.010	0.200～0.400
中	137～409	0.010～0.030	0.300～0.650
中－富		0.030～0.100	0.500～1.500
富	410～547	>0.100	>1.500

（一）实验目的

（1）掌握总磷、叶绿素－a及初级生产率的测定原理及方法。

（2）评价水体的富营养化状况。

（二）实验仪器及材料

1. 仪器与器具

（1）可见分光光度计。

（2）移液管　1mL、2mL、10mL。

（3）容量瓶　100mL、250mL。

（4）锥形瓶　250mL。

（5）比色管　25mL。

（6）BOD瓶　250mL。

（7）具塞小试管　10mL。

（8）玻璃纤维滤膜、剪刀、玻璃棒、夹子。

（9）多功能水质检测仪。

2. 试剂

（1）过硫酸铵（固体）。

（2）浓硫酸。

（3）1mol/L 硫酸溶液。

（4）2mol/L 盐酸溶液。

（5）6mol/L 氢氧化钠溶液。

（6）1% 酚酞　1g 酚酞溶于 90mL 乙醇中，加水至 100mL。

（7）丙酮：水（9：1）溶液。

（8）酒石酸锑钾溶液　将 0.35g K（SbO）$C_4H_4O_6 \cdot 1/2H_2O$ 溶于 100mL 蒸馏水中，用棕色瓶在 4℃时保存。

（9）钼酸铵溶液　将 13g $(NH_4)_6MO_7O_{24} \cdot 4H_2O$ 溶于 100mL 蒸馏水中，用塑料瓶在 4℃时保存。

（10）钼酸盐溶液　在不断搅拌下，将钼酸铵溶液徐徐加到 300mL（1+1）硫酸中，加酒石酸锑氧钾溶液，混合均匀。

（11）抗坏血酸溶液　0.1mol/L（溶解 1.76g 抗坏血酸于 100mL 蒸馏水中，转入棕色瓶，若在 4℃时保存，可维持一个星期不变）。

（12）混合试剂　50mL 2mol/L 硫酸、5mL 酒石酸锑钾溶液、15mL 钼酸铵溶液和 30mL 抗坏血酸溶液。混合前，先让上述溶液达到室温，并按上述次序混合，再加入酒石酸锑钾或钼酸铵后，如混合试剂有浑浊，摇动混合试剂，并放置几分钟，至澄清为止。若在 4℃下保存，可维持 1 个星期不变。

（13）磷酸盐贮备液（1.00mg/mL 磷）　称取 1.098g KH_2PO_4，溶解后转入 250mL 容量瓶中，稀释至刻度，即得 1.00mg/mL 磷溶液。

（14）磷酸盐标准溶液　量取 1.00mL 贮备液于 100mL 容量瓶中，稀释至刻度，即得磷含量为 10μg/mL 的工作液。

（三）实验方法

1. 磷的测定

（1）原理　在酸性溶液中，将各种形态的磷转化成磷酸根离子（PO_4^{3-}）。随之用钼酸铵和酒石酸锑钾与之反应，生成磷钼锑杂多酸，再用抗坏血酸把它还原为深色钼蓝。

砷酸盐与磷酸盐一样也能生成钼蓝，0.1g/mL 的砷就会干扰测定。六价铬、二价铜和亚硝酸盐能氧化钼蓝，使测定结果偏低。

（2）步骤

①水样处理：水样中如有大的微粒，可用搅拌器搅拌 2～3min，以至混合均匀。量取 100mL 水样（或经稀释的水样）2 份，分别放入 250mL 锥形瓶中，另取 100mL 蒸馏水于 250mL 锥形瓶中作为对照，分别加入 1mL 2mol/L H_2SO_4、3g $(NH_4)_2S_2O_8$，微沸约 1h，补加蒸馏水使体积为 25～50mL（如锥形瓶壁上有白色凝聚物，应用蒸馏水将其冲入溶液

中），再加热数分钟。冷却后，加一滴酚酞，并用6mol/L NaOH 将溶液中和至微红色。再滴加 2mol/L HCl 使粉红色恰好褪去，转入 100mL 容量瓶中，加水稀释至刻度，移取 25mL 至 50mL 比色管中，加 1mL 混合试剂，摇匀后，放置 10min，加水稀释至刻度再摇匀，放置 10min，以试剂空白作参比，用 1cm 比色皿，于波长 880nm 处测定吸光度（若分光光度计不能测定 880nm 处的吸光度，可选择 710nm 波长）。

②标准曲线的绘制：分别吸取 10μg/mL 磷的标准溶液 0. 00mL、0. 50mL、1. 00mL、1. 50mL、2. 00mL、2. 50mL、3. 00mL 于 50mL 比色管中，加水稀释至约 25mL，加入 1mL 混合试剂，摇匀后放置 10min，加水稀释至刻度，再摇匀，10min 后，以试剂空白做参比，用 1cm 比色皿，于波长 880nm 处测定吸光度。

③结果处理：由标准曲线查得磷的含量，按下式计算水中磷的含量：

$$\rho_P = W_p / V \qquad (2-20)$$

式中　ρ_P——水中磷的含量，g/L

W_p——由标准曲线上查得磷的含量，μg

V——测定时吸取水样的体积（本实验 $V = 25.00$mL），mL

2. 生产率的测定

（1）原理　绿色植物的生产率是光合作用的结果，与氧的产生量成比例，因此测定水体中的氧可看作对生产率的测量。然而在任何水体中都有呼吸作用产生，要消耗一部分氧。因此在计算生产率时，还必须测量因呼吸作用所损失的氧。本实验用测定 2 只无色瓶和 2 只深色瓶中相同样品内溶解氧变化量的方法测定生产率。此外，测定无色瓶中氧的减少量，提供校正呼吸作用的数据。

（2）实验过程

①取四只 BOD 瓶，其中两只用铝箔包裹使之不透光，这些分别记作“亮”和“暗”瓶。从一水体上半部的中间取出水样，测量水温和溶解氧。如果此水体的溶解氧未过饱和，则记录此值为 ρ_{Oi}，然后将水样分别注入一对“亮”和“暗”瓶中。若水样中溶解氧过饱和，则缓缓地给水样通气，以除去过剩的氧，重新测定溶解氧并记作 ρ_{Oi}。按上法将水样分别注入一对“亮”和“暗”瓶中。

②从水体下半部的中间取出水样，按上述方法同样处理。

③将两对“亮”和“暗”瓶分别悬挂在与取水样相同的水深位置，调整这些瓶子，使阳光能充分照射。一般将瓶子暴露几个小时，暴露期为清晨至中午，或中午至黄昏，也可清晨到黄昏。为方便起见，可选择较短的时间。

④暴露期结束即取出瓶子，逐一测定溶解氧，分别将“亮”和“暗”瓶的数值记为 ρ_{Ol} 和 ρ_{Od}。

（3）结果处理

①呼吸作用：氧在暗瓶中的减少量 $R = \rho_{Oi} - \rho_{Od}$

净光合作用：氧在亮瓶中的增加量 $P_n = \rho_{Ol} - \rho_{Oi}$

总光合作用：P_g = 呼吸作用 + 净光合作用 = $(\rho_{Oi} - \rho_{Od}) + (\rho_{Ol} - \rho_{Oi}) = \rho_{Ol} - \rho_{Od}$

②计算水体上下两部分值的平均值。

③通过以下公式计算来判断每单位水域总光合作用和净光合作用的日速率：

a. 把暴露时间修改为日周期：

$$P'_g[\text{mg } O_2/(\text{L}\cdot\text{d})] = P_g \times \text{每日光周期时间}/\text{暴露时间}$$

b. 将生产率单位从 mgO_2/L 改为 mgO_2/m^2，这表示 $1m^2$ 水面下水柱的总产生率，为此必须知道产生区的水深：

$$P''_g[\text{mg } O_2/(\text{m}^2\cdot\text{d})] = P_g \times \text{每日光周期时间}/\text{暴露时间} \times 10^3 \times \text{水深(m)}$$

式中 10^3——体积浓度 mg/L 换算为 mg/m^3 的系数

c. 假设全日 24h 呼吸作用保持不变，计算日呼吸作用：

$$R[\text{mg } O_2/(\text{m}^2\cdot\text{d})] = R \times 24/\text{暴露时间(h)} \times 10^3 \times \text{水深(m)}$$

d. 计算日净光合作用：

$$P_n[\text{mg } O_2/(\text{L}\cdot\text{d})] = \text{日}P_g - \text{日}R$$

④假设符合光合作用的理想方程（$CO_2 + H_2O \rightarrow CH_2O + O_2$），将生产率的单位转换成固定碳的单位：

$$\text{日}P_m[\text{mg C}/(\text{m}^2\cdot\text{d})] = \text{日}P_n[\text{mg } O_2/(\text{m}^2\cdot\text{d})] \times 12/32$$

3. 叶绿素－a 的测定

（1）原理　测定水体中的叶绿素－a 的含量，可估计该水体的绿色植物存在量。将色素用丙酮萃取，测量其吸光度值，便可以测得叶绿素－a 的含量。

（2）实验过程

①将 100～500mL 水样经玻璃纤维滤膜过滤，记录过滤水样的体积。将滤纸卷成香烟状，放入小瓶或离心管。加 10mL 或足以使滤纸淹没的 90% 丙酮液，记录体积，塞住瓶塞，并在 4℃下暗处放置 4h。如有浑浊，可离心萃取。将一些萃取液倒入 1cm 玻璃比色皿，加比色皿盖，以试剂空白为参比，分别在波长 665nm 和 750nm 处测其吸光度。

②加 1 滴 2mol/L 盐酸于上述两只比色皿中，混匀并放置 1min，再在波长 665nm 和 750nm 处测定吸光度。

（3）结果处理

酸化前：$A = A_{665} - A_{750}$，酸化后：$A_a = A_{665a} - A_{750a}$

在 665nm 处测得吸光度减去 750nm 处测得值是为了校正浑浊液。

用下式计算叶绿素－a 的浓度（μg/L）：

$$\text{叶绿素}-a = 29(A - A_a)V_{\text{萃取液}}/V_{\text{样品}}$$

式中 $V_{\text{萃取液}}$——萃取液体积，mL

$V_{\text{样品}}$——萃取液体积，mL

根据测定结果，并查阅有关资料，评价水体富营养化状况。

（四）思考题

（1）水体中氮、磷的主要来源有哪些？

（2）在计算日生产率时，有几个主要假设？

（3）被测水体的富营养化状况如何？

第三章　大气污染控制工程实验

大气污染控制工程实验是环境工程专业的主要实验课。实验的主要任务是通过实验手段使学生掌握大气污染控制工程的基本实验方法和操作技能，加深对所学基础理论的理解。实验课的主要目的是学习大气污染控制工程相关的常用技术、方法、仪器和设备，学习如何用实验方法判断控制过程的性能和规律，引导学生了解实验手段在大气污染控制工艺与设备研究、开发过程中所起的作用。结合课程设计及毕业设计等其他教学环节，培养学生进行科学研究、分析问题和解决问题的实践能力，树立实事求是的科学态度和严谨的工作作风。为学生将来从事大气污染控制工程的设计、科研及技术管理等相关工作打下基础。

第一节　基础性实验

一、粉尘粒径分布测定实验

（一）实验目的

掌握液体重力沉降法（移液管法）测定粉尘粒径分布的方法。

（二）实验原理

液体重力沉降法是根据不同大小的粒子在重力作用下，在液体中的沉降速度各不相同这一原理而得到的。粒子在液体（或气体）介质中做等速自然沉降时所具有的速度，称为沉降速度，其大小可以用斯托克斯公式表示：

$$v_t = \frac{(\rho_p - \rho_L) g d_p^2}{18\mu} \tag{3-1}$$

式中　v_t——粒子的沉降速度，cm/s

μ——粒子的动力黏度，g/（cm·s）

ρ_p——粒子的真密度，g/cm^3

ρ_L——液体的真密度，g/cm^3

g——重力加速度，cm/s^2

d_p——粒子的直径，cm

式中可得

$$d_p = \sqrt{\frac{18\mu v_t}{(\rho_p - \rho_L) g}} \tag{3-2}$$

这样，粒径便可以根据其沉降速度求得。但是，直接测得各种粒径的沉降速度是困难的，而沉降速度是沉降高度与沉降时间的比值，以此替换沉降速度，使上式：

$$d_p = \sqrt{\frac{18\mu H}{(\rho_p - \rho_L) g t}} \quad 或 \quad t = \frac{18\mu H}{(\rho_p - \rho_L) g d_p^2} \tag{3-3}$$

式中 H——粒子的沉降高度，cm

t——粒子的沉降时间，s

粒子在液体中沉降示意图如图 3－1 所示，粉样放入玻璃瓶内某种液体介质中，经搅拌后，使粉样均匀地扩散在整个液体中，如状态甲。经过 t_1后，因重力作用，悬浮体由状态甲变为状态乙。在状态乙，直径为 d_1的粒子全部沉降到虚线以下，由状态甲变到状态乙，所需时间为 t_1。

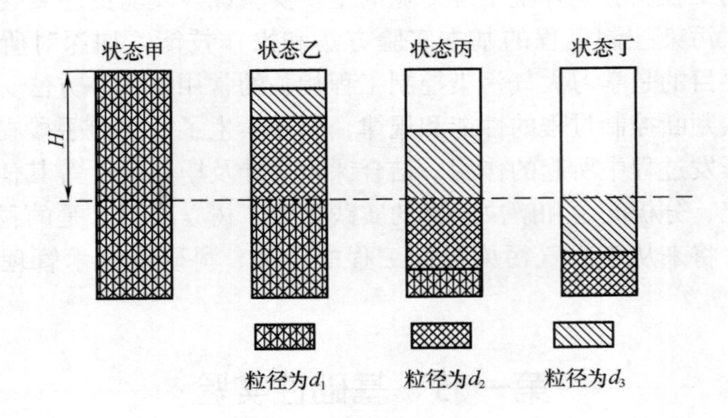

图 3－1 粒子在液体中沉降示意图

根据（式 3－3）应为 $t_1 = \dfrac{18\mu H}{(\rho_p - \rho_L)gd_1^2}$

同理，直径为 d_2粒子全部沉降到虚线以下（即到达状态丙）所需时间为：

$$t_2 = \frac{18\mu H}{(\rho_p - \rho_L)gd_2^2}$$

直径为 d_3的粒子全部沉降到虚线以下（即到达状态丁）所需时间为：

$$t_3 = \frac{18\mu H}{(\rho_p - \rho_L)gd_3^2}$$

根据上述关系，将粉体试样放在一定液体介质中，自然沉降，经过一定时间后，不同直径的粒子将分布在不同高度的液体介质中。根据这种情况，在不同沉降时间，不同沉降高度上取出一定量的液体，称量出所含有的粉体质量，便可以测定出粉体的粒径分布。

（三）仪器设备和试剂

（1）实验所需仪器设备　沉降瓶 4 支、移液管 1 支、带三通活塞的 10mL 容器 4 支、称量瓶 4 支、注射器大小各 1 支、乳胶皮管 4 根、透明有机玻璃制作恒温水浴 1 套、控制温度系统 1 套、小型电器控制箱 1 个、电源线及配套开关插座等 1 套、防水面板及实验设备台架 1 套。粉尘粒径分布测定实验装置如图 3－2 所示。

（2）根据粉尘种类不同，所用的分散液也不同，可参考表 3－1 选用。

本实验的粉尘采用滑石粉。分散液为六偏磷酸钠水溶液，浓度为 0.003mol/L。六偏磷酸钠分子式为（$(NaPO_3)_6$），相对分子质量为 611.8。

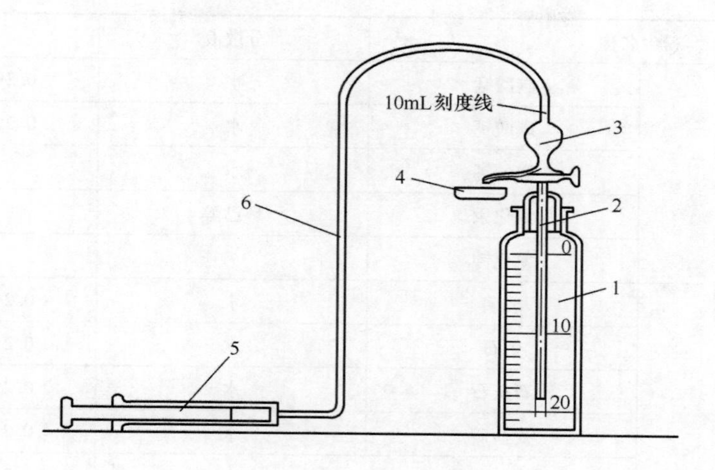

图 3－2　粉尘粒径分布测定实验装置

1—沉降瓶　2—移液管　3—带三通活塞的 10mL 梨形容器　4—称量瓶　5—注射器　6—乳胶管

表 3－1　　各种粉尘常用的分散液和分散剂

粉尘名称		分散液	分散剂
金属	铜	环己醇	
		丁醇	
	锌	环己醇	
		水	0.2%六偏磷酸钠
	铝	环己醇	
		水	0.2%油酸钠
	铁	豆油＋丙酮（1∶1）	
	铅	环己醇	
金属氧化物	氧化铜	水	0.2%六偏磷酸钠
	氧化锌	水	0.2%六偏磷酸钠
	三氧化二铝	水	0.2%六偏磷酸钠
	二氧化硅	水	0.2%六偏磷酸钠
	氧化铅	水	0.2%六偏磷酸钠
	铅丹	水	0.2%六偏磷酸钠
		环己醇	
	三氧化二铁	水	0.2%六偏磷酸钠
		水	0.03mol/L 焦磷酸钠
	氧化钙	乙二醇	
	二氧化锰	水	六偏磷酸钠

续表

粉尘名称		分散液	分散剂
盐类	碳酸锰	水	0.2%六偏磷酸钠
	碳酸钙	水	0.2%六偏磷酸钠
	磷酸钙	水	焦磷酸钠
	氯化汞	环己醇	
	氯化钾		
无机物	玻璃	水	0.2%六偏磷酸钠
	萤石	水	0.2%六偏磷酸钠
	石灰石	水	0.2%六偏磷酸钠
	菱镁矿	水	0.2%六偏磷酸钠
	陶土	水	0.2%六偏磷酸钠
	石棉	甘油+水（1:4）	
	滑石粉	水	0.003mol/L六偏磷酸钠
	水泥	煤油	0.006mol/L油酸
		乙二醇	
		酒精	0.05%氯化钙
有机物	煤灰	酒精、煤油	
	焦炭	丁醇	
	煤	水	
	纤维素	苯	
	塑料粉体	水	

（四）实验步骤

1. 准备工作

（1）把所需玻璃仪器清洗干净，放入电烘箱内干燥，然后在干燥器中自然冷却至室温。

（2）取有代表性的粉体试样30～40g（如有较大颗粒需用250目的筛子筛分，除去86μm以上的大颗粒），放入电烘箱中，在（110±5）℃的温度下干燥1h至恒重，然后在干燥器中自然冷却至室温。

（3）配制浓度为0.003mol/L的六偏磷酸钠水溶液作为分散液（解凝液），数量可根据需要定。

（4）把干燥过的称量瓶分别编号，称量。

（5）测定沉降瓶的有效容积，将水充满到沉降瓶上面零刻度线（即600mL）处，用标准量筒测定水的体积。

（6）读出移液管底部刻度数值，测定移液管（长、中、短）有效长度，然后把自来水注入沉降瓶中到零刻度线（即600mL）处，每吸10mL溶液，测定液面下降高度。

（7）将粉样按粒径大小分组（如30～40μm、20～30μm、10～20μm、5～10μm、2～5μm），按式（3-3）计算出每组内最大粉粒由液面沉降到移液管底部所需的时间，即为该粒径的预定吸液时间，并把它填入记录表内。

（8）调节透明恒温水槽中的水温，使与计算沉降时间所采用的温度一致。如无透明恒温水槽，可在室温下进行测定。下面仅按无透明恒温水槽的情况进行操作。

（9）在烧杯中装满蒸馏水，准备用其冲洗每次吸液后附在容器壁上的粉粒。

2. 操作步骤

（1）称取6～10g干燥过的粉体，精确至1/10000g，放入烧杯中，先向烧杯中加入50～100mL的分散液，使粉体全部润湿后，再加液到300mL左右。

（2）把悬浮液搅拌15min左右，倒入沉降瓶中，把移液管插入沉降瓶中，然后由通气孔继续加分散液直到零刻度线（600mL）为止。

（3）将沉降瓶上下转动，摇晃数次，使粉粒在分散液中分散均匀，停止摇晃后，开始用秒表计时，作为起始沉降时间，同时记下室温。

（4）按计算出的预定吸液时间进行吸液。匀速向外拉注射器，液体沿移液管缓缓上升，当吸到10mL刻度线时，立即关闭活塞，使10mL液体和排液管相通，匀速向里推注射器，使10mL液体被压入已称重的称量瓶内。然后由排液管吸蒸馏水冲洗10mL容器，冲洗水排入称量瓶中，冲洗进行2～3次。按上述步骤根据计算的预定吸液时间依次进行操作，直到要求测的最小粒径为止。同时记下室温。

（5）把全部称量瓶放入电烘箱中，在小于100℃的温度下进行烘干，待水分全部蒸发后，再在（110±5）℃的温度烘1h至恒重。然后在干燥器中自然冷却至室温，取出称量。

3. 吸液应注意的问题

（1）每次吸10mL样品要在15s左右完成，则开始吸液时间应比计算的预定吸液时间提前1/2×15=7.5s。

（2）每次吸液应力求为10mL，太多或太少的样品应作废。

（3）吸液应匀速，不允许移液管中液体倒流。

（4）向称量瓶中排液时，应防止液体溅出。

（五）实验结果的整理

有关实验数据和计算结果记入表3-2。

（1）粒径小于d_i的粉体的质量（在10mL吸液中）为：

$$m_i = m_1 - m_2 - m_3$$

式中　m_1——烘干后称量瓶和剩余物的质量（小于d_i的粉体），g

m_2——称量瓶的质量，g

m_3——10mL分散液中含分散剂的质量，g

（2）粒径d_i的粉体的筛下累积分布为：

$$D_i = m_{0i}/m_c$$

式中　m_c——10mL原始悬浮液中（沉降时间$t=0$）的粉体质量，g

m_{0i}——粉体试样质量，g

表 3－2　液体重力沉降法测定粉体粒径分布记录表

粉尘名称：滑石粉　粉体真密度：______ g/cm³　大气压力：______　室温：______

测定者：______　测定日期：______

分散剂名称：六偏磷酸钠　分散剂相对分子质量：611.8　分散液浓度：0.003mol/L

分散液真密度：1.0018g/cm³　分散液黏度：1.184×10^{-2}Pa·s

吸液管编号	吸管底部刻度	液面刻度	沉降高度	吸液初始时间	吸液终止时间	试剂吸液时间	吸液中的最大粒径	称量瓶号	称量瓶烘干后质量	称量瓶质量	10mL 分散液中分散剂质量	10mL 分散液中粉体质量	初始时 10mL 分散液中粉体的质量	筛下累计分布	筛上累计分布
粉体中位径 d_{50} = μm							粒径范围/μm								
							粒径相对频数分布 ΔD/%								

（3）粒径为 d_i 的粉体的筛上累积分布为：

$$R_i = 100\% - D_i$$

（4）将各组粒径 d_i 的筛下累积分布 D_i（或筛上累积分布 R_i）的测定值标绘在特定的坐标线上（正态概率值或对数正态概率值或 $R-R$ 分布值），则实验点应落在一条直线上。根据该直线可以方便地求出工程上需要的相对频数分布或频率分布及中位径等。

（5）粉尘粒径 d_i 至 d_{i+1}（$d_i > d_{i+1}$）范围的相对频数分布为：

$$\Delta D_i = D_i - D_{i+1}$$

式中　D_i——粒径为 d_i 的粉体的筛下累积分布

D_{i+1}——粒径为 d_{i+1} 的粉体的筛下累积分布

（6）中位径　$R = D = 50\%$ 时的粒径 d_{50} 即为中位径。

（六）讨论

（1）选用分散液时有哪些要求，为什么？

（2）用吸液管吸液时，吸液速度过大或过小对测定结果有何影响？

（3）为什么吸液过程中不允许吸液管内液体倒流？

（4）影响测定误差的主要因素有哪些？实验中如何减小测定误差？

（5）实验过程中还存在哪些问题，应如何改进？

二、袋式除尘器性能测定实验

（一）实验目的

（1）进一步提高对袋式除尘器结构形式和除尘机理的认识。

（2）掌握袋式除尘器主要性能的实验研究方法。

（3）了解过滤速度对袋式除尘器压力损失及除尘效率的影响。

（4）提高对除尘技术基本知识和实验技能的综合应用能力。

（5）通过实验方案设计和实验结果分析，加强创新能力的培养。

（二）实验设备及特点

袋式除尘器又称过滤式除尘器，是使含尘气流通过过滤材料将粉尘分离捕集的装置，采用纤维织物作滤料的袋式除尘器，在工业废气除尘方面应用广泛，本实验主要研究这类除尘器的性能。

袋式除尘器的性能与其结构形式、滤料种类、清灰方式、粉尘特性及运行参数等因素有关。袋式除尘器性能的测定和计算，是袋式除尘器选择、设计和运行管理的基础，是本科学生必须具备的基本能力。为此，本实验要求学生在认真了解实验原理、装置、方法、内容和要求的基础上，综合应用已掌握的基本知识和技能，自行完成实验方案步骤设计和实验测定记录表设计，独立完成本实验。

设备特点如下：

（1）可测定布袋除尘器除尘效率。

（2）可测定研究处理风量、待处理气体含尘浓度对除尘效率及压力损失的影响。

（3）配有微电脑粉尘浓度检测系统（能在线监测进口处与出口处含尘浓度的变化，并具有数据采集与直接打印输出功能）。

（4）装置配有微电脑风量、风压检测系统（能在线监测各段的风压、风速、风量，并具有数据采集与直接打印输出功能）。

（5）设备带有机械自动发尘装置，发尘量可精确控制调节。

（6）设备配有气尘混合系统，使风管内的粉尘分布均匀、取样检测更精确。

（7）带有机械振打、卸灰的功能，处理风量、进尘浓度等可自行调节。

（8）该装置可在线数据采集，也可用备用数据采集接口，设备系统还在净化设备前后配有人工采样口。

（三）技术条件与指标

气体流动方式为内滤逆流式，动力装置布置为负压式。

环境温度：5～40℃。

除尘效率：95%～99%。

处理气量：150m^3/h。

气体含尘浓度：＜100g/m^3。

过滤速度：1m/min。

装置共有6个滤袋，滤袋直径为150mm，滤袋高度为600mm，滤袋材料为208涤纶绒布。

电源电压：220V/380V，三相四线制，功率1300W。

（四）实验原理和方法

本实验是在除尘器结构形式、滤料种类、清灰方式和粉尘特性一定的前提下，测定袋式除尘器主要性能指标，并在此基础上，测定处理气体量Q、过滤速度v_F对袋式除尘器压力损失（Δp）和除尘效率（η）的影响。

1. 处理气体量和过滤速度的测定和计算

(1) 动压法测定　测定袋式除尘器处理气体量（Q），应同时测出除尘器进出口连接管道中的气体流量，取其平均值作为除尘器的处理气量。

$$Q = \frac{1}{2}(Q_1 + Q_2)(m^3/s) \tag{3-4}$$

式中　Q_1、Q_2——袋式除尘器进、出口连接管道中的气体流量，m^3/s

除尘器漏风率（δ）按下式计算

$$\delta = \frac{Q_1 - Q_2}{Q_1} \tag{3-5}$$

一般要求除尘器的漏风率小于 ±5%。

(2) 静压法测定　采用静压法测定袋式除尘器进口气体流量（Q_1），根据在测孔测得的系统入口均流管处的平均静压，按下式求得（Q_1）。

$$Q_1 = \varphi_v A \sqrt{2|p_s|/\rho} \tag{3-6}$$

式中　$|p_s|$——入口均流管处气流平均静压的绝对值，Pa

φ_v——均流管入口的流量系数

A——除尘器进口测定断面的面积，m^2

ρ——测定断面管道中气体密度，kg/m^3

(3) 过滤速度的计算　若袋式除尘器总过滤面积为 F，则其过滤速度（v_F）按下式计算：

$$v_F(m/min) = \frac{60Q_1}{F} \tag{3-7}$$

2. 压力损失的测定和计算

袋式除尘器压力损失（Δp）由通过清洁滤料的压力损失（Δp_f）和通过颗粒层的压力损失（Δp_p）组成。袋式除尘器的压力损失（Δp）为除尘器进、出口管中气流的平均全压之差。当袋式除尘器进、出口管的断面面积相等时，则可采用其进、出口管中气体的平均静压之差计算，即：

$$\Delta p = p_{s1} - p_{s2} \tag{3-8}$$

式中　p_{s1}——袋式除尘器进口管道中气体的平均静压，Pa

p_{s2}——袋式除尘器出口管道中气体的平均静压，Pa

袋式除尘器的压力损失与其清灰方式和清灰制度有关。当采用新滤料时，应预先发尘运行一段时间，使新滤料在反复过滤和清灰过程中，残余粉尘基本达到稳定后再开始实验。

考虑到袋式除尘器在运行过程中，其压力损失随运行时间产生一定变化。因此，在测定压力损失时，应每隔一定时间，连续测定（一般可考虑五次），并取其平均值作为除尘器的压力损失（Δp）。

3. 除尘效率的测定和计算

除尘效率采用质量浓度法测定，即用等速采样法同时测出除尘器进、出口管道中气流平均含尘浓度 C_1 和 C_2，按下式计算：

$$\eta = 1 - \frac{C_2 Q_2}{C_1 Q_1} \tag{3-9}$$

由于袋式除尘器效率高，除尘器进、出口气体含尘浓度相差较大，为保证测定精度，可在除尘器出口采样中，适当加大采样流量。

4. 压力损失、除尘效率与过滤速度关系的分析测定

机械振打袋式除尘器的过滤速度一般为 2 ~ 4m/min，可在此范围内确定 5 个值进行实验。过滤速度的调整，可通过改变风机入口阀门开度，按静压法确定。当然，应要求在各组实验中，保持除尘器清灰制度固定，除尘器进口气体含尘浓度（C_1）基本不变。

为保持实验过程中 C_1 基本不变，可根据发尘量（S）、发尘时间（τ）和进口气体流量（Q_1），按下式估算出入口含尘浓度（C_1）

$$C_1 = \frac{S}{\tau Q_1} \tag{3-10}$$

（五）实验装置、流程和仪器

本除尘器共 6 条滤袋，总过滤面积为 0.26m²。实验滤料选用 208 工业涤纶绒布。机械振打清灰是利用偏心振打，故配置一台振打电机，振打频率为 50 次/分钟。

为在实验过程中能定量地连续供给粉尘，控制粉尘浓度，实验系统设有粉尘定量供给装置。通风机是实验系统的动力装置，本实验选用离心通风机，转速为 2900r/min，全压为 1919 ~ 1953Pa，所配电动机功率 0.75kW。

在实验前应预先测量入口喇叭形均流管的流量系数（φ_v），通风机入口前设有调节阀门，用来调节除尘器处理气体量和过滤速度。

配套实验装置包括：

（1）微电脑进气粉尘浓度检测系统（日本进口传感器）1 套；

（2）微电脑尾气粉尘浓度检测系统（日本进口传感器）1 套；

（3）微电脑在线风量检测系统（日本进口传感器）1 套；

（4）微电脑在线风速检测系统（日本进口传感器）1 套；

（5）微电脑在线风压检测系统（日本进口压力传感器）1 套；

（6）10 英寸液晶显示器（日本进口，高分辨率）1 套；

（7）在线温度、湿度检测系统（美国进口温度、湿度传感器）1 套；

（8）配套分析处理软件 1 套（具有能记录保存实验数据、数据变化曲线分析、取样时间设定、工作效率自动换算等功能）；

（9）数据处理分析系统 1 套；

（10）计算机通信接口 1 套；

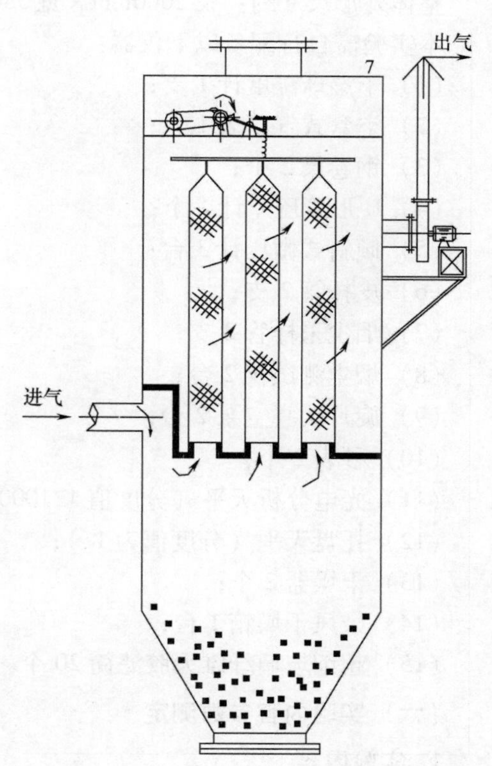

图 3-3　袋式除尘器实验装置示意图

(11) 机械自动加尘装置1套;
(12) 有机玻璃喇叭形进灰均流管段1套;
(13) 振打装置（调速电机及调速器）1套;
(14) 有机玻璃布袋除尘器（800mm×600mm）1套;
(15) 滤袋材质为涤纶针刺毡覆膜滤袋，滤袋6个;
(16) 粉尘卸灰装置、接灰斗各1套;
(17) 采样口2组;
(18) 连接管段、进出口风管1批;
(19) 设备配有气尘混合系统，使风管内的粉尘分布均匀1套;
(20) 高压离心风机1套、1.1kW电机1台;
(21) 风量调节阀1套;
(22) 排灰管道1付;
(23) 金属电器控制箱1只;
(24) 漏电保护开关1套;
(25) 按钮开关3只;
(26) 电压表1只;
(27) 电源线1批;
(28) 不锈钢支架2套等组成。

整体外形尺寸约：长2000mm×宽550mm×高1900mm。

本实验需自行配备以下仪器:

(1) 干湿球温度计1支;
(2) 空盒式气压表1个;
(3) 钢卷尺2个;
(4) U形管压差计1个;
(5) 倾斜式微压计3台;
(6) 皮托管2支;
(7) 烟尘采样管2支;
(8) 烟尘测试仪2台;
(9) 旋片式真空泵2台;
(10) 秒表2个;
(11) 光电分析天平（分度值1/10000g）;
(12) 托盘天平（分度值为1g）;
(13) 干燥器2个;
(14) 鼓风干燥箱1台;
(15) 超细玻璃纤维无胶滤筒20个。

(六) 实验内容参数测定

1. 实验内容

(1) 室内空气环境参数的测定　包括空气干球温度、湿球温度、相对湿度、当地大气压力等环境参数的测定。

（2）袋式除尘器实验装置的测定　固定袋式除尘器清灰制度，包括选择适当的振打频率与振打时间、测定除尘系统入口喇叭形均流管流量系数（φ_v）。

（3）袋式除尘器性能测定和计算　在固定袋式除尘器实验系统进口发尘浓度和清灰制度的条件下，测定和计算袋式除尘器处理气体量（Q）、漏风率（δ）、过滤速度（v_F）、压力损失（Δp）和除尘效率（η）。

（4）实验数据的整理分析　认真记录袋式除尘器处理气体量和过滤速度、压力损失、除尘效率等性能参数测定实验数据，分析压力损失、除尘效率和过滤速度的关系。

2. 实验要求

（1）室内空气环境参数测定、除尘系统入口喇叭形均流管流量系数测定、风管中气体含尘浓度测定等实验方法可参照前述各实验指导书。

（2）为了求得除尘器的 $v_F-\eta$ 和 $v_F-\Delta p$ 的性能曲线，应在除尘器清灰制度和进口气体含尘浓度（C_1）相同的条件下，测出除尘器在不同过滤速度（v_F）下的压力损失（Δp）和除尘效率（η）。

（3）除尘器进、出口风管中气体含尘浓度采样过程中，要注意监控均流管处的静压值，使之保持不变，并记录。考虑到出口含尘浓度较低，每次采样时间不宜少于30min。进、出口风管中含尘浓度测定可连续采样3～4次，并取其平均值作为其含尘浓度。

（4）在进行采样的同时，测定记录袋式除尘器的压力损失。压力损失应在除尘器处于稳定运行状态下，每间隔一定时间，连续测定并记录5次数据，取其平均值作为除尘器的压力损失。

（5）本实验要求每个学生综合应用前述基本知识和技能，自行编制上述各项参数的测定方案和实验步骤，经指导教师审查通过后方准予实验。

（6）本实验要求学生独立设计袋式除尘器压力损失、除尘效率与过滤速度关系的测定记录表和 $v_F-\eta$、$v_F-\Delta p$ 实验性能曲线图。

（七）实验数据的记录和整理

1. 处理气体量和过滤速度

按表3－3记录和整理数据。按式3－4计算除尘器处理气体量，按式3－5计算除尘器漏风率，按式3－7计算除尘器过滤速度。

2. 压力损失

按表3－4记录整理数据。按式3－8计算压力损失，并取5次测定数据的平均值（Δp）作为除尘器压力损失。

3. 除尘效率

除尘效率测定数据按表3－5记录整理。除尘效率按式3－9计算。

4. 压力损失、除尘效率与过滤速度的关系

本项是继压力损失（Δp）、除尘效率（η）和过滤速度（v_F）测定完成后，自行设计记录表，整理五组不同 v_F 下的 Δp 和 η 数据，并独立设计分析图，绘制 $v_F-\Delta p$ 和 $v_F-\eta$ 实验性能曲线。

表 3-3　　袋式除尘器处理气体流量及过滤速度测定记录表

除尘器型号规格	除尘器过滤面积 A/m^2	当地大气压力 p_A/kPa	空气湿球温度/℃	空气干球温度/℃	空气相对湿度 φ/%	空气中水蒸气体积分数 y_w/%	均流管流量系数 φ_v	均流管处静压 $\lvert p_s \rvert$/Pa	测定日期	测定人员

		除尘器进口测定断面				除尘器出口测定断面				备注
测定点		A_1	A_2	A_3	A_4	B_1	B_2	B_3	B_4	
管道内气体动压	微压计初读值 l_0									
	微压计终读值 l									
	差值 $\Delta l = l - l_0$									
	微差计系数 K									
	各测点气体动压 p_d/Pa									
管道内气体静压	微压计初读值 l_0									
	微压计终读值 l									
	差值 $\Delta l = l - l_0$									
	微差计系数 K									
	各测点气体动压 p_s/Pa									
	测定断面气体平均静压 p_s/Pa									
皮托管系数 K_p										
管道内气体密度 ρ/（kg/m^3）										
各测点气体流速 v/（m/s）										
测定断面平均流速 v/（m/s）										
测定断面面积 F/m^2										
测定断面气体流量 Q_i/（m^3/s）										
除尘器处理气体流量 Q/（m^3/s）										
除尘器过滤速度 v_F/（m/min）										
除尘器漏风率 δ/%										

表 3-4　　袋式除尘器压力损失测定记录表

袋式除尘器			清灰制度			粉尘特性		过滤速度 /（m/min）	测定日期	测定人
规格型号	滤料种类	过滤面积/m^2	振打频率次/min	振打周期/min	振打时间/s	种类	d_{50}/μm			

测定序号	每次间隔时间 t/min	除尘器处理气体流量（静压法）			除尘器进出口平均压差 p_{s12}/Pa	测定断面至除尘器进出口压力损失之和			除尘器压力损失各组测定值 $\Delta p=\Delta p_{s12}-\sum\Delta p_i$/Pa	除尘器压力损失 Δp/Pa
		均流管流量系数 φ_v	均流管处静压 $\lvert p_s \rvert$/Pa	处理气体流量 Q/（m^3/s）		摩擦压力损失 $\sum\Delta p_L$/Pa	局部压力损失 $\sum\Delta p_m$/Pa	压力损失之和 $\sum\Delta p_i$/Pa		
1										
2										
3										
4										
5										

表 3-5　　袋式除尘器净化效率测定记录表

除尘器规格型号	清灰制度			处理气体流量			过滤速度 v_F /（m/min）	粉尘特性		大气压力 p_A/kPa	测定日期	测定人
	振打频率次/min	振打周期/min	振打时间/s	φ_v	$\lvert p_s \rvert$/Pa	Q/（m^3/s）		种类	d_{50}/μm			

测定点		除尘器进口测定断面				除尘器出口测定断面				
测定点		A_1	A_2	A_3	A_4	B_1	B_2	B_3	B_4	备注
流量计读数 q_m/（L/min）	控制值									
	实测值									
滤筒号										
采样头直径 d/min										
采样时间 t/min										
采样流量 V/L										
流量计前的气体参数	温度 t_m/℃									
	压力 p_m/kPa									
标准采样流量 V_{N_d}/L										
标准状况下干气体采气总体积 $\sum V_{N_d}$/L										
捕集尘量	滤筒初重 G_1									
	滤筒终重 G_2									
	捕集尘量 ΔG									
含尘浓度（标准状况）C/（g/m^3）										
除尘器净化效率 η/%										

（八）注意事项

（1）粉尘传感器使用一定时间后，必须定时清洁，以保证其测量精度。

（2）机械振打袋式除尘实验含尘浓度不宜超过50g/m^3。

（九）讨论（讨论结果写入实验报告）

（1）用动压法和静压法测得的气体流量是否相同？哪一种方法更准确些？为什么？

（2）如何确立系统入口均流管系数 φ_v？

（3）用发尘量求得的入口含尘浓度和用等速采样法测得的入口含尘浓度，哪个更准确？为什么？

（4）测定袋式除尘器压力损失，为什么要固定其清灰制度？为什么要在除尘器稳定运行状态下连续5次读数并取其平均值作为除尘器压力损失？

（5）试根据实验性能曲线 $v_F-\Delta p$、$v_F-\eta$，分析过滤速度对袋式除尘器压力损失和除尘效率的影响。

三、静电除尘器性能测定实验

（一）实验目的

（1）了解静电除尘器的电极配置和供电装置。

（2）观察电晕放电的外观形态。

（3）测定板式静电除尘器的除尘效率。

（4）管道中各点流速和气体流量的测定。

（5）板式静电除尘器的压力损失和阻力系数的测定。

（6）测定静电除尘的风压、风速、电压、电流等因素对除尘效率的影响。

（二）原理、用途及特点

电除尘器的除尘原理是使含尘气体的粉尘微粒，在高压静电场中，荷电尘粒在电场的作用下，趋向集尘极和放电极，带负电荷的尘粒与集尘极接触后失去电子，成为中性而粘附于集尘极表面上，为数很少的带电荷尘粒沉积在截面很少的放电极上，然后借助于振打装置使电极抖动，将尘粒脱落到除尘的集灰斗内，达到收尘目的。板式电除尘器模型具有较高的除尘效率，适于教学使用，易于操作，方便演示。其特点：该除尘器气流均布；壳体结构、振打清灰简单；处理烟尘颗粒范围广；对烟气的含尘浓度适应性好；压力损失小；能耗低；耐高温及腐蚀；捕集效率高；容易自动化控制，运行费用低，维护管理方便。

特点如下：

（1）可测定板式静电除尘器除尘效率。

（2）可测定研究处理风量、待处理气体含尘浓度对除尘效率及压力损失的影响。

（3）配有微电脑粉尘浓度检测系统（能在线监测进口处与出口处含尘浓度的变化，并具有数据采集与直接打印输出功能）。

（4）装置配有微电脑风量、风压检测系统（能在线监测各段的风压、风速、风量，并具有数据采集与直接打印输出功能）。

（5）设备带有机械自动发尘装置，发尘量可精确控制调节。

（6）设备配有气尘混合系统，使风管内的粉尘分布均匀、取样检测更精确。

（7）带有机械振打、卸灰的功能，处理风量、进尘浓度等可自行调节。

（8）该装置可在线数据采集，也可用备用数据采集接口，设备系统还在净化设备前后配有人工采样口。

（9）本装置具有高压下无法启动、短路保护等安全措施。

（三）技术条件与指标

（1）电场电压：0 ~ 20kV（可调），除尘效率约：95%。

（2）电晕极有效驱进速度：10m/s，电场风速：0.03m/s。

（3）通道数：3 个，压力降：< 500Pa。

（4）气流速度：1.0m/s，气体的含尘浓度：< 30g/m^3。

（5）电压/功率 380V/1600W，环境温度：5 ~ 40℃。

（6）电场电流：0 ~ 10mA。

（7）装置外形尺寸约：长 2500mm × 宽 600mm × 高 1500mm。

（8）电源 -380V，三相四线制，功率 2000W。

（9）带微机接口和在线数据采集功能。

（10）机械振打频率 50 次/分钟。

（四）实验装置、供电装置和测量仪表

板式高压静电除尘实验设备主要由集尘极、电晕极、高压静电电源、高压变压器、离心风机及机械振打装置等组成。电晕极挂在两块集尘板中间，放电电压可调，集尘板与支架都必须接地。

板式静电除尘器实验装置如图 3 - 4 所示，本实验采用质量法测定板式静电除尘器的除尘效率。

配套实验装置包括：

（1）微电脑进气粉尘浓度检测系统 1 套。

（2）微电脑尾气粉尘浓度检测系统 1 套。

（3）微电脑在线风量检测系统 1 套。

（4）微电脑在线风速检测系统 1 套。

（5）微电脑在线风压检测系统 1 套。

（6）10 英寸液晶显示器 1 套。

（7）在线温度、湿度检测系统 1 套。

（8）配套分析处理软件 1 套（具有能记录保存实验数据、数据变化曲线分析、取样时间设定、工作效率自动换算等功能）。

（9）数据处理分析系统 1 套。

（10）计算机通信接口 1 套。

（11）控制检测系统开关电源 1 套。

（12）高压静电电源 1 套。

（13）集尘极 3 块。

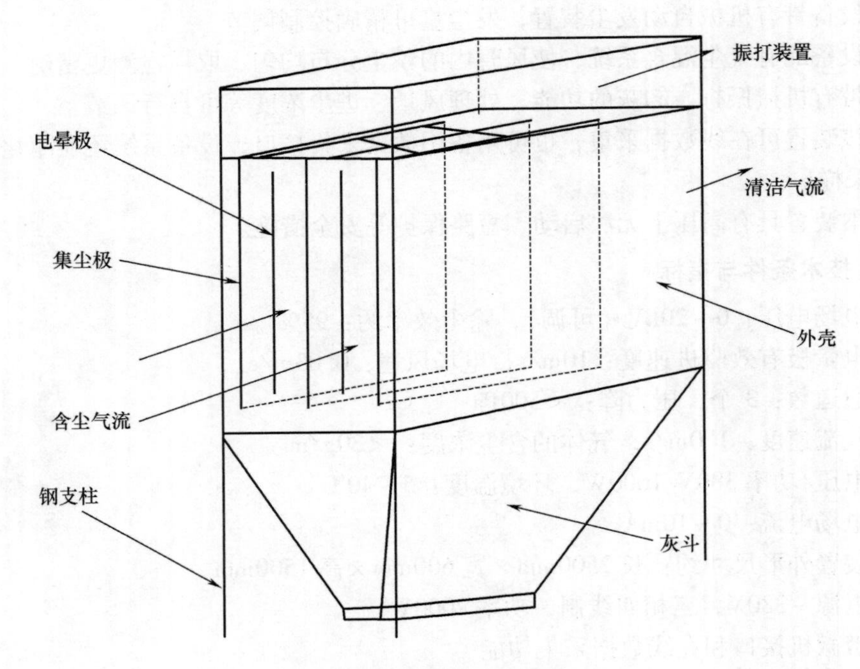

图 3-4 板式静电除尘器

(14) 电晕极 14 条。
(15) 高压电源线 1 条。
(16) 高压指示电压表 1 个。
(17) 高压指示电流表 1 个。
(18) 高压调节电位器 1 个。
(19) 信号指示灯 5 个。
(20) 专用测压软管 1 套。
(21) 气尘混合系统 1 套。
(22) 气体整流板 1 套。
(23) 系统静压测口 2 个。
(24) 透明有机玻璃喇叭形进灰管段 1 套。
(25) 自动粉尘加料装置 1 套。
(26) 卸灰装置 1 套。
(27) 进出口风管 1 套。
(28) 人工取样口 2 个。
(29) 高压离心通风机 1 台。
(30) 风量调节阀 1 套。
(31) 调节电位器 1 个。
(32) 漏电保护开关 1 个。
(33) 指示按钮开关 6 只。
(34) 电源线 1 批。

（35）工作电压表1个，电流表1个。
（36）金属电器控制箱1台。
（37）不锈钢支架、管道、开关等1套。
设备外形尺寸约：长2200mm×宽550mm×高1550mm
本实验需自行配备以下仪器：
（1）倾斜微压计2台。
（2）U形压差计1个。
（3）皮托管2支。
（4）干湿球温度计1支。
（5）空盒气压计1台。
（6）托盘天平（分度值1g）1台。
（7）秒表2块。
（8）钢卷尺2个。

（五）实验原理

1. 气体温度和含湿量的测定

由于除尘系统吸入的是室内空气，所以近似用室内空气的温度和湿度代表管道内气流的温度 t_s 和湿度 y_w。由挂在室内的干湿球温度计测量的干球温度和湿球温度，可查得空气的相对湿度 Φ，由干球温度可查得相应的饱和水蒸气压力 p_v，则空气所含水蒸气的体积分数：

$$y_w = \Phi \frac{p_v}{p_a} \tag{3-11}$$

式中　p_v——饱和水蒸气压力，kPa
　　p_a——当地大气压力，kPa

2. 管道中各点气流速度的测定

本实验用测压管和U形管压力计或倾斜微压计测定管道中各测点的动压 p_k 和静压 p_s。各点的流速按下式计算：

$$v = K_p \sqrt{\frac{2p_K}{\rho}} \tag{3-12}$$

式中　K_p——皮托管的校正系数
　　p_K——各点气流的动压，Pa
　　ρ——测定断面上气流的密度，kg/m^3

气流的密度可按下式计算：

$$\rho = 2.696[1.293(1-y_w)+0.804y_w]p_s'/T_s \tag{3-13}$$

式中　p_s'——测定断面上气流的平均静压（绝对压力），$p_s' = p_s + p_a$，kPa
　　p_s——气流的平均静压（相对压力），kPa
　　T_s——气体（即室内气体）温度，K

3. 管道中气体流量的测定

根据断面平均流速计算：根据各点流速可求出断面平均流速 $\bar{v}$，则气体流量为

$$Q = A\bar{v}(m^3/s) \tag{3-14}$$

式中 A——管道横断面积，m^2

用静压法测定：根据测得的吸气均流管入口处的平均静压的绝对值$|p_s|$，算出气体流量：

$$Q = \varphi A\sqrt{\frac{2|p_s|}{\rho}}(m^3/s) \tag{3-15}$$

式中 $|p_s|$——均流管处气流平均静压的绝对值，Pa

φ——均流管的流量系数

标准状态下（273.15K 101.33kPa）的干气体流量为：

$$Q_N = 2.696Q(1-y_w)\frac{p_s}{T_s}(m^3/s)$$

静电除尘器压力损失和阻力系数的测定：本实验采用静压法测定静电除尘器的压力损失。由于本实验装置中除尘器进、出口接管的断面积相等，气流动压相等，所以除尘器压力损失等于进、出口接管断面静压之差，即

$$\Delta p = p_{s_i} - p_{s_0} \tag{3-16}$$

测出静电除尘器的压力损失之后，便可计算出旋风除尘器的阻力系数：

$$\xi = \frac{\Delta p}{pv_1^2/2} \tag{3-17}$$

式中 v_1——静电除尘器进口风速，m/s

4. 除尘系统中气体含尘浓度的计算

（1）静电除尘器入口前气体含尘浓度的计算

$$C_i = \frac{G_f}{G_i\tau} \tag{3-18}$$

（2）静电除尘器出口气体含尘浓度的计算

$$C_0 = \frac{G_f - G_s}{Q_0\tau} \tag{3-19}$$

式中 C_i、C_0——除尘器进、出口的气体含尘浓度，g/m^3

G_f、G_s——发尘量与收尘量

Q_i、Q_0——除尘器进、出口的气体量，m^3/s

τ——发尘时间，s

5. 除尘效率的测定与计算

（1）质量法 测出同一时段进入除尘器的粉尘质量 G_f（g）和除尘捕集的粉尘质量 G_s（g），则除尘效率：

$$\eta = \frac{G_s}{G_f} \times 100\% \tag{3-20}$$

（2）浓度法 用等速采样法测出除尘器进口和出口管道中气流含尘浓度 C_i 和 C_0（mg/m^3），则除尘效率：

$$\eta = \left(1 - \frac{C_0Q_0}{C_iQ_i}\right) \times 100\% \tag{3-21}$$

6. 除尘器处理气体量和漏风率的计算

处理气体量 $$Q = \frac{1}{2}(Q_i + Q_0)$$

漏风率
$$\delta = \frac{Q_i + Q_0}{Q_i} \times 100\%$$

7. 荷电粒子在电场中的驱进速度

荷电粒子（电晕区外）在电场和空气阻力的共同作用下，向集尘器极板运动，其所达到的终末电力沉降速度称为粒子驱进速度，其计算式为：

$$\omega = \frac{qEC}{3\pi\mu d_p} \tag{3-22}$$

式中　ω——荷电粉尘粒子在电场中的驱进速度，m/s

q——粉尘粒子荷电量，C

E——粉尘粒子所处位置的电场强度，V/m

μ——气体黏度，Pa·s

d_p——粉尘粒子的直径，μm

C——肯宁汉修正系数，这里可以近似估算为 $C = 1 + \frac{1.7 \times 10^{-1}}{d_p}$

8. 起晕电压

板式静电除尘器起晕电压的计算公式为：

$$V_c = r_a\left(31.028\delta + 0.0954\sqrt{\frac{\delta}{r_a}}\right)\ln(d/r_a) \times 10^5 \tag{3-23}$$

式中　V_c——起晕电压，V

r_a——电晕极半径，m

δ——空气的相对密度，当大气压力为 p（Pa），温度为 t（℃）时：

$$\delta = \frac{298p}{101325(t + 273)}$$

9. 捕集效率

电除尘器的捕集效率与粒子性质、电场强度、气流性质及除尘器结构等因素有关。从理论上严格的推导捕集效率公式是困难的，所以需要做一定的假设。

德意希在 1922 年推导出除尘效率与集尘板面积、气体流量和粒子驱进速度之间的关系式（即德意希公式）时，做了以下假设：电除尘器内含尘气流为紊流；通过垂直与集尘极表面的任一断面的粉尘浓度和气流分布均匀；粉尘粒子进入电除尘器后就认为完全荷电；忽略电风、气流分布不均匀及捕集粒子重新进入气流等的影响。

德意希公式为：

$$\eta = 1 - \exp\left(-\frac{A}{Q}\omega\right) \tag{3-24}$$

式中　A——电除尘器集尘板总面积，m^2

Q——电除尘器的处理气量，m^3/s

ω——荷电粉尘粒子在电场中的驱进速度，m/s

10. 集尘极的比集尘面积

$$f = \frac{1}{\omega}\ln\left(\frac{1}{1-\eta}\right)$$

式中　f——比集尘面积

ω——驱进速度

11. 有效截面积的计算

$$F = \frac{Q}{v} \tag{3-25}$$

式中 F——电除尘器有效截面积，m^2

Q——处理气量，m^3/s

v——气体速度，m/s

12. 集尘极总长度的计算

$$l = \frac{A}{2nh} \tag{3-26}$$

式中 l——电场总长度

n——气体在电除尘器内的通道数

h——集尘极极板高度，m

（六）实验步骤

（1）测定室内空气干球和湿球温度、大气压力，计算空气湿度。

（2）测量管道直径，确定分环数和测点数，求出各测点距管道内壁的距离，并用胶布标志在皮托管和采样管上。

（3）开起风机，测定各点流速和风量。用测压计测出各点气流的动压和静压，求出气体的密度、各点的气流速度、除尘器前后的风量。

（4）先检查设备是否接地，如未接地请先将接地接好。

（5）检查无误后，将控制器的电流插头插入交流220V插座中。将“电源开关”旋柄旋于“开”的位置。控制器接通电源后，低压绿色信号灯亮。

（6）将电压调节手柄逆时针转到零位，轻轻按动高压“起动”按钮，高压变压器输入端主回路接通电源，这时高压红色信号灯亮，低压信号灯灭。

（7）顺时针缓慢旋转电压调节手柄，使电压慢慢升高。待电压升至5kV时，打开保护开关K，读取并记录u_2、I_2。读完后立即将保护开关闭合，继续升压。以后每升高5kV读取并记录一组数据，读数时操作方法和第一次相同，当开始出现火花时停止升压。

（8）停机时将调压手柄旋回零位，按动停止按钮，则主回路电源切断。这时高压信号灯灭，绿色低压信号灯亮。再将电源“开关”关闭，即切断电源。

（9）断电后，高压部分仍有残留电荷，必须使高压部分与地短路消去残留电荷，再按要求做下一组的实验。

（10）用托盘天平称好一定量的尘样。

（11）测定除尘效率　启动风机后开始发尘，记录发尘时间和发尘量。观察除尘系统中的含尘气流和粉尘浓度的变化情况。关闭风机后，收集静电除尘器灰斗中捕集的粉尘，然后称量，用式（3-20）计算除尘效率。

（12）改变系统风量，重复上述实验，确定静电除尘器在各种工况下的性能。

（13）改变电场电压，重复上述实验，确定静电除尘器在各种工况下的性能。

（七）实验数据的记录与整理

实验时间 ______年______月______日　空气干球温度（t_d） __________℃

空气湿球温度（t_v） __________℃　空气相对湿度（Φ） __________%

空气压力（p）__________ Pa　　空气密度（ρ）__________ kg/m^3

电场电压 ________ kV　　电场电流 ________ mA

计算静电除尘器的处理气体量和漏风率，并将测定及计算结果记入表3-6。

表3-6　　除尘器处理风量测定结果记录表

测定次数	U形管测压计或微压计读数			微压计倾斜角度系数 K	静压/Pa $p_s=\Delta K\cdot g$	流量系数 φ	管内流速 v/(m/s)	风管横截面积 F_1/m^2	风量 Q/(m^3/h)	除尘器进口面积 F_2/m^2	除尘器进口气速 v_2/(m/s)
	初读 l_1/mm	终读 l_2/mm	实际 $\Delta l=l_1-l_2$/mm								

计算静电除尘器在各种工况下的压力损失和阻力系数并记入表3-7。

表3-7　　除尘器阻力测定结果记录表

测定次数	微压计读数			微压计 K 值	a、b断面间的静压差 Δp_{ab}/Pa	比摩阻 R_L	直管长度 l/m	管内平均动压 p_d/Pa	管间的总阻力系数 $\sum\xi$	管间的局部阻力系数 Δp_m/Pa	除尘器阻力 Δp/Pa	除尘器在标准状态下的阻力 Δp_{Nm}/Pa	除尘器进口截面处动压 p_{d1}/Pa	除尘器阻力系数 ξ
	初读 l_1/mm	终读 l_2/mm	实际 $\Delta l=l_1-l_2$/mm											

计算静电除尘器在各种工况下的除尘效率记入表3-8。

表3-8　　除尘器效率测定结果记录表

测定次数	发尘量 G_i/g	发尘时间 τ/s	电场电压/kV	电场电流/mA	有效驱进速度/ω/(m/s)	除尘器进口气体含尘浓度 C_i/(g/m^3)	收尘量 G_s/g	除尘器出口气体含尘浓度 C_0/(g/m^3)	除尘器效率 η/%

（八）注意事项

（1）实验前准备就绪后，经指导教师检查后才能起动高压。

（2）设备启动时，电压需先调至零位，才能重新启动。

（3）电流表与本测点牢靠连接，严禁开路运行。

（4）实验进行时，严禁进入高压区。

（5）使用前请检查设备是否接地，如未接地请勿使用，以免危险。

（6）粉尘传感器使用一定时间后，必须定时清洁，以保证其测量精度。

（7）板式高压静电除尘实验含尘浓度不宜超过30g/m^3。

（九）讨论（讨论结果写入实验报告中）

（1）用动压法和静压法测得的气体流量是否相同，哪一种方法更准确，为什么？

（2）当用静压法测定风量时，在清洁气流中测定和在含尘气流中测定的数值是否相等，哪一个数值更接近除尘器的运行工况，为什么？

（3）用质量法和采样浓度计算的除尘效率，哪一个更准确，为什么？

（4）用静压法测定的计算静电除尘器的压力损失有何优缺点？有何改进方法？

（5）静电除尘器的除尘效率随处理气量的变化规律是什么？它对静电除尘器的选择和运行控制有何意义？

（6）实验中还存在什么问题？应如何改进？

（7）影响起始电晕电压和火花电压的主要因素是什么？

（8）电场电压与电流的变化与除尘效率的关系是什么？

四、碱液吸收法净化气体中的二氧化硫实验

（一）实验目的

（1）了解用吸收法净化废气中SO_2的原理和效果。

（2）改变空塔速度，观察填料塔内气液接触状况和液泛现象。

（3）掌握测定填料吸收塔的吸收效率及压降的方法。

（4）测定化学吸收体系（碱液吸收SO_2）的体积吸收系数。

（二）实验设备及特点

废气的吸收净化工艺是大气污染控制中最为基础与重要的环节之一，其设备按气液接触基本构件特点，可分为填料塔、板式塔和特种接触塔三大类。

本实验采用填料吸收塔，用5% NaOH或Na_2CO_3溶液吸收SO_2。通过实验可进一步了解用填料塔吸收净化有害气体的方法，同时还有助于加深理解在填料塔内气液接触状况及吸收过程的基本原理。

设备特点如下：

（1）可模拟进行小试烟气脱硫实验。

（2）可测定研究处理风量、待处理气体浓度对吸收效率及压力损失的影响。

（3）配有微电脑气体浓度检测系统（能在线监测进口处与出口处气体浓度的变化，并具有数据采集与打印输出功能）。

（4）装置配有微电脑风量、风压检测系统（能在线监测各段的风压、风速、风量，并具有数据采集与打印输出功能）。

（5）设备带有配气装置（包括废气流量计、SO_2钢瓶等），配气浓度可精确控制调节。

（6）设备配有气体混合系统，使风管内的气体分布均匀、取样检测更精确。

（7）处理风量、进气浓度等可自行调节。

（8）该装置可在线数据采集，也可用备用数据采集接口，设备系统还在净化设备前后

配有人工采样口。

（9）能直接观察到气液接触状况与液泛现象，吸收效率高，实验性强。

（三）技术条件与指标

（1）动力装置布置为负压式。

（2）塔径：Φ100mm。

（3）塔高：800mm。

（4）板间距：400mm。

（5）SO_2进气浓度：0.1%～0.5%。

（6）空塔气速：0.5～1.2m/s。

（7）压力损失：500Pa。

（8）液气比：1～10L/m^3。

（9）喷淋密度：6～8m^3/（m^2·h）。

（10）雾沫夹带：小于7%。

（11）处理气量：约25m^3/h。

（12）吸收效率：约80%。

（13）填料：Φ25mm空心多面球。

（14）塑料混合缓冲罐：0.5m^3。

（15）电源380V，三相四线制，功率1500W。

（16）环境温度：5～40℃。

（四）实验原理

含SO_2的气体可采用吸收法净化。由于SO_2在水中溶解度不高，常采用化学吸收法。吸收SO_2的吸收剂种类较多，本实验采用NaOH或Na_2CO_3溶液作为吸收剂，吸收过程发生的主要化学反应为：

$$2NaOH + SO_2 \longrightarrow Na_2SO_3 + H_2O$$

$$Na_2CO_3 + SO_2 \longrightarrow Na_2SO_3 + CO_2$$

$$Na_2SO_3 + SO_2 + H_2O \longrightarrow 2NaHSO_3$$

本实验过程中通过测定填料吸收塔进、出口气体中SO_2的含量，即可近似计算出吸收塔的平均净化效率，进而了解吸收效果。气体中SO_2含量的测定可采用碘量法或SO_2测定仪。

本实验中通过测出填料塔进、出口气体的全压，即可计算出填料塔的压降；若填料塔的进出口管道直径相等，用U形管压差计测出其静压差即可求出压降。对于碱液吸收SO_2的化学吸收体系，还可通过实验测出体积吸收系数。

（五）实验流程、仪器设备和试剂

1. 实验流程

吸收液从贮液槽由水泵并通过转子流量计，由填料塔上部经喷淋装置喷入塔内，流经填料表面由塔下部排出，回入贮液槽。空气由高压离心风机与SO_2气体相混合，配制成一定浓度的混合气。SO_2来自钢瓶，并经流量计计量后进入进气管。含SO_2的空气从塔底部进气口进入填料塔内，通过填料层后，气体经除雾器后由塔顶排出。

2. 仪器设备

配套实验装置有：

（1）微电脑尾气浓度检测系统 1 套。

（2）微电脑在线风量检测系统 1 套。

（3）微电脑在线风压检测系统 1 套。

（4）微电脑在线风速检测系统 1 套。

（5）微电脑在线温度、湿度检测系统 1 套。

（6）大屏幕 9 英寸液晶显示器 1 套。

（7）数据处理分析系统 1 套。

（8）计算机接口 1 个与配套软件 1 套。

（9）系统在线温度湿度检测装置 1 套。

（10）SO_2配气系统 1 套（包括废气流量计 1 只、SO_2气体与钢瓶 1 套等）。

（11）贮液箱 1 个。

（12）耐腐泵 1 台。

（13）液体转子流量计 1 个。

（14）加药口 1 个。

（15）取样监测口 2 个。

（16）风量调节装置 1 套。

（17）气体整流板 1 套。

（18）气体混合系统 1 套。

（19）静压测口 2 个。

（20）折板除雾器 1 套。

（21）高压离心风机 1 台。

（22）小型仪表控制柜 1 个。

（23）不锈钢实验台架 1 套。

（24）连接管道、阀门及电器开关等 1 套。

整体外形尺寸：长 2200mm × 宽 500mm × 高 2100mm。

本实验需自行配备以下仪器：

（1）温度计（0 ~ 100℃）2 支。

（2）空盒式大气压力计 1 支。

（3）玻璃筛板吸收瓶（125mL）20 个。

（4）锥形管（250mL）20 个。

（5）烟气测试仪（采样用）2 台。

（6）或综合烟气分析仪 2 台。

3. 试剂

（1）采样吸收液　取 11g 氨基磺酸铵、7g 硫酸铵，加入少量水，搅拌使其溶解，继续加水至 1000mL，用硫酸［$c(H_2SO_4) = 0.05mol/L$］和氨水［$c(NH_3 \cdot H_2O) = 0.1mol/L$］调节 pH 至 5.4。

（2）碘贮备液［$c(I_2) = 0.05mol/L$］　称取 12.7g 碘放入烧杯中，加入 40g 碘化钾，

加25mL水，搅拌至全部溶解后，用水稀释至1L，贮于棕色试剂瓶中。

标定：准确吸取25mL碘贮备液，以硫代硫酸钠溶液［$c(Na_2S_2O_3)=0.1mol/L$］滴定，溶液由红棕色变为淡黄色后，加5mL 5%淀粉溶液，继续用硫代硫酸钠溶液滴定至蓝色恰好消失为止，记下滴用量，则：

$$c(I_2)=\frac{c(Na_2S_2O_3)}{25\times 2V} \tag{3-27}$$

式中　$c(I_2)$——碘溶液的实际浓度，mol/L

$c(Na_2S_2O_3)$——硫代硫酸钠溶液实际浓度，mol/L

V——消耗硫代硫酸钠溶液的体积，mL

（3）碘溶液［$c(I_2)=0.005mol/L$］　准确吸取100mL碘贮备液［$c(I_2)=0.05mol/L$］于1000mL容量瓶中，用水稀释至标线，摇匀，贮于棕色瓶内，保存于暗处。

（4）硫代硫酸钠溶液［$c(Na_2S_2O_3)$］　取26g硫代硫酸钠（$Na_2S_2O_3\cdot 5H_2O$）和0.2g无水碳酸钠于1000mL新煮沸并冷却了的水中，加10mL异戊醇，充分混匀，贮于棕色瓶中。放置3d后进行标定。若浑浊，应过滤。

标定：将碘酸钾（优级纯）于120～140℃干燥1.5～2h，在干燥器中冷却至室温。称取0.9～1.1g（准确至0.1mg）溶于水中，移入250mL容量瓶中，稀释至标线，摇匀。吸取25mL此溶液，于250mL碘量瓶中，加2g碘化钾，溶解后，加10mL盐酸［$c(HCl)=2mol/L$］溶液，轻轻摇匀。于暗处放置5min，加75mL水，以硫代硫酸钠溶液［$c(Na_2S_2O_3)=0.1mol/L$］滴定。至溶液为淡黄色后，加5mL淀粉溶液，继续用硫代硫酸钠溶液滴定至蓝色恰好消失为止，记下消耗量（V）。

另外取25mL蒸馏水，以同样的条件进行空白滴定，记下消耗量（V_0）。

硫代硫酸钠溶液浓度可用下式计算：

$$c(Na_2S_2O_3)=\frac{W\times\frac{25.00}{250}}{(V-V_0)\times\frac{214}{1000\times 6}}=\frac{W\times 100}{(V-V_0)\times 35.67} \tag{3-28}$$

式中　$c(Na_2S_2O_3)$——硫代硫酸钠溶液实际物质的量浓度，mol/L

W——碘酸钾的质量，g

V——滴定消耗的硫代硫酸钠溶液的体积，mL

V_0——滴定空白溶液消耗的硫代硫酸钠溶液的体积，mL

214——碘酸钾相对分子质量

（5）0.5%淀粉溶液　取0.5g可溶性淀粉，用少量水调成糊状，倒入100mL煮沸的饱和氯化钠溶液中，继续煮沸直至溶液澄清（放置时间不能超过1个月）。

（6）5%烧碱或纯碱溶液　称取工业用烧碱或纯碱5kg，溶于100L水中。作为吸收系统的吸收液。

（六）实验方法和步骤

（1）正确连接实验装置，并检查系统是否漏气，并在贮液槽中注入配制好的5%的碱溶液。

（2）在玻璃筛板吸收瓶内装入采样用的吸收液50mL。

（3）打开吸收塔的进液阀，并调节液体流量，使液体均匀喷淋，并沿填料表面缓慢流下，以充分润湿填料表面，当液体由塔底流出后，将液体流量调节至200L/h左右。

（4）打开高压离心风机，调节气体流量，使塔内出现液泛。仔细观察此时的气液接触状况，并记录液泛的气速。

（5）逐渐减小气体流量，在液泛现象消失后，即在接近液泛现象、吸收塔能正常工作时，开启SO_2气瓶，并调节其流量，使气体中SO_2的含量为0.01%～0.5%（体积分数）。

（6）经数分钟，待塔内操作完全稳定后，按表3-9的要求开始测量并记录有关数据。

（7）在吸收塔的上下取样口用烟气测试仪（或综合烟气分析仪）同时采样。采样时，先将装入吸收液的吸收瓶放在烟气测试仪的金属架上。吸收瓶和玻璃筛板相连的接口与取样口相连；吸收瓶另一接口与烟气测试仪的进气口相连，注意不要接反。然后，开启烟气测试仪，以0.5L/min的采样流量采样5～10min（视气体中的SO_2浓度大小而定）。取样2次。

（8）在液体流量不变，并保持气体中SO_2浓度在大致相同的情况下，改变气体的流量，按上述方法，测取4～5组数据。

（9）实验完毕后，先关掉SO_2气瓶，待1～2min后再停止供液，最后停止鼓入空气。

（10）样品分析。将采过样的吸收瓶内的吸收液倒入锥形瓶中，并用15mL吸收液洗涤吸收瓶2次，洗涤液并入锥形瓶中，加5mL淀粉溶液，以碘溶液[$c(I_2)$ = 0.005mol/L]滴定至蓝色，记下消耗量（V），另取相同体积的吸收液，进行空白滴定，记下消耗量（V_0），并将结果填入表3-9中。

（七）实验数据的记录和处理

（1）气体温度和含湿量的测定　由于系统吸入的是室内空气，所以近似用室内空气的温度和湿度代表管道内气流的温度t_s和湿度y_w。由挂在室内的干湿球温度计测量的干球温度和湿度温度，可查得空气的相对湿度Φ，由干球温度可查得相应的饱和水蒸气压力p_v，则空气所含水蒸气的体积分数：

$$y_w = \Phi \frac{p_v}{p_a} \tag{3-29}$$

式中　p_v——饱和水蒸气压力，kPa

p_a——当地大气压力，kPa

（2）管道中各点气流速度的测定　本实验用测压管和U形管压力计（或倾斜微压计）测定管道中各测点的动压p_k和静压p_s。各点的流速按下式计算：

$$v = K_p \sqrt{\frac{2p_K}{\rho}} (\mathrm{m/s}) \tag{3-30}$$

式中　K_p——皮托管的校正系数

p_K——各点气流的动压，Pa

ρ——测定断面上气流的密度，kg/m³

气流的密度可按下式计算：

$$\rho = 2.696[1.293(1-y_w) + 0.804y_w] \frac{p'_s}{T_s} (\mathrm{kg/m^3}) \tag{3-31}$$

式中　p'_s——测定断面上气流的平均静压（绝对压力），$p'_s = p_s + p_a$，kPa

p_s——气流的平均静压（相对压力），kPa

T_s——气体（即室内气体）温度，K

（3）管道中气体流量的测定　根据断面平均流速计算：根据各点流速可求出断面平均流速 $\bar{v}$，则气体流量：

$$Q = A\bar{v}(\mathrm{m^3/s}) \tag{3-32}$$

式中　A——管道横断面积，$\mathrm{m^2}$

用静压法测定：根据测得的吸气均流管入口处的平均静压的绝对值 $|p_s|$，并算出气体流量：

$$Q = \varphi A\sqrt{\frac{2|p_s|}{\rho}}(\mathrm{m^3/s}) \tag{3-33}$$

式中　$|p_s|$——均流管处气流平均静压的绝对值，Pa

φ——均流管的流量系数

标准状态下（273.15K　101.33kPa）的干气体流量：

$$Q_N = 2.696Q(1-y_w)\frac{p_s}{T_s}(\mathrm{m^3/s}) \tag{3-34}$$

（4）由样品分析数据计算标准状态下气体中 SO_2 的浓度：

$$\rho(SO_2) = \frac{(V-V_0)c(I_2)\times 64}{V_{Nd}}\times 1000(\mathrm{mg/m^3}) \tag{3-35}$$

式中　$\rho(SO_2)$——标准状态下二氧化硫浓度，$\mathrm{mg/m^3}$

$c(I_2)$——碘溶液摩尔质量浓度，mol/L

V——滴定样品消耗碘溶液的体积，mL

V_0——滴定空白消耗碘溶液的体积，mL

64——SO_2 的相对分子质量

V_{Nd}——标准状态下的采样体积，L

V_{Nd} 可用下式计算：

$$V_{Nd} = 1.58q'_m t\sqrt{\frac{p_m + B_a}{T_m}} \tag{3-36}$$

式中　q'_m——采样流量，L/min

t——采样时间，min

T_m——流量计前气体的绝对温度，K

p_m——流量计前气体的压力，kPa

B_a——当地大气压力，kPa

（5）吸收塔的平均净化效率（η）可由下式近似求出：

$$\eta = \left(1-\frac{C_2}{C_1}\right)\times 100\% \tag{3-37}$$

式中　C_1——标准状态下吸收塔入口处气体中 SO_2 的质量浓度，$\mathrm{mg/m^3}$

C_2——标准状态下吸收塔出口处气体中 SO_2 的质量浓度，$\mathrm{mg/m^3}$

（6）吸收塔压降（Δp）的计算：

$$\Delta p = p_1 - p_2 \tag{3-38}$$

式中　p_1——吸收塔入口处气体的全压或静压，Pa

p_2——吸收塔出口处气体的全压或静压，Pa

（7）气体中SO_2的分压（p_{SO_2}）的计算：

$$p_{SO_2} = \frac{\rho \times 10^{-3}/32}{1000/22.4} \times p \tag{3-39}$$

式中 ρ——标准状态下气体中SO_2的质量浓度，mg/m^3

32——SO_2的相对分子质量

p——气体的总压，Pa

（8）体积吸收系数的计算　以浓度差为推动力的体积吸收系数（K_{ra}）可通过下式计算：

$$K_{ra} = \frac{Q(y_1 - y_2)}{hA\Delta y_m}[\mathrm{kmol/(m^3 \cdot h)}] \tag{3-40}$$

式中 Q——通过填料塔的气体量，kmol/h

h——填料层高度，m

A——填料塔的截面积，m^2

y_1，y_2——进出填料塔气体中SO_2的摩尔分数

Δy_m——对数平均推动力，可由下式计算：

$$\Delta y_m = \frac{(y_1 - y_1^*) - (y_2 - y_2^*)}{\ln[(y_1 - y_1^*)/(y_2 - y_2^*)]} \tag{3-41}$$

对于碱液吸收SO_2系统，其吸收反应为极快不可逆反应，吸收液面上SO_2平衡浓度y^*可看作零，则对数平均推动力（y_m）可表示为：

$$y_m = \frac{y_1 - y_2}{\ln \frac{y_1}{y_2}} \tag{3-42}$$

由于实验气体中SO_2浓度较低，则摩尔分数y_1、y_2可用下式表示：

$$y_1 = \frac{p_{A1}}{p} \qquad y_2 = \frac{p_{A2}}{p} \tag{3-43}$$

式中 p_{A1}、p_{A2}——进出塔气体中SO_2的分压力，Pa

p——吸收塔气体的平均压力，Pa

将式（3-42）和式（3-43）代入式（3-40）中，可得到以分压差为推动力的体积吸收系数（K_{Ga}）的计算式。

$$K_{Ga} = \frac{Q}{p_{Ah}}\ln\frac{p_{A1}}{p_{A2}}[\mathrm{kmol/(m^3 \cdot h \cdot Pa)}] \tag{3-44}$$

式中 h——填料层高度，m

（9）实验数据记录　将实验测得数据和计算的结果等填入表3-9～表3-11中。

实验时间 ______年______月______日　　实验小组人员____________

大气压力 ________ kPa　　室温 ________℃　　液泛气速 ________ m/s

根据实验结果，以空塔气速为横坐标，分别以吸收效率和压降为纵坐标，绘出曲线。

（八）讨论（讨论结果写入实验报告中）

（1）从实验结果标绘出的曲线，可以得出哪些结论？

（2）本实验中还存在什么问题？应做哪些改进？

（3）还有哪些比本实验中的脱硫方法更好的脱硫方法吗？

表 3－9

实验系统测定结果记录表

测定次数	液体流量 /(L/min)	空气流量		SO_2流量		气体状态				标准状态下气体中的SO_2浓度				填料层高度 h /m	塔截面积 A /m^2	压降 Δp/Pa
						塔前		塔后		塔前		塔后				
		体积流量 /(L/min)	摩尔流量 Q /(kmol/h)	体积流量 /(L/min)	摩尔流量 Q /(kmol/h)	温度 t_1/℃	压力 p_1/Pa	温度 t_2/℃	压力 p_2/Pa	质量浓度 /(mg/m^3)	分压力 p_{A1}/Pa	质量浓度 /(mg/m^3)	分压力 p_{A2}/Pa			

表 3－10

气体浓度测定记录表

测定次数	空塔气速 v/(m/s)	I_2液浓度 /(mol/L)	塔前				塔后				净化效率 η/%
			标准状态下采样体积 V_{Nd}/L	样品耗I_2液 V/mL	空白耗I_2液 V_0/mL	标准状态下SO_2浓度 /(mg/m^3)	标准状态下采样体积 V_{Nd}/L	样品耗I_2液 V/mL	空白耗I_2液 V_0/mL	标准状态下SO_2浓度 /(mg/m^3)	

表 3－11

实验结果汇总表

测定次数	液体流量 /(kmol/h)	气体流量 Q /(kmol/h)	液气比	空塔气速 v/(m/s)	塔内气体平均压力 p/Pa	体积吸收系数 K_{Ga}[kmol/(m^3·h·Pa)]	效率 η/%	压降 Δp/Pa

五、吸附法净化气体中的氮氧化物实验

活性炭吸附广泛用于大气污染、水质污染和有毒气体的净化领域。吸附法净化气态污染物是一种简便的方法。利用活性炭的物理吸附性能和大的比表面积，可将废气中污染气体分子吸附在活性炭上，达到净化的目的。

本实验采用活性炭洗涤吸附床，以活性炭作为吸附剂，通过模拟氮氧化物废气，得出吸附净化效率、空塔气速和转效时间等数据。

（一）实验目的

（1）深入理解吸附法净化有害废气的原理和特点。

（2）掌握活性炭吸附法的工艺流程和吸附装置的特点。

（3）训练工艺实验的操作技能，掌握主要仪器设备的安装和使用。

（4）掌握活性炭吸附法中的样品分析和数据处理的技术。

（二）实验原理与技术指标

吸附是利用多孔性固体吸附剂处理流体混合物，使其中所含的一种或几种组分浓集在固定表面，而与其他组分分开的过程。产生吸附作用的力可以是分子间的引力，也可以是表面分子与气体分子的化学键力，前者称为物理吸附，后者称为化学吸附。

活性炭吸附气体中的氮氧化物是基于其较大的比表面积和较高的物理吸附性能。活性炭吸附氮氧化物是可逆过程，在一定温度和压力下达到吸附平衡，而在高温、减压或化学反应等条件下被吸附的氮氧化物又被解吸出来，使活性炭得到再生而能重复使用。

技术指标如下：

（1）吸附塔材质：不锈钢；直径80mm；长700mm。

（2）吸附剂种类：颗粒活性炭；吸附剂堆放厚度：>500mm。

（3）吸附气体：氮氧化物气体；进气浓度：0.05%~0.5%。

（4）最大处理气量：$10m^3/h$。

（5）吸附温度：常温。

（6）吸附压力：常压。

（7）吸附效率：约90%。

（8）压力损失：<1000Pa。

（三）实验装置与设备特点

1. 设备特点

（1）可模拟进行小试净化氮氧化物实验。

（2）可测定研究处理风量、待处理气体浓度对吸收效率及压力损失的影响。

（3）配有微电脑气体浓度检测系统（能在线监测尾气浓度的变化，并具有数据采集与直接打印输出功能）。

（4）装置配有微电脑风量、风压检测系统（能在线监测各段的风压、风速、风量，并具有数据采集与打印输出功能）。

（5）设备带有配气装置（包括废气流量计、钢瓶等），配气浓度可精确控制调节。

（6）设备配有气体混合系统，使风管内的气体分布均匀、取样检测更精确。

（7）设备具有吸附剂再生的功能。

（8）设备主体由不锈钢制成，耐腐蚀、使用寿命长。

（9）处理风量、进气浓度等可自行调节。

（10）该装置可在线数据采集，也可用备用数据采集接口，设备系统还在净化设备前后配有人工采样口。

2. 配套实验装置

（1）微电脑进气氮氧化物浓度检测系统（英国进口传感器）1套。

（2）微电脑尾气氮氧化物浓度检测系统（英国进口传感器）1套。

（3）微电脑在线风量检测系统（日本进口传感器）1套。

（4）微电脑在线风速检测系统（日本进口传感器）1套。

（5）微电脑在线风压检测系统（日本进口压力传感器）1套。

（6）10英寸液晶显示器（日本进口，高分辨率）1套。

（7）在线温度、湿度检测系统（美国进口温度、湿度传感器）1套。

（8）配套分析处理软件1套（具有能记录保存实验数据、数据变化曲线分析、取样时间设定、工作效率自动换算等功能）。

（9）数据处理分析系统与计算机通信接口1套。

（10）不锈钢洗涤吸附床1个。

（11）吸附剂再生系统1套。

（12）耐酸耐碱水泵1台。

（13）进气风机1台。

（14）喷淋装置1套，均匀布液。

（15）贮液槽1个。

（16）气体缓冲罐1个。

（17）专用测压软管1套。

（18）系统静压测口2个。

（19）调节球阀1套。

（20）氮氧化物配气系统1套（氮氧化物气体10L、专用钢瓶1个）。

（21）进出口风管1套。

（22）人工取样口2个。

（23）风量调节阀1套。

（24）加药口1个。

（25）液体流量计1只。

（26）进气流量计1个。

（27）取样检测流量计1个。

（28）漏电保护开关1个。

（29）工作电压表1个。

（30）电源线1批。

（31）指示按钮开关3只。

（32）电气控制柜1个。

（33）不锈钢实验设备台架1套。

（34）连接管道、阀门、开关、插座等1套。

（35）装置总体尺寸：约长1200mm×宽400mm×高1800mm。

（四）实验步骤

1. 实验准备

（1）实验准备工作在学生进行实验之前由实验室工作人员完成。

（2）按流程图连接好装置并检查气密性。

（3）校定流量计并绘出流量曲线图。

（4）将活性炭放入烘箱中，在100℃以下烘1~2h，过筛备用。

2. 实验步骤

（1）首先检查设备有无异常（漏电、漏气等），一切正常后开始操作。

（2）启动气泵电源，开始进气，将进气流量计调节至5~10m^3/h。

（3）先将氮氧化物流量计打开，再启动进气电磁阀，打开钢瓶阀门并调节进气浓度（0.01%~0.5%）。

（4）进行氮氧化物吸附净化实验，通过改变其气体浓度、气量变化、不同吸附剂等，测定对其吸附效率的影响。

（5）待吸附剂饱和以后，停止吸附操作，转入高温脱附阶段，此时需先将氮氧化物气体电磁阀关闭。停止进气，然后再打开再生加热器，再生时间约需数个小时。对其完全脱附后，停止再生加热。待反应器降温至常温后，重新进行吸附操作。

（6）实验完毕后，关闭设备，切断电源，清洗、整理仪器药品。

（五）实验结果整理

1. 实验基本参数记录

吸附器直径 d = ________ mm　　活性炭装填高度 H = ________ mm

装填量 m_{AC} = ________ g　　操作条件________

进口气体浓度 y_0 = ________ 10^{-6}（体积分数）　气体流量 G = ________ L/min

室温 T = ________ K　　环境大气绝对压力 p = ________ Pa

2. 实验结果及整理

（1）记录实验数据并分析结果：

切换时刻 τ'_0________　　最低出口浓度生成时刻 τ_0________

实验停止时刻 τ'________

τ 与气体浓度的关系见表3-12。

表3-12　τ 与气体浓度的关系

实验时间	气体出口浓度（体积分数）/10^{-6}	净化效率 η/%
τ_0		
$\tau_0+1\Delta\tau$		
$\tau_0+2\Delta\tau$		
……		
τ'		

（2）根据实验结果绘制气体吸附穿透曲线。由实验结果图定出穿透时间 τ_B（设穿透点浓度 y_B 为进口浓度的10%）和饱和时间 τ_E（设饱和点浓度 y_E 为进口浓度的70%）。理想状态下的吸附穿透曲线如图3－5所示。

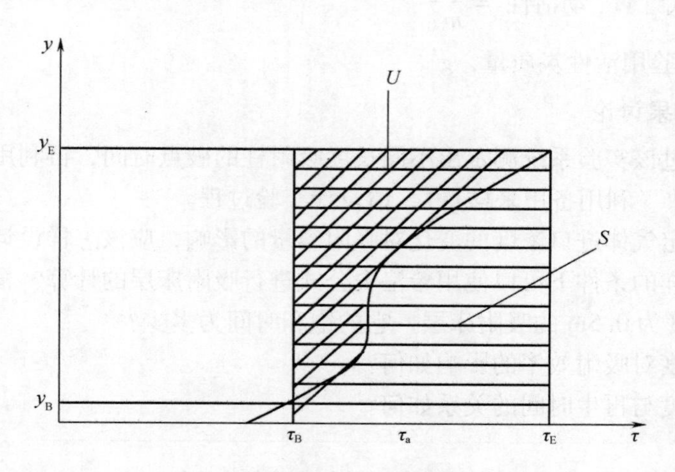

图3－5 理想状态下的吸附穿透曲线

（3）根据吸附穿透曲线，确定实验所用床层的传质区高度 Z_a（m）、到达破点时刻吸附装置的吸附饱和度 a 以及该吸附床的动态活性。

提示：通过图形积分，得出吸附传质区的不饱和度为：

$$E = \frac{U}{S} = \frac{U}{y_0 V_a} = \frac{\int_{V_B}^{V_E} (y_0 - y)\,\mathrm{d}V}{y_0 V_a} \tag{3－45}$$

式中 U——图中斜线阴影部分面积，表示吸附传质区的剩余吸附总量

S——图中横线阴影部分面积，表示吸附传质区的总体饱和吸附容量

V_B——达到破点时的累积体积，m^3

V_E——达到饱和点时的累积体积，m^3

V_a——$V_a = V_B - V_E$，即传质区移动一个传质区长度时间段内的累计气体提及，m^3

y_0——气体进口浓度，10^{-6}

y——气体出口浓度，10^{-6}

通过式3－46计算出 Z_a：

$$Z_a = \frac{Z V_a}{V_E - (1 - E) V_a} \tag{3－46}$$

式中 Z——吸附床层总长度，m

通过式3－47计算出吸附饱和度 a：

$$a = \frac{z - E Z_a}{z} \tag{3－47}$$

$$V_B(m^3) = (\tau_B - \tau_0') \times G \times 10^{-3} \tag{3－48}$$

达到破点时的吸附量 A_B 为

$$A_B(g) = \frac{M_{SO_2}(y_0 - y_B) \times 10^{-6} \times V_B \times p}{RT} \tag{3－49}$$

式中 R——通用气体常数，8.31J/（mol·K）

M_{SO_2}——SO_2的摩尔质量，64g/mol

动活性用下式计算：动活性 $= \frac{A_B}{m_{AC}}$

式中 m_{AC}——实验用活性炭质量，g

（六）实验结果讨论

（1）还可通过该实验系统测定出不同长度吸附柱的破点时间，再利用西罗夫方程确定吸附柱的传质参数（利用备用采样点），请设计实验过程。

（2）若要测定气体进口浓度的变化对吸附容量的影响，应该怎样设计实验？

（3）在什么样的条件下可以使用希洛夫公式进行吸附床层的计算？根据实验结果，若设计一个炭层高度为0.5m 的吸附床层，它的饱和时间为多少？

（4）吸附温度对吸附效率的影响如何？

（5）再生温度与再生时间的关系如何？

第二节 综合性实验

一、催化转化法去除烟气氮氧化物实验

（一）实验目的

通过本实验掌握SCR 催化作用的原理、催化剂的化学和物理特性、催化净化工艺，利用陶瓷蜂窝形催化剂制作气-固催化反应器的设计（包括空间流速、停留时间、催化床断面风速等），熟悉烟气分析仪及各种表征催化剂的仪器的使用。

（二）实验原理

一般认为：在典型的SCR 条件下，SCR 反应的化学计量关系如下：

$$4NO + 4NH_3 + O_2 \longrightarrow 4N_2 + 6H_2O$$

$$2NH_3 + NO + NO_2 \longrightarrow 2N_2 + 3H_2O$$

NH_3和NO_x在催化剂上的反应主要过程如图3-6所示，主要有：

（1）NH_3通过气相扩散到催化剂表面。

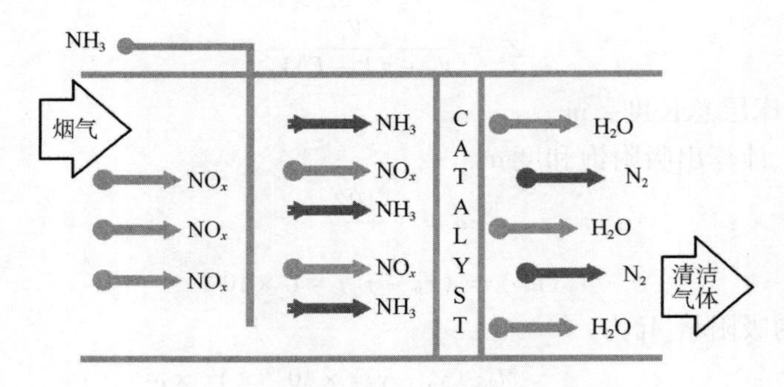

图3-6 NH_3和NO_x在催化剂上的反应主要过程

（2）NH_3由外表面向催化剂孔内扩散。

（3）NH_3吸附在活性中心上。

（4）NO_x从气相扩散到吸附态 NH_3表面。

（5）NH_3与 NO_x反应生成 N_2和 H_2O。

（6）N_2和 H_2O 通过微孔扩散到催化剂表面。

（7）N_2和 H_2O 扩散到气相主体。

催化剂的表面积和微孔特性很大程度上决定了催化剂反应活性，上述 7 个步骤中，速度最慢的为控制步骤。

（三）实验装置与设备

技术指标：

（1）不锈钢管式催化反应器，内径：20mm。

（2）长度：550mm。

（3）最高使用压力：0.25MPa。

（4）加热功率：1.5kW。

（5）最高使用温度：450℃。

（6）控温精度：±0.3% FS（Full scale，满量程）。

（7）预热器最高使用温度：200℃。

（8）控温精度：±0.3% FS。

（9）加热功率：0.5kW。

（10）脱硝效率：约 90%。

（11）催化剂基材主要由 TiO_2、V_2O_5、WO_3等构成。

设备配置：

（1）大型仪表控制柜 1 个。

（2）不锈钢催化反应器 1 个。

（3）不锈钢气体预热器 1 套。

（4）在线氮氧化物尾气检测装置 1 套。

（5）高、中、低三段加热控温系统 1 套（最高使用温度：450℃）。

（6）温度调节电位器 4 个。

（7）调节电流表 4 个。

（8）AI 智能温度控制系统 5 套。

（9）质量流量控制器 4 个，1 个 4 路的流量显示仪，其中：

①质量流量计型号为 D07 - 7B；流量显示仪型号 D08 - 4F。

②质量流量计满量程流量：20SCCM（测一氧化氮）、20SCCM（测氨气）、50SCCM（测氧气）、500SCCM（测氮气）。

③准确度：±1.5% F. S.。

④漏气率：1×10^{-8}SCCSHe。

⑤通道湿材料：316L。

⑥不锈钢、密封材料。

（10）冷却器 1 个。
（11）冷却水泵 1 台。
（12）冷却水箱 1 个。
（13）压力表 4 套。
（14）NO、NH_3、N_2、O_2气体与 8L 铝钢瓶各 1 套共 4 套（包括减压阀等）。
（15）还原催化剂 1 套。
（16）气体混合器 1 套。
（17）气液分离器 1 套。
（18）专用气体人工取样口 2 个。
（19）仪表按钮控制开关 5 个。
（20）不锈钢连接管路、阀门 1 套。

整体外形尺寸：长 1250mm × 宽 450mm × 高 1750mm。

催化剂的 NH_3法选择性催化还原 NO 的催化性能评价在连续流固定床催化反应器中进行，反应器为长 550mm、内径 20mm 的不锈钢管，垂直放置在管式电炉的中央，不锈钢管中催化剂的装填长度为 100mm。实验条件：反应在常压下进行，反应操作的温度为 200 ~ 450℃，由 S 型热电偶检测温度，热电偶设置在反应器层，并采用智能温控仪控制以保证准确达到设定的床层温度。模拟烟气由氮气（N_2作为平衡气）、NH_3、NO（均来源于高压气瓶）组成。各种气体通过质量流量计控制按一定的比例混合，在混合器中混合均衡后再进入反应器，在反应器进、出口设置气体取样口。NO 和 O_2的浓度由烟气分析仪进行测量。反应器的加热采用管式炉加热，实验装置流程如图 3 - 7 所示。

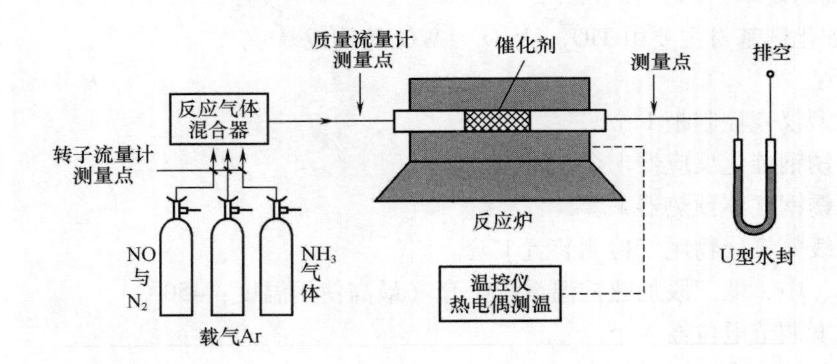

图 3 - 7　催化转化法去除烟气氮氧化物实验装置

催化剂活性评价系统应包括如下几部分。

（1）反应部分　电加热炉、热电偶、温控仪、固定床反应器。

（2）气体控制与混合部分　用于配置模拟烟气的各种气体及减压阀、流量计、气体混合器、注射泵、加热带、加热带温控仪、热电偶或热电阻。

（3）分析部分　气体分析仪或气相色谱、数据采集仪。

（四）实验步骤

1. 仪器预热

装置接通电源后，管式炉升温，质量流量计需预热 40min 以上，才能达到稳定的工作状态。

2. 催化剂装填

根据实验的空速要求，在电子天平上称取一定量的催化剂样品3g（50目），装入反应管内，两端堵以少量惰性玻璃棉，用以固定催化剂床层；装好后的反应器装在反应炉的恒温段内。

3. 配气

根据实验所需的气体总体积流量计各反应气的浓度计算出各路气体所需的流量，通过质量流量计控制，以此调配气体流量及各反应气浓度。质量流量计流量范围分别为：10SCCM（测一氧化氮）、20SCCM（测氨气）、50SCCM（测氧气）、500SCCM（测氮气）。

4. 浓度测定

产物中NO的浓度测定，采用烟气分析仪。NO初始浓度测定后，调节温控仪设定值，使反应器达到所需的实验温度，记录稳定后NO浓度值，即为此温度下的NO平衡浓度值。类似地可进行其他温度点的测定。

5. NO转化率的计算

根据反应前后NO浓度值，可计算出各反应温度下NO转化率，以此数据作为衡量催化剂活性的指标。NO转化率定义为：

$$\text{NO转化率} = \frac{\text{原料中NO浓度} - \text{产物中NO浓度}}{\text{原料中NO浓度}} \times 100\%$$

实验条件：反应在固定床连续流动反应器中进行，反应前将3g的催化剂（50目）于100℃下通氩气处理2h后通反应气，反应气由NH_3、NO和氧气及稀释氩气按照实验要求按一定比例混合后进入反应器。反应温度设置为200～450℃，停留时间为0.4～1.0s。

（五）实验结果整理

1. 反应温度对催化剂活性（脱硝率）的影响

反应条件NH_3/NO摩尔比=1.1，停留时间0.8s，选取200～400℃中5个反应温度，测量进、出口NO浓度，计算脱硝率。数据记录见表3－13。

2. 停留时间对催化剂活性（脱硝率）影响

反应条件NH_3/NO摩尔比=1.1，反应温度350℃，分别选取0.4～1.2s中5个停留时间，测量进、出口浓度，计算脱硝率。数据记录见表3－14。

表3－13　　反应温度对脱硝率的影响数据记录表

反应温度/℃	进口NO浓度/（mg/m^3）	出口NO浓度/（mg/m^3）	脱硝率/%
200			
250			
300			
350			
400			

表 3-14　停留时间对脱硝率的影响数据记录表

停留时间/s	进口 NO 浓度/（mg/m^3）	出口 NO 浓度/（mg/m^3）	脱硝率/%
0.4			
0.6			
0.8			
1.0			
1.2			

3. NH_3/NO 摩尔比对催化剂活性（脱硝率）的影响

停留时间 0.8s，反应温度 350℃。选取 NH_3/NO 摩尔比在 1.05～1.25 中 5 个点，测量进、出口 NO 浓度，计算脱硝率。数据记录见表 3-15。

表 3-15　NH_3/NO 摩尔比对脱硝率的影响数据记录表

NH_3/NO 摩尔比	进口 NO 浓度/（mg/m^3）	出口 NO 浓度/（mg/m^3）	脱硝率/%
1.05			
1.10			
1.15			
1.20			
1.25			

（六）思考题

（1）反应温度对催化剂活性（脱硝率）的影响如何？

（2）停留时间对催化剂活性（脱硝率）的影响如何？

（3）NH_3/NO 摩尔比对催化剂活性（脱硝率）的影响如何？

二、室内空气中甲醛测定实验

甲醛是一种具有强刺激性、无色、易溶于水的气体，被国际癌症研究机构（IARC）确定为致癌和致畸物质。甲醛会刺激人的眼睛和皮肤，对人的肺功能、肝功能及免疫功能都会产生一定的影响。室内环境的甲醛主要来自装饰材料、家具及日用生活化学品的释放，吸烟也会释放甲醛，其中，人造木板是造成室内甲醛污染的主要来源之一。

甲醛是室内空气质量监测的必测项目。目前，室内环境中甲醛监测的方法主要有两大类，一类是国家标准法，另一类是便携式仪器检测法。国家颁布的《室内空气质量标准》（GB/T 18883—2002）规定，室内环境中甲醛监测的国家标准方法有酚试剂分光光度法、4-氨基-3-联氨-5-巯基-1，2，4-三氮杂茂（简称 AHMT）分光光度法、乙酰丙酮分光光度法和气相色谱法。分光光度法操作简便、重现性好、准确度和灵敏度高，在室内甲醛监测中被广泛使用。本实验具体介绍酚试剂分光光度法测定室内空气中的甲醛。

（一）实验目的

（1）了解室内空气中甲醛的主要来源及其危害，明确室内甲醛监测的意义。

（2）掌握室内空气中甲醛样品的采集方法。

（3）熟练掌握酚试剂分光光度法测定甲醛的原理与实验操作。

（4）学会监测数据的处理及对室内甲醛污染状况进行初步分析。

（二）实验原理

空气中的甲醛与酚试剂反应生成嗪，嗪在酸性溶液中被高价铁离子氧化形成蓝绿色化合物，其颜色深浅与甲醛浓度成正比，在波长630nm处测定吸光度即可求得甲醛浓度。

（三）实验仪器

（1）大型气泡吸收管　有10mL刻度线，出气口内径为1mm，出气口至管底距离小于或等于5mm。

（2）恒流空气采样器　流量为0～1L/min。流量稳定可调，恒流误差小于2%。

（3）水银温度计。

（4）测压计。

（5）具塞比色管　10mL。

（6）分光光度计。

（四）实验试剂

（1）吸收液原液　称取0.1g酚试剂［盐酸－3－甲基－2苯并噻唑酮腙，$C_6H_4SN(CH_3)CNNH_2 \cdot HCl$，简称MBTH］，加水溶解，倾于100mL具塞量筒中，加水至刻度。置于冰箱冷藏保存，可稳定3d。

（2）吸收液　量取5mL吸收原液，加95mL水，混匀，即为吸收液。采样时，临用现配。

（3）盐酸（0.1mol/L）。

（4）硫酸铁铵溶液（1%，质量分数）　称量1.0g硫酸铁铵［$NH_4Fe(SO_4)_2 \cdot 12H_2O$，优级纯］，用0.1mol/L盐酸溶解，并稀释至100mL。

（5）碘溶液［$c(1/2I_2)=0.1mol/L$］　称取40g碘化钾，溶于适量水中，加入12.7g碘，待碘完全溶解后，用水定容至1000mL。移入棕色瓶中，于暗处贮存。

（6）碘酸钾标准溶液［$c(1/6KIO_3)=0.100mol/L$］　准确称量3.5667g经105℃烘干2h的碘酸钾（优级纯），溶解于水中，移入1000mL容量瓶中，再用水稀释至刻度。

（7）淀粉溶液（0.5%，质量分数）　称量0.5g可溶性淀粉，用少量水调成糊状后，加入100mL煮沸的水，搅拌均匀。冷却后，加入0.1g水杨酸或0.4g氯化锌保存。

（8）硫代硫酸钠标准溶液［$c(Na_2S_2O_3)=0.01000mol/L$］　称取25g硫代硫酸钠（$Na_2S_2O_3 \cdot 5H_2O$），溶于新煮沸后冷却的水中，加入0.2g无水碳酸钠，再用水稀释至1000mL，贮于棕色瓶中。放置1周后，标定其准确浓度。标定方法：准确量取25.00mL 0.100mol/L碘酸钾标准溶液于250mL碘量瓶中，加入75mL新煮沸后冷却的水，加3g碘化钾及10mL 0.1mol/L盐酸，摇匀后，于暗处静置3min。然后用待标定的硫代硫酸钠标准溶液滴定至溶液呈淡黄色，加入1mL 5%淀粉溶液。再继续滴定至蓝色刚刚褪去，即为终点。

记录消耗的硫代硫酸钠溶液体积V(mL)，其准确浓度可用下式计算：

$$c=(0.1000\times 25)/V$$

平行滴定两次，两次消耗的硫代硫酸钠溶液的体积差不能超过0.05mL，否则应重新进行平行测定。

（9）氢氧化钠溶液（1mol/L）　称取40g氢氧化钠，溶于水中，并稀释至1000mL。

（10）硫酸溶液（0.5mol/L）。

（11）甲醛标准贮备溶液　移取2.8mL含量为36%～38%的甲醛溶液，转移至1000mL容量瓶中，加水稀释至刻度，此溶液可稳定3个月。此溶液1mL约相当于1mg甲醛，其准确浓度可用碘量法标定。甲醛标准贮备溶液的标定：准确量取20.00mL待标定的甲醛标准贮备溶液，置于250mL碘量瓶中。加入20.00mL碘溶液$c(1/2I_2)=0.1mol/L$和15mL 1mol/L氢氧化钠溶液，放置15min。然后加入20mL 0.5mol/L硫酸溶液，再放置15min后，用硫代硫酸钠标准溶液滴定至溶液呈淡黄色时，加入1mL 5%淀粉溶液继续滴定至蓝色刚刚褪去，记录消耗硫代硫酸钠溶液的体积V_2(mL)。同时用水代替甲醛标准贮备溶液，做空白滴定，记录空白滴定所消耗硫代硫酸钠标准溶液的体积V_1(mL)。甲醛标准贮备溶液的浓度$c_{甲醛}$可用下式计算：

$$c_{甲醇} = \frac{(V_1 - V_2) \times c \times 15}{20} \tag{3-50}$$

式中　V_1——试剂空白消耗硫代硫酸钠标准溶液的体积，mL

V_2——甲醛标准贮备溶液消耗硫代硫酸钠标准溶液的体积，mL

c——硫代硫酸钠标准溶液的浓度，mol/L

15——甲醛的摩尔质量的1/2，g/mol

20——所取甲醛标准贮备溶液的体积，mL

平行滴定两次，两次消耗的硫代硫酸钠溶液体积之差应小于0.05mL，否则应重新标定。

（12）甲醛标准溶液（1.00μg/mL）　临用前，将甲醛标准贮备溶液用水稀释成每毫升含10μg甲醛的中间液。再立即移取中间液10.00mL，置于100mL容量瓶中，加入5mL吸收液原液，用水定容至100mL，此溶液每毫升含1.00μg甲醛，放置30min后，可用于配制标准系列。此甲醛标准溶液可稳定24h。

（五）实验步骤

1. 采样点的布设

根据国家环保总局发布的《室内环境质量监测技术规范》（HJ/T 167—2004），室内环境质量监测的采样点数量应根据室内面积大小和现场情况来定，原则上小于50m^{2}的房间应设1～3个点，50～100m^{2}的房间应设3～5个点，100m^{2}以上的房间应至少设5个点，在对角线上或以梅花式均匀分布。采样点应避开通风道和通风口，离墙壁距离应大于0.5m。采样点的高度原则上与人的呼吸带高度一致，相对高度在0.8～1.5m。当房间内有2个及2个以上监测点时，应取各点监测结果的平均值作为该房间的监测值。

2. 空气样品的采集

（1）空气中甲醛样品的采集　采样时，移取5.0mL吸收液于气泡吸收管中，用尽量短的硅橡胶管将它与空气采样器相连，以0.5L/min的流量采气10～20L。采样结束后，密封好采样管，样品应在室温下24h内分析。

（2）现场空白样品的采集　采集甲醛样品时，应准备一个现场空白吸收管（内装吸收液，进气口和出气口用硅橡胶管连接密封）。将空白吸收管和其他采样管同时带到现场，空白吸收管不采样，采样结束后和其他采样吸收管一起带回实验室，进行空白测定。

3. 标准曲线的绘制

取6支10mL具塞比色管，按表3-16方法配制标准系列。

表3-16 甲醛标准系列

加入溶液	管号							
	1	2	3	4	5	6	7	8
甲醛标准溶液体积/mL	0	0.10	0.20	0.40	0.80	1.20	1.60	2.00
吸收液体积/mL	5.0	4.90	4.80	4.60	4.20	3.80	3.40	3.00
甲醛含量/μg	0	0.1	0.2	0.4	0.8	1.2	1.6	2.0
吸光度 A								

于标准系列各管中加入0.4mL 1%硫酸铁铵溶液，摇匀，放置15min。用10mm比色皿，以水为参比，在波长630nm处测定各管溶液的吸光度。将上述标准系列溶液测得的吸光度值（A）扣除试剂空白的吸光度值（A_0）后，得到校准吸光度值（用y表示），以校准吸光度值为纵坐标，以甲醛含量（用z表示）为横坐标，绘制标准曲线。用最小二乘法计算标准曲线的回归方程，以标准曲线斜率的倒数作为样品测定的计算因子B_g（μg/吸光度）。标准曲线的回归方程：

$$y = ax + b$$

式中 a——标准曲线的斜率

b——标准曲线的截距

由斜率的倒数可求得样品测定的计算因子。

4. 样品的测定

采样结束后，将采样管中的样品溶液全部转入比色管中，并用少量吸收液淋洗吸收管，洗液一同并入比色管，使总体积为5mL。

按绘制标准曲线的操作步骤测定样品溶液的吸光度（A）。在每批样品测定的同时，按绘制标准曲线的操作步骤测定空白采样管中吸收液的吸光度（A_0），即空白实验的吸光度。

（六）实验计算

1. 采样体积的换算

将现场采样体积换算为标准状态下（0℃，101.325kPa）的体积，即

$$V_0 = \frac{T_0}{273 + T} \times \frac{p}{p_0} \times V_t \tag{3-51}$$

式中 V_0——标准状态下的采样体积，L

V_t——采样体积，为采样流量（L/min）与采样时间（min）的乘积

T——采样点的温度，℃

T_0——标准状态下的绝对温度，其值为273K

p——采样点的大气压力，kPa

p_0——标准状态下的大气压力，其值为101.325kPa

2. 空气中甲醛浓度的计算

空气中甲醛的浓度：

$$c = \frac{(A - A_0 - b) \times B_g}{V_0} \tag{3-52}$$

式中 c——空气中甲醛的浓度，mg/m³

A——样品溶液的吸光度

A_0——空白实验的吸光度

b——标准曲线的截距

B_g——由标准曲线得到的计算因子，μg/吸光度

V_0——换算成标准状态下的采样体积，L

3. 室内环境甲醛污染状况分析

《室内空气质量标准》（GB/T 18883—2002）规定甲醛的标准值为0.10mg/m³；《居室空气中甲醛的卫生标准》（GB/T 16129—2015）规定甲醛的最高允许浓度为0.08mg/m³。将监测结果与相关标准比较，判断室内甲醛污染状况，并简单分析污染源情况。

（七）实验提示

（1）干扰及排除　二氧化硫共存时，会使测定结果偏低。可将气样先通过硫酸锰滤纸过滤器，排除二氧化硫的干扰。硫酸锰滤纸的制备：取10mL浓度为100mg/mL的硫酸锰水溶液，滴加到250cm²玻璃纤维滤纸上，风干后切成碎片，装入1.5mm×150mm的U形玻璃管中，密封保存。采样时，将此管接在甲醛吸收管之前。该滤纸使用一段时间后，吸收二氧化硫的效能会逐渐降低，应定期更换新制的硫酸锰滤纸。

（2）在20～35℃，显色15min即反应完全，且颜色可稳定数小时。室温低于15℃时，显色不完全，应在25℃水浴中进行显色操作。标准系列与样品的显色条件应保持一致。

（3）空气中的甲醛很容易被水吸收，实验所用试剂应注意密闭保存，当空白实验测定值过高时，应重新配制试剂。

（4）硫酸铁铵水溶液易水解而形成$Fe(OH)_3$。沉淀影响比色，故需用酸性溶剂配制。

第四章　噪声污染控制工程实验

第一节　基础性实验

一、噪声测量仪器的使用

（一）实验目的

（1）了解噪声测量仪器的基本构造和工作原理。

（2）掌握仪器的功能和适用场合，学会仪器的正确使用方法，并能判别和排除仪器的常见故障。

（3）验证噪声的声压级随距离的变化符合半无限空间声波传播衰减规律。

（二）实验设备

声级计、风速仪、温度计、大气压力计。

（三）实验要求

（1）学会普通声级计的校正、测量和保护方法。

（2）根据实测数据，画出声压级随距离的衰减曲线，并与理论曲线进行比较。

（3）根据实测数据，对2个声源声压级进行分别算术计算，并将计算结果与实测的合成声压级进行比较，给出误差，并讨论。

（4）认真编写实验报告，要求作图规范、计算步骤清楚、尊重实验结果，培养严谨的科学作风。

（四）实验步骤

（1）依照声级计使用说明书来熟悉使用仪器（普通声级计的检查、灵敏度校正、测量方法和读数等内容）。

（2）首先对测点的温度和风速进行测量。

（3）选择噪声测量点，进行数据的测定。

（4）数据处理与绘图。

二、城市道路交通噪声测定

交通干线指铁路（铁路专用线除外）、高速公路、一级公路、二级公路、城市快速路、城市主干路、城市次干路、城市轨道交通线路（地面段）、内河航道，应根据铁路、交通、城市等规划确定。交通干线两侧一定距离之内，需要防止交通噪声对周围环境产生严重影响。

（一）实验目的和要求

（1）掌握噪声测量仪器的使用方法和交通噪声的监测技术。

（2）熟悉和运用《噪声污染控制工程》《环境监测》（第四版）第七章噪声污染监测的有关内容。

（3）参考《噪声环境质量标准》有关内容。

（二）测量条件

（1）天气条件要求无雨雪、无雷电，风速为5m/s以下。

（2）使用仪器为积分平均声级计或环境噪声自动监测仪。

（3）测量时传声器加防风罩。

（三）测量步骤

（1）测点应设于第一排噪声敏感建筑物户外交通噪声空间垂直分布的可能最大值处。测点选择距离任何反射物（地面除外）至少3.5m外测量，距地面高度1.2m以上。

（2）以自然路段、站、场、河段等为基础，考虑交通运行特征和两侧噪声敏感建筑物分布情况，划分典型路段（包括河段）。在每个典型路段对应的边界上或第一排敏感建筑物户外选择1个测点进行噪声监测。这些测点应与站、场、码头、岔路口、河流汇入口等相隔一定的距离，避开这些地点的噪声干扰。

（3）监测分昼、夜两个时段进行。分别测量如下规定时间内的等效声级Leq和交通流量，对铁路、城市轨道交通线路（地面段），应同时测量最大声级，对道路交通噪声应同时测量累积百分声级L_{10}、L_{50}、L_{90}。根据交通类型的差异，规定的测量时间如下：

铁路、城市轨道交通线路（地面段）、内河航道两侧：昼、夜各测量不低于平均运行密度的1h值。若城市轨道交通线路（地面段）的运行车次密集，测量时间可缩短为20min。

高速公路、一级公路、二级公路、城市快速路、城市主干路、城市次干路两侧：昼、夜各测量不低于平均运行密度的20min值。监测应避开节假日和非正常工作日。

（4）噪声测量时需做测量记录。记录内容主要包括：日期、时间、地点及测量人员，使用仪器型号、编号及其校准记录，测量时间内的气象条件，测量项目及测量结果，测量依据的标准，测点示意图，噪声源及运行工况说明（如交通流量等），其他应记录的事项。

（四）数据处理

（1）将某条交通干线各典型路段的噪声测量值，按路段长度进行加权算术平均，以此得出某条交通干线两侧的环境噪声测量平均值。

（2）也可对某一区域内的所有铁路、确定为交通干线的道路、城市轨道交通线路（地面段）、内河航道按前述方法进行加权统计，得出针对某一区域某一交通类型的环境噪声测量平均值。

（3）根据每个典型路段的噪声测量值及对应的路段长度，统计不同噪声影响水平下的路段比例，以及昼间、夜间的达标路段比例。有条件的可估算受影响人口。

（4）对某条交通干线或某一区域某一交通类型采取抽样测量的，应统计抽样路段比例。

（五）注意事项

（1）噪声测量仪器的种类很多，使用前应仔细阅读使用说明书。

（2）目前大多数声级计具有数据自动整理功能，作为练习，希望记录数据后进行手工计算。

第二节　综合性实验

本节以区域环境噪声监测与评价为例。

（一）实验目的

（1）进一步熟悉声级计的使用。

（2）掌握环境噪声的监测与评价方法。

（3）训练学生独立完成一项模拟或实际监测任务的能力、处理数据的能力以及综合分析和评价能力。

（二）实验仪器

AWA6270 + 型噪声分析仪或 AWA5633A 型声级计、HY603 型声校准器、风速仪、温度计、大气压力计。

（三）实验操作规程

（1）实验预习　熟悉实验内容、相关知识点、注意事项等。

（2）测量点的选择。

（3）查阅相关资料　包括监测方法、对应标准、政策法规等。

（4）确定方案，并进行小组讨论。

（四）实验内容与步骤

（1）声级计的使用。

（2）声级计的校准。

（3）测量条件的要求　天气条件要求在无雨无雪的时间，声级计应保持传声器膜片清洁，风力在三级以上必须加风罩，五级（5.5m/s）以上应停止测量。手持仪器测量，传声器要求距离地面 1.2m，距人体至少 50cm。

（4）选择好待测量的点。全班同学分成几组，每组负责一个网点测量，并记录附近主要噪声来源和天气情况。

（5）噪声测量时间及测量频率安排　时间从 8：00 ~ 17：00，每一网点至少测量 4 次，时间间隔尽可能相同。

（6）数据记录。

（五）数据处理

环境噪声是随着时间而起伏的无规律噪声，因此，测量结果一般用统计值或等效声级来表示。

将各网点每一次的测量数据顺序排列，找出 L_{10}、L_{50}、L_{90}，求出等效声级 Leq，再由该网点一整天的各次 Leq 值求出算术平均值，作为该网点的环境噪声评价量。

（六）评价

将该区域的噪声环境监测值与国家相应标准进行比较，得出该区域的环境噪声污染情况，通过分析噪声环境现状，提出改善该区域噪声环境质量的建议和措施。

（七）思考题

影响噪声测定的因素有哪些？如何避免？

第五章　环境监测实验

环境监测是一门以实验、实践为基础的课程。知识、经验必须从实践中获得，经过提炼和升华后再上升为理论。不通过实验就能够理解和掌握环境监测的基本理论、基础知识和实际操作是难以想象的。环境监测是通过对影响环境质量因素代表值的测定，确定环境质量。其中“测定”一词就是通过预定的一套程序，用仪器、设备、试剂经过反应，观测变化过程，记录数据，然后经过分析、整理、对比得到结论。

第一节　基础性实验

一、废水悬浮物浓度和浊度的测定

（一）实验目的和要求

（1）掌握悬浮物浓度和浊度的测定方法。

（2）复习教材中有关悬浮物和浊度的内容。

（二）实验方法

1. 悬浮物浓度的测定

（1）实验原理　悬浮物是指截留在滤料上并于 103 ~ 105℃烘至恒重的固体。测定的方法是将水样通过滤料后，烘干固体残留物及滤料，将所称质量减去滤料质量，即为悬浮物（不可滤残渣）质量。

（2）实验仪器与试剂

①烘箱。

②分析天平。

③干燥器。

④滤膜：孔径为 0.45μm 的滤膜及相应的过滤器或中速定量滤纸。

⑤称量瓶：内径为 30 ~ 50mm。

（3）测定步骤

①滤膜准备：将滤膜放在称量瓶中，打开瓶盖，在 103 ~ 105℃烘箱内烘 0.5h 取出，在干燥器内冷却后盖好瓶盖称量；反复烘干、冷却、称量，直至恒重（两次称量相差不超过 0.0002g）。

②采样：量取适量混合均匀的水样（使悬浮物量为 500 ~ 1000mg），使其全部通过称至恒重的滤膜；用蒸馏水洗涤残渣 3 ~ 5 次。注意不能加入任何保护剂，以防破坏物质在固液间的分配平衡，漂浮和浸没的不均匀固体物质不属于悬浮物质，应从水样中除去。

③测定：小心取下滤膜，放入原称量瓶内，在 103 ~ 105℃烘箱中，打开瓶盖烘 1h，移

入干燥器中冷却后盖好瓶盖称量。反复烘干、冷却、称量，直至两次称量差≤0.4mg 为止。

（4）计算

$$\rho(\text{悬浮物},mg/L) = \frac{(m_A - m_B) \times 10^6}{V} \quad (5-1)$$

式中 m_A——悬浮物与滤膜及称量瓶的质量，g

m_B——滤膜及称量瓶的质量，g

V——水样体积，mL

（5）注意事项

①树叶、木棒、水草等杂物应先从水样中除去。

②废水黏度高时，可加 2～4 倍蒸馏水稀释，振荡均匀，待沉淀物下降后再过滤。

③也可采用石棉坩埚进行过滤。

2. 浊度

（1）实验原理　浊度是表示水中悬浮物对光线透过时所发生的阻碍程度。水中含有泥土、粉砂、微细有机物、无机物、浮游动物和其他微生物等悬浮物和胶体物都可使水样呈现浊度。水的浊度大小不仅和水中存在颗粒物含量有关，而且和其粒径大小、形状、颗粒表面对光散射特性有密切关系。

测定浊度的方法有分光光度法、目视比浊法和浊度计法。

目视比浊法：将水样和硅藻土（或白陶土）配制的浊度标准液进行比较确定水样浊度。相当于 1mg 一定黏度的硅藻土（或白陶土）在 1000mL 水中所产生的浊度称为 1 度。

（2）实验仪器和试剂

①仪器：具塞比色管 100mL；容量瓶 1L；具塞无色玻璃瓶 750mL，玻璃质量和直径均需一致；量筒 1L。

②试剂

a. 浊度标准溶液：称取 10g 通过 0.1mm 筛孔（150 目）的硅藻土，于研钵中加入少许蒸馏水调成糊状并研细，移至 1000mL 量筒中，加水至刻度。充分搅拌，静置 24h，用虹吸法仔细将上层 800mL 悬浮液移至第二个 1000mL 量筒中。向第二个量筒内加水至 1000mL，充分搅拌后再静置 24h。

虹吸出上层含较细颗粒的 800mL 悬浮液弃去。下部沉积物加水稀释至 1000mL。充分搅拌后贮于具塞玻璃瓶中，作为浑浊度原液，其中含硅藻土颗粒直径大约为 400μm。

取上述浊度原液 50mL 置于已恒重的蒸发皿中，在水浴上蒸干。于 105℃烘箱内烘 2h，置干燥器中冷却 30min，称重。重复以上操作，即烘 1h、冷却、称重，直至恒重。求出每毫升浊液原液中含硅藻土的质量（mg）。

b. 浊度为 250 度的标准溶液：吸取含 250mg 硅藻土的浊度原液，置于 1000mL 容量瓶中，用水稀释至标线，摇匀。

c. 浊度为 100 度的标准溶液：吸取浊度为 250 度的标准液 100mL，置于 250mL 容量瓶中，用水稀释至标线。

于上述原液和各标准液中加入 1g 氯化汞，以防菌类生长。

（3）测定步骤

①浊度低于 10 度的水样按以下方法测定。

吸取浊度为100度的标准溶液0、1.0mL、2.0mL、3.0mL、4.0mL、5.0mL、6.0mL、7.0mL、8.0mL、9.0mL、10.0mL分别于100mL具塞比色管中，加水稀释至标线，混匀。其浊度依次为0、1.0度、2.0度、3.0度、4.0度、5.0度、6.0度、7.0度、8.0度、9.0度、10.0度的标准液。

取100mL摇匀水样置于100mL具塞比色管中，与浊度标准溶液进行比较。可在黑色底板上，由上向下垂直观察。

②浊度为10度以上的水样按以下方法测定。

吸取浊度为250度的标准溶液0、10mL、20mL、30mL、40mL、50mL、60mL、70mL、80mL、90mL、100mL分别置于250mL的容量瓶中，加水稀释至标线，混匀，即得浊度为0、10度、20度、30度、40度、50度、60度、70度、80度、90度、100度的标准溶液，移入成套的250mL具塞无色玻璃瓶中，每瓶加入1g氧化汞，以防菌类生长，密塞保存。

取250mL摇匀水样，置于成套的250mL具塞无色玻璃瓶中，瓶后放一有黑线的白纸作为判别标志，从瓶前向后观察，根据目标清晰程度，选出与水样产生视觉效果相近的标准溶液，记下其浊度值。

水样浊度超过100度时，用水稀释后测定。

（4）计算

$$浊度(度) = \frac{A(V_B - V_C)}{V_C} \tag{5-2}$$

式中　A——稀释后水样的浊度，度

V_B——稀释水体积，mL

V_C——原水样体积，mL

二、色度的测定

纯水是无色透明的，当水中存在某些物质时，会表现出一定的颜色。水的颜色可分为表色和真色，真色是指去除悬浮物之后水的颜色，表色是指没有去除悬浮物时水的颜色，水的色度一般是指真色。天然水和轻度污染水可用铂钴比色法测定色度，对工业有色废水常用稀释倍数法辅以文字描述。

溶解性的有机物、部分无机离子和有色悬浮颗粒均可使水着色。pH对色度有较大的影响，在测定色度的同时，应测定溶液的pH。

（一）实验目的和要求

（1）掌握用铂钴比色法和稀释倍数法测定水和废水中色度的方法，以及不同方法所适用的范围。

（2）了解色度测定的其他方法及各自的特点。

（二）实验方法

1. 铂钴比色法

（1）实验原理　用氯铂酸钾与氯化钴配成标准色列，与水样进行目视比色。每升水中含有1mg铂和0.5mg钴时所具有的颜色，称为1度，作为标准色度单位。

如水样浑浊，则放置澄清，可用离心法或用孔径0.45μm滤膜过滤以去除悬浮物，但不能用滤纸过滤，因滤纸可吸附部分溶解于水的有色物质。

（2）实验仪器和试剂

①具塞比色管：50mL，标线高度应一致。

②铂钴标准溶液：称取1.246g氯铂酸钾（K_2PtCl_6）（相当于500mg铂）及1.000g六水氯化钴 $CoCl_2 \cdot 6H_2O$（相当于250mg钴），溶于100mL水中，加100mL浓盐酸，用水定容至1000mL。此溶液色度为500度，保存在密塞玻璃瓶中，暗处存放。

（3）测定步骤

①标准色列的配制：向50mL具塞比色管中加入0、0.50mL、1.00mL、1.50mL、2.00mL、2.50mL、3.00mL、3.50mL、4.00mL、4.50mL、5.00mL、6.00mL、7.00mL铂钴标准溶液，用水稀释至标线，混匀。各管的色度依次为0、5度、10度、15度、20度、25度、30度、35度、40度、45度、50度、60度、70度。密塞保存。

②水样的测定：吸取50mL澄清透明水样于具塞比色管中，如水样色度较大，可酌情少取水样，用水稀释至50mL。

将水样与标准色列进行目视比较。观察时可将具塞比色管置于白瓷板或白纸上，使光线从管底部向上透过液柱，目光自管口垂直向下观察，记下与水样色度相同的标准色列的色度。

（4）计算

$$\text{色度(度)} = \frac{A \times 50}{V} \tag{5-3}$$

式中 A——稀释后水样相当于标准色列的色度，度

V——水样的体积，mL

50——水样稀释后的体积，即具塞比色管的容积，mL

（5）注意事项

①可用重铬酸钾代替氯铂酸钾配制标准色列（此法也可称为铬钴比色法），方法：称取0.0437g重铬酸钾和1.000g七水合硫酸钴（$CoSO_4 \cdot 7H_2O$），溶于少量水中，加入0.50mL浓硫酸，用水稀释至500mL。此溶液的色度为500度，不宜久存。

②如果水样中有泥土或其他分散得很细的悬浮物，虽经预处理仍得不到透明的水样时，则只测其表色。

2. 稀释倍数法

将有色工业废水用无色水稀释到接近无色时，记录稀释倍数，以此表示该水样的色度，并辅以文字描述颜色种类，如深蓝色、棕黄色等。

（1）实验仪器 具塞比色管：50mL，标线高度应一致。

（2）测定步骤

①取100~150mL澄清水样置于烧杯中，以白瓷板为背景，观察并描述其颜色种类。

②分取澄清水样，用无色水稀释成不同倍数。分取50mL分别置于50mL具塞比色管中，管底部衬一白瓷板，由上向下观察稀释后水样的颜色，并与无色水相比较，直至刚好看不出颜色，记录此时的稀释倍数。

（3）注意事项 如测定水样的真色，应放置澄清，取上清液，或用离心法去除悬浮物后测定；如测定水样的表色，待水样中的大颗粒悬浮物沉降后，取上清液测定。

（三）思考与讨论

（1）悬浮物的质量浓度和浊度有无关系？为什么？

（2）铂钴比色法是测定水样的真色还是表色？

（3）怎样根据水质污染情况选择色度的测定方法？

三、氨氮的测定

氨氮的测定方法，通常有纳氏比色法、苯酚－次氯酸盐（或水杨酸－次氯酸盐）比色法和电极法等。

纳氏试剂比色法具有操作简便、灵敏等特点，但钙、镁、铁等金属离子、硫化物、醛、酮类，以及水中色度和混浊等干扰测定，需要相应的预处理。苯酚－次氯酸盐比色法具有灵敏、稳定等优点，干扰情况和消除方法同纳氏试剂比色法。电极法通常不需要对水样进行预处理，具有测量范围宽等优点。氨氮含量较高时，可采用蒸馏－酸滴定法。

（一）实验目的和要求

（1）掌握氨氮测定最常用的方法——纳氏试剂比色法。

（2）复习含氮化合物测定的有关内容，如测定含氮化合物的方法有哪些？各适用于什么样的污水或废水？

（二）实验原理

碘化汞和碘化钾的碱性溶液与氨反应生成淡红棕色胶态化合物，其色度与氨氮含量成正比，通常可在波长410～425nm范围内测其吸光度，计算其含量。

本法最低检出浓度为0.025mg/L（光度法），测定上限为2mg/L。采用目视比色法，最多检出浓度为0.02mg/L。水样做适当的预处理后，本法可适用于地面水、地下水、工业废水和生活污水。

（三）实验仪器与试剂

1. 仪器

（1）带氮球的定氮蒸馏装置　500mL凯氏烧瓶、氮球、直形冷凝管和导管。

（2）分光光度计。

（3）pH计。

2. 试剂

除另有说明外，所用试剂均为分析纯试剂；配制试剂用水均应为无氨水。

（1）无氨水　可选用下列方法之一进行制备。

①蒸馏法：每升蒸馏水中加0.1mL硫酸，在全玻璃蒸馏器中重蒸馏，弃去50mL初馏液，接取其余馏出液于具塞磨口的玻璃瓶中，密塞保存。

②离子交换法：使蒸馏水通过强酸性阳离子交换树脂柱。

（2）盐酸溶液　1mol/L。

（3）氢氧化钠溶液　1mol/L。

（4）轻质氧化镁（MgO）　将氧化镁在500℃下加热，以除去碳酸盐。

（5）溴百里酚蓝指示液（pH 6.0～7.6）　0.5g/L。

（6）防沫剂　如石蜡碎片。

（7）吸收液

①硼酸溶液：称取20g硼酸溶于水，稀释至1L。

②0.01mol/L硫酸溶液。

（8）纳氏试剂　可选择下列方法之一制备。

①称取20g碘化钾溶于约25mL水中，边搅拌边分次少量加入二氯化汞（$HgCl_2$）结晶粉末（约10g），至出现朱红色沉淀不易溶解时，改为滴加饱和二氯化汞溶液，并充分搅拌，当出现微量朱红色沉淀不再溶解时，停止滴加氯化汞溶液。

另称取60g氢氧化钾溶于水，并稀释至250mL，冷却至室温后，将上述溶液徐徐注入氢氧化钾溶液中，用水稀释至400mL，混匀。静置过夜，将上清液移入聚乙烯瓶中，密塞保存。

②称取16g氢氧化钠，溶于50mL水中，充分冷却至室温。

另称取7g碘化钾和碘化汞（HgI_2）溶于水，然后将此溶液在搅拌下徐徐注入氢氧化钠溶液中。用水稀释至100mL，贮于聚乙烯瓶中，密塞保存。

（9）酒石酸钾钠溶液　称取50g酒石酸钾钠（$KNaC_4H_4O_6 \cdot 4H_2O$）溶于100mL水中，加热煮沸以除去氨，放冷，定容至100mL。

（10）氨氮标准贮备溶液　称取3.819g经100℃干燥过的氯化铵（NH_4Cl）溶于水中，移入1000mL容量瓶中，稀释至标线，此溶液每毫升含1.00mg氨氮。

（11）氨氮标准使用溶液　移取5.00mL氨氮标准贮备液于500mL容量瓶中，用水稀释至标线，此溶液每毫升含0.010mg氨氮。

（四）测定步骤

1. 水样预处理

取250mL水样（如氨氮含量较高，可取适量并加水至250mL，使氨氮含量不超过2.5mg），移入凯氏烧瓶中，加数滴溴百里酚蓝指示液，用氢氧化钠溶液或盐酸溶液调节pH至7左右。加入0.25g轻质氧化镁和数粒玻璃珠，立即连接氮球和冷凝管，导管下端插入吸收液（硼酸吸收液）液面下。加热蒸馏，至馏出液达200mL时，停止蒸馏，定容至250mL。

采用酸滴定法或纳氏比色法时，以50mL硼酸溶液为吸收液；采用水杨酸-次氯酸盐比色法时，改用50mL 0.01mol/L硫酸溶液为吸收液。

2. 标准曲线的绘制

吸取0、0.50mL、1.00mL、3.00mL、5.00mL、7.00mL、10.0mL氨氮标准使用溶液于50mL比色管中，加水至标线，加1.0mL酒石酸钾钠溶液，混匀。加1.5mL纳氏试剂，混匀。放置10min后，在波长420nm处，用光程20mm比色皿，以水为参比，测定吸光度。

由测得的吸光度减去零浓度空白管的吸光度后，得到校正吸光度，绘制以氨氮含量（mg）对校正吸光度的标准曲线。

3. 水样的测定

（1）分取适量经絮凝沉淀预处理后的水样（使氨氮含量不超过0.1mg），加入50mL

比色管中，稀释至标线，加0.1mL酒石酸钾钠溶液。

（2）分取适量经蒸馏预处理后的馏出液，加入50mL比色管中，加一定量1mol/L氢氧化钠溶液以中和硼酸，稀释至标线。加1.5mL纳氏试剂，混匀。放置10min后，同标准曲线的绘制步骤测定吸光度。

4. 空白实验

以无氨水代替水样，做全程序空白测定。

（五）计算

由水样测得的吸光度减去空白实验的吸光度后，从标准曲线上查得氨氮含量（mg），按下式计算：

$$\rho(\text{氨氮,以 N 计,mg/L}) = \frac{m}{V} \times 1000 \tag{5-4}$$

式中 m——由校准曲线查得的氨氮含量，mg

V——水样体积，mL

（六）注意事项

（1）纳氏试剂中碘化汞与碘化钾的比例对显色反应的灵敏度有较大影响。静置后生成的沉淀应除去。

（2）滤纸中常含痕量铵盐，使用时注意用无氨水洗涤。所用玻璃器皿应避免被实验室空气中氨的污染。

（七）思考与讨论

（1）当水样有颜色时，最好用何种方法测定其氨氮含量？

（2）影响测定准确度的因素有哪些？

四、化学需氧量（COD）的测定

（一）实验目的和要求

（1）熟练掌握化学需氧量（COD）测定方法及原理。

（2）复习可以用哪些指标来表征污水中有机物的含量，COD、BOD和TOC哪一个的测定值最大？

（二）实验原理

重铬酸钾法测定COD的原理：在强酸性溶液中，用一定量的重铬酸钾氧化水样中的还原性物质，过量的重铬酸钾以试亚铁灵作指示剂，用硫酸亚铁铵溶液回滴，根据硫酸亚铁铵的用量算出水样中还原性物质消耗氧的量。

测定结果因加入氧化剂的种类及浓度、反应溶液的酸度、反应温度和时间，以及催化剂的有无而不同，因此，化学需氧量是一个条件性指标，其测定必须严格按照步骤进行。

酸性重铬酸钾氧化剂氧化性很强，可氧化大部分有机物，加入硫酸银作催化剂时，直链脂肪族化合物可完全被氧化，而芳香族有机物却不易被氧化，吡啶不被氧化，挥发性直链脂肪族化合物、苯等有机物存在于蒸气相，不能与氧化剂液体接触，氧化不明显。氯离子能被重铬酸钾氧化，并且能与硫酸银作用产生沉淀，影响测定结果，故在回流前向水样中加入硫酸汞，使之成为络合物以消除干扰。氯离子含量高于2000mg/L的样品应做定量稀释，使含量降低至2000mg/L以下，再进行测定。

用0.25mol/L的重铬酸钾溶液可测定大于50mg/L的COD。用0.025mol/L的重铬酸钾溶液可测定5~50mg/L的COD，但准确度较差。

（三）实验仪器与试剂

1. 仪器

（1）回流装置　带250mL磨口锥形瓶的回流装置（如取样量在30mL以上，采用500mL的全玻璃回流装置）。

（2）加热装置　电热板或变阻电炉。

（3）酸式滴定管　50mL。

2. 试剂

除另有说明外，所用试剂均为分析纯试剂。

（1）重铬酸钾标准溶液［$c(1/6K_2Cr_2O_7) = 0.2500mol/L$］　称取预先在120℃烘干2h的基准或优级纯重铬酸钾12.258g溶于水中，移入1000mL容量瓶，稀释至标线，摇匀。

（2）试亚铁灵指示剂　称取1.485g一水合邻菲啰啉（$C_{12}H_8N_2 \cdot H_2O$），0.695g七水合硫酸亚铁（$FeSO_4 \cdot 7H_2O$）溶于水中，稀释至100mL，贮于棕色瓶内。

（3）硫酸亚铁铵标准溶液｛$c[(NH_4)_2Fe(SO_4)_2 \cdot 6H_2O] \approx 0.1mol/L$｝　称取39.5g六水合硫酸亚铁铵溶于水中，边搅拌边缓慢加入20mL浓硫酸，冷却后移入1000mL容量瓶中，加水稀释至标线，摇匀。临用前，用重铬酸钾标准溶液标定。

标定方法：准确吸取10.00mL重铬酸钾标准溶液于500mL锥形瓶中，加水稀释至110mL左右，缓慢加入30mL浓硫酸，混匀。冷却后，加入3滴试亚铁灵指示剂（约0.15mL），用硫酸亚铁铵标准溶液滴定，溶液的颜色由黄色经蓝绿色至红褐色即为终点。

$$c[(NH_4)_2Fe(SO_4)_2] = \frac{0.2500 \times 10.00}{V} \tag{5-5}$$

式中　c——硫酸亚铁铵标准溶液的浓度，mol/L

V——硫酸亚铁铵标准溶液的用量，mL

0.2500——重铬酸钾标准溶液浓度，mol/L

10.00——重铬酸钾标准溶液体积，mL

（4）硫酸-硫酸银溶液　于2500mL浓硫酸中加入25g硫酸银，放置1~2d，不时摇动使其溶解（如无2500mL容器，可在500mL浓硫酸中加入5g硫酸银）。

（5）硫酸汞　结晶或粉末。

（四）实验步骤

（1）取20.00mL混合均匀的水样（或适量水样稀释至20.00mL）于250mL磨口锥形瓶中，准确加入10.00mL重铬酸钾标准溶液及数粒小玻璃珠或沸石，连接磨口回流冷凝管，从冷凝管上口慢慢加入30mL硫酸-硫酸银溶液，轻轻摇动磨口锥形瓶使溶液混匀，加热回流2h（自开始沸腾时计时）。

（2）冷却后，用90mL水冲洗冷凝管壁，取下磨口锥形瓶。溶液总体积不得少于140mL，否则因酸度太大，滴定终点不明显。

（3）溶液再度冷却后，加3滴试亚铁灵指示剂，用硫酸亚铁铵标准溶液滴定，溶液的颜色由黄色经蓝绿色至红褐色即为终点，记录硫酸亚铁铵标准溶液的用量。

（4）测定水样的同时，以20.00mL重蒸馏水，按同样操作步骤做空白实验。记录滴定空白溶液时硫酸亚铁铵标准溶液的用量。

（五）实验结果与数据处理

根据测定空白溶液和样品溶液消耗的硫酸亚铁铵标准溶液体积和水样体积，按下式计算水样的COD：

$$\mathrm{COD}(\mathrm{O_2},\mathrm{mg/L}) = \frac{(V_0 - V_1) \times c \times 8 \times 1000}{V} \tag{5-6}$$

式中　c——硫酸亚铁铵标准溶液的浓度，mol/L

V_0——滴定空白溶液时硫酸亚铁铵标准溶液的体积，mL

V_1——滴定水样时硫酸亚铁铵标准溶液的体积，mL

V——水样的体积，mL

8——氧（1/2O）的摩尔质量，g/mol

（六）注意事项

（1）使用0.4g硫酸汞络合氯离子的最高量可达40mg，如取用20.00mL水样，即最高可络合2000mg/L氯离子的水样。若氯离子浓度较低，亦可少加硫酸汞，使保持m（硫酸汞）∶m（氯离子）=10∶1。若出现少量氯化汞沉淀，并不影响测定。

（2）取水样体积可为10.00～50.00mL，但试剂用量及浓度需按表5-1进行相应调整，也可得到满意的结果。

表5-1　**取水样体积和试剂用量**

取水样体积/mL	0.2500mol/L $1/6K_2Cr_2O_7$ 溶液体积/mL	$H_2SO_4-AgSO_4$ 溶液体积/mL	$HgSO_4$ 质量/g	$(NH_4)_2Fe(SO_4)_2$ 标准溶液浓度/（mol/L）	滴定前总体积/mL
10.00	5.00	15	0.2	0.0500	70
20.00	10.00	30	0.4	0.1000	140
30.00	15.00	45	0.6	0.1500	210
40.00	20.00	60	0.8	0.2000	280
50.00	25.00	75	1.0	0.2500	350

（3）对于化学需氧量小于50mg/L的水样，应改用0.0250mol/L重铬酸钾标准溶液，回滴时用0.01mol/L硫酸亚铁铵标准溶液。

（4）水样加热回流后，溶液中重铬酸钾剩余量应为加入量的1/5～4/5。

（5）用邻苯二甲酸氢钾标准溶液检查试剂的质量和操作技术时，由于每克邻苯二甲酸氢钾的理论COD为1.176g，所以溶解0.425g邻苯二甲酸氢钾（$HOOCC_6H_4COOK$）于重蒸馏水中，转入1000mL容量瓶，用重蒸馏水稀释至标线，使之成为500mg/L的COD标准溶液。用时新配。

（6）COD的测定结果应保留三位有效数字。

（7）每次实验时，应对硫酸亚铁铵标准溶液进行标定，室温较高时尤其应注意其浓度的变化。

（七）思考与讨论

（1）测定水样时，为什么需做空白校正？

（2）化学需氧量与高锰酸盐指数有什么区别？

五、五日生化需氧量（BOD_5）的测定

（一）实验目的和要求

（1）掌握用稀释与接种法测定五日生化需氧量（BOD_5）的基本原理和方法。

（2）熟悉溶解氧（DO）的测定方法。

（二）实验原理

生化需氧量（BOD）是指在规定条件下，微生物分解存在于水中的某些可氧化物质，特别是有机物所进行的生物化学过程中消耗的溶解氧的量，用以间接表示水中可被微生物降解的有机物的含量，是反映有机物污染的重要类别指标之一。测定 BOD 的方法有稀释与接种法、微生物电极法、活性污泥曝气降解法、库仑滴定法、压差法等。本实验采样稀释与接种法测定 BOD_5。

该方法是将水样充满完全密闭的溶解氧瓶，在（20 ± 1）℃的暗处培养 5d，分别测定培养前后水样中溶解氧的质量浓度，其差值即为所测样品的 BOD_5，以氧的 mg/L 表示。

对某些地表水及大多数工业废水，因含有较多的有机物（BOD_5大于 6mg/L），需要稀释后再培养测定，以降低其浓度和保证有充足的溶解氧。稀释的程度应使培养中所消耗的溶解氧大于 2mg/L，而剩余溶解氧在 2mg/L 以上。为了保证水样稀释后有足够的溶解氧，稀释水通常要通入空气（或通入氧气）进行曝气，使稀释水中溶解氧接近饱和。稀释水中还应加入一定量的 pH 缓冲溶液和无机营养盐（磷酸盐，钙、镁和铁盐等），以保证微生物生长的需要。

对于少含或不含微生物的工业废水，其中包括酸性废水、碱性废水、高温废水或经过氯化处理的废水，在测定 BOD_5时应进行接种，以引入能分解废水中有机物的微生物。当废水中存在着难以被一般生活污水中的微生物以正常速率降解的有机物或含有剧毒物质时，应将驯化后的微生物引入水样中进行接种。

（三）实验仪器与试剂

1. 仪器

（1）恒温培养箱　带风扇。

（2）溶解氧瓶　带水封，容积 250 ~ 300mL。

（3）稀释容器　1000 ~ 2000mL 量筒。

（4）冰箱　有冷藏和冷冻功能。

（5）虹吸管　供分取水样和添加稀释水用。

（6）曝气装置　空气应过滤清洗。

（7）滤膜　孔径 1.6μm。

2. 试剂

除另有说明外，所用试剂均为分析纯试剂。

（1）磷酸盐缓冲溶液　将 8.5g 磷酸二氢钾（KH_2PO_4）、21.8g 磷酸氢二钾（K_2HPO_4）、33.4g 七水合磷酸氢二钠（$Na_2HPO_4 \cdot 7H_2O$）和 1.7g 氯化铵（NH_4Cl）溶于水中，稀释至 1000mL。此溶液的 pH 为 7.2。

（2）硫酸镁溶液　将 22.5g 七水合硫酸镁（$MgSO_4 \cdot 7H_2O$）溶于水中，稀释至 1000mL。

（3）氯化钙溶液　将 27.6g 无水氯化钙溶于水，稀释至 1000mL。

（4）氯化铁溶液　将 0.25g 六水合氯化铁（$FeCl_3 \cdot 6H_2O$）溶于水，稀释至 1000mL。

（5）盐酸（0.5mol/L）　将 40mL（$\rho = 1.18g/mL$）盐酸溶于水，稀释至 1000mL。

（6）氢氧化钠溶液（0.5mol/L）　将 20g 氢氧化钠溶于水，稀释至 1000mL。

（7）亚硫酸钠标准溶液［$c(1/2Na_2SO_3) = 0.025mol/L$］　将 1.575g 亚硫酸钠溶于水，稀释至 1000mL。此溶液不稳定，需当天配制。

（8）葡萄糖－谷氨酸标准溶液　将葡萄糖（$C_6H_{12}O_6$，优级纯）和谷氨酸（HOOC—CH_2—CH_2CHNH_2—COOH，优级纯）在 103℃烘干 1h 后，各称取 150mg 溶于水中，移入 1000mL 容量瓶内并稀释至标线，混合均匀，此标准溶液临用前配制。

（9）稀释水　在 5～20L 玻璃瓶内装入一定量的水，控制水温在 20℃左右，曝气至少 1h，使水中的溶解氧接近饱和（8mg/L 以上），也可以鼓入适量纯氧。瓶口盖以两层经洗涤晾干的纱布，置于 20℃恒温培养箱中放置数小时，使水中溶解氧含量达 8mg/L 左右。临用前于每升水中加入氯化钙溶液、氯化铁溶液、硫酸镁溶液、磷酸盐缓冲溶液各 1.0mL，并混合均匀。稀释水的 pH 应为 7.2，其 BOD_5 应小于 0.2mg/L。

（10）接种液　可选用以下任一方法获得适用的接种液：

①生活污水：一般将生活污水（COD 不大于 300mg/L，TOC 不大于 100mg/L）在室温下放置一昼夜，取上层清液供用。

②含生活污水的河水或湖水。

③污水处理厂的出水。

④驯化接种液：当分析含有难降解物质的废水时，在排污口下游 3～8km 处取水样作为废水的驯化接种液。也可取中和或经适当稀释后的废水进行连续曝气，每天加入少量该种废水，同时加入适量生活污水，使能适应该种废水的微生物大量繁殖。当水中出现大量絮状物时，表明适用的微生物已进行繁殖，可用作接种液。一般驯化过程需要 3～8d。

（11）接种稀释水　取适量接种液，加于稀释水中，混匀。每升稀释水中接种液加入量为：生活污水 1～10mL，河水、湖水 10～100mL。接种稀释水的 pH 应为 7.2，BOD_5 应小于 1.5mg/L。接种稀释水配制后应立即使用。

（12）丙烯基硫脲硝化抑制剂　溶解 0.2g 丙烯基硫脲（$C_4H_8N_2S$）于 200mL 水中，4℃保存。

（四）测定步骤

1. 水样的预处理

（1）水样的 pH 若不在 6～8，可用盐酸或氢氧化钠稀溶液调节。

（2）水样中含有铜、铅、锌、镉、铬、砷、氰等有毒物质时，可使用含驯化接种液的接种稀释水进行稀释，或提高稀释倍数，降低毒物的浓度。

（3）含有少量游离氯的水样，一般放置1～2h，游离氯即可消散。对于游离氯在短时间不能消散的水样，可加入亚硫酸钠溶液以除去。其加入量的计算方法：取中和好的水样100mL，加入（1+1）乙酸10mL、100g/L碘化钾溶液1mL，混匀。以淀粉溶液为指示剂，用亚硫酸钠标准溶液滴定游离碘。根据亚硫酸钠标准溶液消耗的体积及其浓度，计算水样中所需加亚硫酸钠溶液的量。

（4）从水温较低的水域或富营养化的湖泊采集的水样，可能含有过饱和的溶解氧，此时应将水样迅速升温至20℃左右，充分振摇，以赶出过饱和的溶解氧。从水温较高的水域或废水排放口取得的水样，则应迅速使其冷却至20℃左右，并充分振摇，使之与空气中氧分压接近平衡。

（5）水样中含有大量藻类时，BOD_5测定结果会偏高，因此采用孔径为1.6μm的滤膜过滤。

2. 水样的测定

（1）不经稀释水样的测定　溶解氧含量较高、有机物含量较少的地表水，可不经稀释，而直接以虹吸法将约20℃的混匀水样转移至两个溶解氧瓶内，转移过程中应注意不使其产生气泡。以同样的操作使两个溶解氧瓶充满水样后溢出少许，加塞水封。瓶内不应有气泡。若水样中含有硝化细菌，需在每升水样中加入2mL丙烯基硫脲硝化抑制剂。立即测定其中一瓶溶解氧。将另一瓶放入恒温培养箱中，在（20±1）℃培养5d后，测其溶解氧。溶解氧的测定可用碘量法和氧电极法。

（2）需经稀释水样的测定　若水样中的有机物较多、BOD_5大于6mg/L时应稀释。水样中有足够的微生物，采用稀释法测定，无足够微生物，采用稀释与接种法。

①稀释倍数的确定：稀释倍数可根据水样的TOC、高锰酸盐指数（I_{Mn}）或COD的测定值由表5-2列出的BOD_5与上述参数的比值R估计样品BOD_5的期望值，再根据表5-3确定稀释倍数，一个样品做2～3个不同的稀释倍数。

表5-2　　典型的比值（*R*）

水样类型	BOD_5/TOC	BOD_5/I_{Mn}	BOD_5/COD
未处理的废水	1.2～2.8	1.2～1.5	0.35～0.65
生化处理的废水	0.3～1.0	0.5～1.2	0.20～0.35

表5-3　　测定BOD_5的稀释倍数

BOD_5的期望值/（mg/L）	稀释倍数	水样类型
6～8	2	河水，生物净化的生活污水
10～30	5	河水，生物净化的生活污水
20～30	10	生物净化的生活污水
40～120	20	澄清的生活污水或轻度污染的工业废水
100～300	50	轻度污染的工业废水或原生活污水

续表

BOD_5的期望值/（mg/L）	稀释倍数	水样类型
200～600	100	轻度污染的工业废水或原生活污水
400～1200	200	重度污染的工业废水或原生活污水
1000～3000	500	重度污染的工业废水
2000～6000	1000	重度污染的工业废水

由表5－2选择适当的R值，按下式计算BOD_5的期望值：

$$\rho = R \times Y \tag{5-7}$$

式中　ρ——BOD_5的期望值，mg/L

Y——TOC、高锰酸盐指数或COD，mg/L

由估算出的BOD_5的期望值，按表5－3确定稀释倍数。

②样品稀释：按照选定的稀释倍数，用虹吸管沿筒壁先引入部分稀释水（或接种稀释水）于1000mL量筒中，加入需要体积的均匀水样，再引入稀释水（或接种稀释水）至刻度，轻轻混匀避免残留气泡。若稀释倍数超过100倍，可进行两步或多步稀释。

分析结果精度要求高或样品中存在微生物毒性物质时，应配制几个不同的稀释倍数，选与稀释倍数无关的结果取平均值。

③测定：按不经稀释水样的测定步骤，进行装瓶，测定当天溶解氧和培养5d后的溶解氧。

④空白样品：另取两个溶解氧瓶，用虹吸法装满稀释水（或接种稀释水）作为空白，分别测定5d前后的溶解氧含量。

在BOD_5测定中，一般采用叠氮化钠修正法测定溶解氧。如遇干扰物质，应根据具体情况采用其他测定法。溶解氧的测定方法后附。

（3）BOD_5计算

①不经稀释水样：

$$BOD_5(mg/L) = \rho_1 - \rho_2 \tag{5-8}$$

式中　ρ_1——水样在培养前的溶解氧质量浓度，mg/L

ρ_2——水样经5d培养后，剩余溶解氧质量浓度，mg/L

②经稀释水样：以表格形式列出稀释水样（或接种稀释水样）和空白样品在培养前后实测溶解氧的质量浓度，然后按下式计算水样BOD_5：

$$BOD_5(mg/L) = \frac{(\rho_1 - \rho_2) - (\rho_3 - \rho_4)f_1}{f_2} \tag{5-9}$$

式中　ρ_1——稀释水样（或接种稀释水样）在培养前的溶解氧质量浓度，mg/L

ρ_2——稀释水样（或接种稀释水样）经5d培养后，剩余溶解氧质量浓度，mg/L

ρ_3——空白样品在培养前的溶解氧质量浓度，mg/L

ρ_4——空白样品在培养后的溶解氧质量浓度，mg/L

f_1——稀释水（或接种稀释水）在培养液中所占比例

f_2——水样在培养液中所占比例

（五）注意事项

（1）水中有机物的生物氧化过程分为碳化阶段和硝化阶段，测定一般水样的 BOD_5 时，硝化阶段不明显或根本不发生，但对于生物处理的出水，因其中含有大量硝化细菌，因此，在测定 BOD_5 时也包括了部分含氮化合物的需氧量。对于这种水样，如只需测定有机物的需氧量，应加入丙烯基硫脲硝化抑制剂。

（2）在两个或三个稀释倍数的样品中，凡消耗溶解氧大于 2mg/L 和剩余溶解氧大于 2mg/L 都有效，计算结果时应取平均值。结果小于 100mg/L，保留一位小数；结果为 100～1000mg/L，取整数；结果大于 1000mg/L，以科学计数法表示。结果还应注明样品是否经过过滤、冷冻或均质化处理。

（3）为检查稀释水和接种液的质量，以及实验人员的操作技术，可将 20mL 葡萄糖－谷氨酸标准溶液用接种稀释水稀释至 1000mL，测其 BOD_5，其结果应为 180～230mg/L。否则，应检查接种液、稀释水或操作是否存在问题。

（六）思考与讨论

（1）当样品中含有大量硝化细菌时，为什么要加入丙烯基硫脲硝化抑制剂？

（2）根据实际实验条件和操作情况，分析影响测定准确度的因素。

（七）碘量法测定溶解氧

1. 方法

采用叠氮化钠修正法。

2. 仪器

（1）溶解氧瓶　250～300mL。

（2）酸式滴定管。

（3）锥形瓶。

（4）移液管。

3. 试剂

（1）硫酸锰溶液　称取 480g 四水合硫酸锰（$MnSO_4 \cdot 4H_2O$）溶于水，用水稀释至 1000mL。此溶液加至酸化过的碘化钾溶液中，遇淀粉不得产生蓝色。

（2）碱性碘化钾－叠氮化钠溶液　称取 500g 氢氧化钠，溶解于 300～400mL 水中；称取 150g 碘化钾，溶于 200mL 水中；称取 10g 叠氮化钠，溶于 40mL 水中。待氢氧化钠冷却后，将上述三种溶液混合，加水稀释至 1000mL，贮于棕色瓶中，用橡胶塞塞紧，避光保存。

（3）硫酸（标定硫代硫酸钠溶液用）　1＋5。

（4）10g/L 淀粉溶液　称取 1g 可溶性淀粉，用少量水调成糊状，再用刚煮沸的水稀释至 100mL。冷却后，加入 0.1g 水杨酸或 0.4g 氯化锌防腐。

（5）0.0250mol/L 重铬酸钾（$1/6K_2Cr_2O_7$）标准溶液　称取于 105～110℃烘干 2h 并冷却的重铬酸钾（优级纯）1.2258g，溶于水，移入 1000mL 容量瓶中，用水稀释至标线，摇匀。

（6）硫代硫酸钠标准溶液　称取 6.2g 五水合硫代硫酸钠（$Na_2S_2O_3 \cdot 5H_2O$）溶于煮沸放冷的水中，加 0.2g 碳酸钠，用水稀释至 1000mL，贮于棕色瓶中。使用前用

0.0250mol/L 重铬酸钾标准溶液标定。

（7）400g/L 氟化钾溶液　称取 40g 二水合氟化钾（$KF \cdot 2H_2O$）溶于水中，用水稀释至 100mL，贮于聚乙烯瓶中备用。

4. 测定步骤

（1）溶解氧的固定　用吸量管插入溶解氧瓶的液面下加入 1mL 硫酸锰溶液、2mL 碱性碘化钾－叠氮化钠溶液，盖好瓶塞，颠倒混合数次，静置。一般在取样现场固定。如水样含 Fe^{3+} 在 100mg/L 以上时干扰测定，需在水样采集后，先用吸量管插入液面下加入 1mL 400g/L 氟化钾溶液。

（2）打开瓶塞，立即用吸量管插入液面下加入 2.0mL 硫酸。盖好瓶塞，颠倒混合摇匀，至沉淀全部溶解，放于暗处静置 5min。

（3）吸取 100.00mL 上述溶液于 250mL 锥形瓶中，用硫代硫酸钠标准溶液滴定至溶液呈淡黄色，加入 1mL 淀粉溶液，继续滴定至蓝色刚好褪去，记录硫代硫酸钠标准溶液用量。用下式计算水样中溶解氧的质量浓度：

$$\text{DO}(O_2, \text{mg/L}) = \frac{c \times V \times 8 \times 1000}{100.00} \tag{5-10}$$

式中　c——硫代硫酸钠标准溶液的浓度，mol/L

V——滴定消耗硫代硫酸钠标准溶液的体积，mL

8——氧（$1/4\ O_2$）的摩尔质量，g/mol

10000——滴定时取水样溶液的体积，mL

六、水中氟化物的测定

（一）实验目的和要求

（1）掌握用氟离子选择电极法测定水中氟化物的原理和基本操作。

（2）掌握离子活度计或精密 pH 计及氟离子选择电极的使用方法。

（3）了解干扰测定的因素和消除方法。

（二）实验原理

氟化物（F^-）是人体必需的微量元素之一，缺氟易患龋齿病，饮用水中含氟的适宜质量浓度为 0.5～1.0mg/L（F^-）。长期饮用含氟量高于 1～1.5mg/L 的水时，易患斑齿病，水中含氟量高于 4mg/L 时，则导致氟骨症，因此，水中氟化物的含量是衡量水质的重要指标之一。本实验采用氟离子选择电极法测定游离态氟离子的质量浓度。

将氟离子选择电极和外参比电极（如甘汞电极）浸入欲测含氟溶液，构成原电池。该原电池的电动势与氟离子活度的对数呈线性关系，故通过测量电极与已知 F^- 浓度溶液组成的原电池电动势和电极与待测 F^- 浓度溶液组成原电池的电动势，即可计算出待测水样中 F^- 浓度。常用定量方法是标准曲线法和标准加入法。

对于污染严重的生活污水和工业废水，以及含氟硼酸盐的水样均要进行预蒸馏。

（三）实验仪器与试剂

1. 仪器

（1）氟离子选择电极　使用前在去离子水中充分浸泡。

（2）饱和甘汞电极。

（3）精密 pH 计或离子活度计　精确到 0.1mV。

（4）磁力搅拌器和塑料包裹的搅拌子。

（5）容量瓶　1000mL、100mL、50mL。

（6）移液管或吸量管　10mL、5mL。

（7）聚乙烯杯　100mL。

2. 试剂

除另有说明外，所用试剂均为分析纯；所用水为去离子水或无氟蒸馏水。

（1）氟化物标准贮备液　称取 0.2210g 基准氟化钠（NaF）（预先于 105～110℃烘干 2h 或者于 500～650℃烘干约 40min，冷却），用水溶解后转入 1000mL 容量瓶中，稀释至标线，摇匀，贮存在聚乙烯瓶中。此溶液每毫升含氟离子 100μg。

（2）乙酸钠溶液　称取 15g 乙酸钠（CH_3COONa）溶于水，并稀释至 100mL。

（3）盐酸　2mol/L。

（4）总离子强度缓冲剂（TISAB）　称取 58.8g 二水合柠檬酸钠和 85g 硝酸钠，加水溶解，用盐酸调节 pH 至 5～6，转入 1000mL 容量瓶中，稀释至标线，摇匀。

（四）测定步骤

1. 仪器准备和操作

按照所用测定仪器和电极使用说明书，首先接好线路，将各开关置于“关”的位置；开启电源开关，预热 15min，以后操作按说明书要求进行。

2. 水样的采集和制备

按要求采集水样，并用聚乙烯瓶保存水样。当水样中含有化合态（如氟硼酸盐）、络合态的氟化物时，应预先蒸馏分离后测定。

3. 氟化物标准溶液制备

用氟化物标准贮备液、吸量管和 100mL 容量瓶制备每毫升含氟离子 10μg 的标准溶液。

4. 标准曲线绘制

用吸量管取 1.00mL、3.00mL、5.00mL、10.00mL、20.00mL 氟化物标准溶液，分别置于 5 只 50mL 容量瓶中，加入 10mL 总离子强度缓冲剂，用水稀释至标线，摇匀。分别移入 100mL 聚乙烯杯中，放入一只搅拌子，按质量浓度由低到高的顺序，依次插入电极，连续搅拌溶液，读取搅拌状态下的稳态电位（E）。在每次测量之前，都要用水将电极冲洗干净，并用滤纸吸去水分。在半对数坐标纸上绘制 $E-\lg\rho_{F^-}$ 标准曲线，质量浓度标于对数分格上，最低质量浓度标于横坐标的起点。

5. 水样测定

用无刻度吸量管吸取适量水样，置于 50mL 容量瓶中，用乙酸钠溶液或盐酸调节至近中性，加入 10mL 总离子强度缓冲剂，用水稀释至标线，摇匀。将其移入 100mL 聚乙烯杯中，放入一只搅拌子，插入电极，连续搅拌溶液，待电位稳定后，在连续搅拌下读取电位（E_x）。在每次测量之前，都要用水充分冲洗电极，并用滤纸吸去水分。

根据测得的电位，由标准曲线上查得溶液氟化物的质量浓度，再根据水样的稀释倍数计算其氟化物含量。计算公式如下：

$$\rho_{F^-} = \frac{\rho_{测} \times 50}{V} \tag{5-11}$$

式中　ρ_{F^-}——水样中氟离子的质量浓度，mg/L

$\rho_{测}$——标准曲线查得的氟离子的质量浓度，mg/L

V——水样体积，mL

50——水样定容后的体积，mL

6. 空白实验

用去离子水代替水样，按测定水样的条件和步骤测定电位值，检验去离子水和试剂的纯度，如果测定值不能忽略，应从水样测定结果中减去该值。

当水样组成复杂时，宜采用一次标准加入法，以减小基体的影响。操作：先按步骤5测定出水样溶液的电位（E_1），然后向水样溶液中加入与其氟含量相近的氟化物标准溶液（体积为水样溶液的1/100～1/10），在不断搅拌下读取稳定电位（E_2），按下式计算水样中氟化物的含量：

$$\rho_x = \frac{\rho_s \cdot V_s}{V_x + V_s}\left(10^{\frac{\Delta E}{S}} - \frac{V_x}{V_x + V_s}\right)^{-1} \tag{5-12}$$

式中　ρ_x——水样中氟化物（F^-）的质量浓度，mg/L

V_x——水样体积，mL

ρ_s——氟化物标准溶液的质量浓度，mg/L

V_s——加入氟化物标准溶液的体积，mL

ΔE——等于 $E_1 - E_2$（对阴离子选择电极），其中，E_1 为测得水样溶液的电位，E_2 为水样溶液中加入氟化物标准溶液后测得的电位

s——氟离子选择电极实测斜率

如果 $V_s \ll V_x$，则上式可简化为：

$$\rho_x = \frac{\rho_s \cdot V_s}{V_x}\left(10^{\frac{\Delta E}{S}} - 1\right)^{-1} \tag{5-13}$$

（五）结果处理

（1）绘制 $E - \lg\rho_{F^-}$ 标准曲线。

（2）计算水样中氟化物的含量。

（3）分析测定方法中采取的控制或消除各种干扰因素的措施。

（六）思考与讨论

（1）分析影响测定准确度的因素和加入总离子强度缓冲剂的作用。

（2）根据测定结果，分析所测样品受氟污染的程度。

七、水中铬的测定

（一）实验目的和要求

（1）掌握用分光光度法测定六价铬和总铬的原理和方法，熟练使用分光光度计。

（2）学会废水中六价铬与三价铬含量的测定方法。

（二）实验原理

水中铬的测定方法有分光光度法、原子吸收光谱法、ICP－AES 法和滴定法。本实验采用分光光度法。其原理：在酸性溶液中，六价铬与二苯碳酰二肼反应，生成紫红色络合物，其最大吸收波长为540nm，吸光度与浓度的关系符合比尔定律。如果测定总铬，需先用高锰酸钾将水样中的三价铬氧化为六价铬，再用本法测定。

（三）实验仪器与试剂

1. 仪器

（1）分光光度计。

（2）比色皿 1cm、3cm。

（3）具塞比色管 50mL。

（4）移液管。

（5）容量瓶。

2. 试剂

除另有说明外，所用试剂均为分析纯试剂。

（1）丙酮。

（2）硫酸（1＋1）。

（3）磷酸（1＋1）。

（4）氢氧化锌共沉淀剂 称取七水合硫酸锌（$ZnSO_4 \cdot 7H_2O$）8g，溶于100mL水中；称取氢氧化钠2.4g，溶于新煮沸冷却的120mL水中。将以上两溶液混合。

（5）高锰酸钾溶液 40g/L。

（6）铬标准贮备液 称取于120℃干燥2h的重铬酸钾（优级纯）0.2829g，用水溶解，移入1000mL容量瓶中，用水稀释至标线，摇匀，每毫升铬标准贮备液含0.100mg六价铬。

（7）铬标准使用液 吸取5.00mL铬标准贮备液于500mL容量瓶中，用水稀释至标线，摇匀。每毫升铬标准使用液含1.00μg六价铬。使用当天配制。

（8）尿素溶液 200g/L。

（9）亚硝酸钠溶液 20g/L。

（10）显色剂（二苯碳酰二肼）溶液 称取二苯碳酰二肼（简称DPC，$C_{13}H_{14}N_4O$）0.2g，溶于50mL丙酮中，加水稀释至100mL，摇匀，贮于棕色瓶内，置于冰箱中保存。颜色变深后不能再用。

（11）浓硝酸、浓硫酸、三氯甲烷。

（12）（1＋1）氢氧化铵溶液 用氨水（$\rho = 0.90g/mL$）与等体积水混合而成。

（13）5%铜铁试剂 称取铜铁试剂［$C_6H_5N(NO)ONH_4$］5g，溶于冰冷水中，并稀释至100mL。临用时现配。

（四）测定步骤

1. 水样的预处理

（1）测定六价铬水样的预处理方法

①对不含悬浮物、低色度的清洁地表水，可直接进行测定。

②如果水样有色但不深，可进行色度校正，即另取一份水样，加入除显色剂以外的各种试剂，以 2mL 丙酮代替显色剂，用此溶液为测定样品溶液吸光度的参比溶液。

③对浑浊、色度较深的水样，应加入氢氧化锌共沉淀剂并进行过滤处理。

④水样中存在次氯酸盐等氧化性物质时，干扰测定，可加入尿素和亚硝酸钠消除。

⑤水样中存在低价铁、亚硫酸盐、硫化物等还原性物质时，可将 Cr^{6+} 还原为 Cr^{3+}，此时，调节水样 pH 至 8，加入显色剂溶液，放置 5min 后再酸化显色，并以同法做标准曲线。

（2）测定总铬水样的预处理方法

①一般清洁地表水可直接用高锰酸钾氧化后测定。

②对含大量有机物的水样，需进行消解处理，即取 50mL 或适量（含铬少于 50μg）水样，置于 150mL 烧杯中，加入 5mL 硝酸和 3mL 硫酸，加热蒸发至冒白烟。如溶液仍有色，再加入 5mL 硝酸，重复上述操作，至溶液清澈，冷却，用水稀释至约 10mL，用氨水溶液中和至 pH 为 1 ~ 2，移入 50mL 容量瓶中，用水稀释至标线，摇匀，供测定。

③如果水样中钼、钒、铁、铜等含量较大，先用铜铁试剂和三氯甲烷萃取除去，然后再进行消解处理。

④高锰酸钾氧化三价铬：取 50.0mL 或适量（铬含量少于 50μg）清洁水样或经预处理的水样（如不足 50.0mL，用水补充至 50.0mL）于 150mL 锥形瓶中，用氨水溶液和硫酸溶液调至中性，加入几粒玻璃珠，加入（1 + 1）硫酸和（1 + 1）磷酸各 0.5mL，摇匀。加入 40g/L 高锰酸钾溶液 2 滴，如紫色消退，则继续滴加高锰酸钾溶液至保持紫色。加热煮沸至溶液剩约 20mL。冷却后，加入 1mL 200g/L 的尿素溶液，摇匀。用滴管加 20g/L 亚硝酸钠溶液，每加一滴充分摇匀，至紫色刚好消失。稍停片刻，待溶液内气泡逸尽，转移至 50mL 具塞比色管中，稀释至标线，供测定。

2. 标准曲线的绘制

取 9 支 50mL 具塞比色管，依次加入 0、0.20mL、0.50mL、1.00mL、2.00mL、4.00mL、6.00mL、8.00mL、10.00mL 铬标准使用液，用水稀释至标线，加入（1 + 1）硫酸 0.5mL 和（1 + 1）磷酸 0.5mL，摇匀。加入 2mL 显色剂溶液，摇匀。5 ~ 10min 后，于 540nm 波长处，用 1cm 或 3cm 比色皿，以水为参比，测定吸光度并做空白校正。以吸光度为纵坐标，相应六价铬质量为横坐标绘出标准曲线。

3. 水样的测定

取适量（含六价铬少于 50μg）无色透明或经预处理的水样于 50mL 具塞比色管中，用水稀释至标线，以下步骤同标准溶液测定。进行空白校正后根据所测吸光度从标准曲线上查得六价铬质量。

4. 计算

$$\rho(\text{六价铬,mg/L}) = \frac{m}{V} \tag{5-14}$$

式中 m——从标准曲线上查得的六价铬的质量，μg

V——水样的体积，mL

5. 注意事项

（1）用于测定铬的玻璃器皿不应用重铬酸钾洗液洗涤。

（2）六价铬与显色剂的显色反应一般控制酸度在 0.05 ~ 0.3mol/L（$1/2H_2SO_4$），以

0.2mol/L 时显色最好。显色前，水样应调至中性。显色温度和时间对显色有影响，在15℃时，5~15min 颜色即可稳定。

（3）如测定清洁地表水样，显色剂可按以下方法配制：溶解 0.2g 二苯碳酰二肼于100mL 体积分数 95% 的乙醇中，边搅拌边加入（1+9）硫酸 400mL。该溶液在冰箱中可存放一个月。显色时直接加入此显色剂 2.5mL 即可，不必再加酸。但加入显色剂后，要立即摇匀，以免六价铬可能被乙酸还原。

（五）思考与讨论

（1）影响测定准确度的因素有哪些？

（2）比较各种测定方法的特点。

八、废水中酚类的测定

（一）实验目的和要求

（1）了解 4-氨基安替比林分光光度法测定挥发酚的原理和实验技术。

（2）掌握用蒸馏法预处理水样的方法。

（二）实验方法

酚类的分析方法很多，各国普遍采用的是 4-氨基安替比林光度法，高浓度含酚废水可采用溴化滴定法，此法尤其适用于车间排放口未经处理的总排污口废水。气相色谱法则可以测定个别组分的酚。

1. 4-氨基安替比林分光光度法

（1）实验原理　酚类化合物于 pH 10.0±0.2 介质中，在铁氰化钾存在下，与 4-氨基安替比林反应，生成橙红色的吲哚酚氨替比林染料，其水溶液在 510nm 波长处有最大吸收。

用光程长为 20mm 比色皿测量时，酚的最低检出浓度为 0.1mg/L。

（2）实验仪器与试剂

①仪器：全玻璃蒸馏器 500mL；分光光度计。

②试剂：实验用水应为无酚水。

a. 无酚水：于 1L 水中加入 0.2g 经 200℃活化 0.5h 的活性炭粉末，充分振摇后，放置过夜。用双层中速滤纸过滤，或加氢氧化钠使水呈强碱性，并滴加高锰酸钾溶液至紫红色，移入蒸馏瓶中加热蒸馏，收集馏出液备用。注意无酚水应贮于玻璃瓶中，取用时应避免与橡胶制品（橡皮塞或乳胶管）接触。

b. 硫酸铜溶液：称取 50g 硫酸铜（$CuSO_4 \cdot 5H_2O$）溶于水，稀释至 500mL。

c. 磷酸溶液：量取 50mL 磷酸（$\rho_{20℃}=1.69g/mL$），用水稀释至 500mL。

d. 甲基橙指示液：称取 0.05g 甲基橙溶于 100mL 水中。

e. 苯酚标准贮备液：称取 1.00g 无色苯酚（C_6H_5OH）溶于水，移入 1000mL 容量瓶中，稀释至标线。至冰箱内保存，至少稳定一个月。

标定方法：吸取 10.00mL 酚贮备液于 250mL 碘量瓶中，加水稀释至 100mL，加 10.0mL 0.1mol/L 溴酸钾-溴化钾溶液，立即加入 5mL 盐酸，盖好瓶塞，轻轻摇匀，于暗处放置 10min。加入 1g 碘化钾，密塞，再轻轻摇匀，放置暗处 5min。用 0.0125mol/L 硫代硫酸钠标准滴定溶液滴定至淡黄色，加入1mL淀粉溶液，继续滴定至蓝色刚好褪去，记录用量。

同时以水代替苯酚贮备液做空白实验，记录硫代硫酸钠标准滴定溶液用量。

苯酚贮备液浓度由下式计算：

$$苯酚(mg/mL) = \frac{(V_1 - V_2)c \times 15.68}{V} \tag{5-15}$$

式中　V_1——空白实验中硫代硫酸钠标准滴定溶液用量，mL

V_2——滴定苯酚贮备液时，硫代硫酸钠标准滴定溶液用量，mL

V——取用苯酚贮备液体积，mL

c——硫代硫酸钠标准滴定溶液浓度，mol/L

15.68——1/6 C_6H_5OH 摩尔质量，g/mol

f. 苯酚标准中间液：取适量苯酚贮备液，用水稀释至每毫升含0.010mg苯酚。使用时当天配制。

g. 溴酸钾－溴化钾标准参考溶液（$C_{1/6KBrO_3}=0.1mol/L$）：称取2.784g溴酸钾（$KBrO_3$）溶于水，加入10g溴化钾（KBr），使其溶解，移入1000mL容量瓶中，稀释至标线。

h. 碘酸钾标准参考溶液（$C_{1/6KIO_3}=0.0125mol/L$）：称取预先经180℃烘干的碘酸钾0.4458g溶于水，移入1000mL容量瓶中，稀释至标线。

i. 硫代硫酸钠标准溶液（$C_{Na_2S_2O_3} \approx 0.0125mol/L$）：称取3.1g硫代硫酸钠溶于煮沸放冷的水中，加入0.2g碳酸钠，稀释至1000mL，临用前，用碘酸钾溶液标定。标定方法：取10.00mL碘酸钾溶液置250mL碘量瓶中，加水稀释至1000mL，加1g碘化钾，再加5mL（1+5）硫酸，加塞，轻轻摇匀。置暗处放置5min，用硫代硫酸钠溶液滴定至淡黄色，加1mL淀粉溶液，继续滴定至蓝色刚褪去为止，记录硫代硫酸钠溶液用量。按下式计算硫代硫酸钠溶液浓度（mol/L）：

$$c_{Na_2S_2O_3 \cdot 5H_2O} = \frac{0.0125 \times V_4}{V_3} \tag{5-16}$$

式中　V_3——硫代硫酸钠标准溶液消耗量，mL

V_4——移取碘酸钾标准参考溶液量，mL

0.0125——碘酸钾标准参考溶液浓度，mol/L

j. 淀粉溶液：称取1g可溶性淀粉，用少量水调成糊状，加沸水至100mL，冷后，置冰箱内保存。

k. 缓冲溶液（pH约为10）：称取20g氯化铵（NH_4Cl）溶于100mL氨水中，加塞，置冰箱中保存。注意：应避免氨挥发所引起pH的改变，注意在低温下保存和取用后立即加塞盖严，并根据使用情况适量配制。

l. 2g/mL 4－氨基安替比林溶液：称取4－氨基安替比林（$C_{11}H_{13}N_3O$）2g溶于水，稀释至100mL，置于冰箱中保存。可使用一周。注意固体试剂易潮解、氧化，宜保存在干燥器中。

m. 8g/mL铁氰化钾溶液：称取8g铁氰化钾{$K_3[Fe(CN)_6]$}溶于水，稀释至100mL，置于冰箱内保存。可使用一周。

(3) 测定步骤

①水样预处理：量取250mL水样置蒸馏瓶中，加数粒小玻璃珠以防暴沸，再加2滴甲基橙指示液，用磷酸溶液调节至pH 4（溶液呈橙红色），加5.0mL硫酸铜溶液（如采样时已加过硫酸铜，则补加适量）。如加入硫酸铜溶液后产生较多量的黑色硫化铜沉淀，则应摇匀后放置片刻，待沉淀后，再滴加硫酸铜溶液，至不再产生沉淀为止。

连接冷凝器，加热蒸馏，至蒸馏出约225mL时，停止加热，放冷。向蒸馏瓶中加入25mL水，继续蒸馏至馏出液为250mL为止。蒸馏过程中，如发现甲基橙的红色褪去，应在蒸馏结束后，再加1滴甲基橙指示液。如发现蒸馏后残液不呈酸性，则应重新取样，增加磷酸加入量，进行蒸馏。

②标准曲线的绘制：于一组8支50mL比色管中，分别加入0、0.50mL、1.00mL、3.00mL、5.00mL、7.00mL、10.00mL、12.50mL酚标准中间液，加水至50mL标线。加0.5mL缓冲溶液，混匀，此时pH为10.0±0.2，加4－氨基安替比林溶液1.0mL，混匀。再加1.0mL铁氰化钾溶液，充分混匀后，放置10min，立即于510nm波长，用光程为20mm比色皿，以水为参比，测量吸光度。经空白校正后，绘制吸光度对苯酚含量（mg）的标准曲线。

③水样的测定：分取适量的馏出液放入50mL比色管中，稀释至50mL标线。用与绘制标准曲线相同步骤测定吸光度，最后减去空白实验所得吸光度。

④空白实验：以水代替水样，经蒸馏后，按水样测定步骤进行测定，以其结果作为水样测定的空白校正值。

(4) 计算

$$挥发酚(以苯酚计,mg/L) = m \times 1000/V \quad (5-17)$$

式中 m——由水样的校正吸光度，从标准曲线上查得的苯酚含量，mg

V——移取馏出液体积，mL

(5) 注意事项　如水样含挥发酚较高，移取适量水样并加至250mL进行蒸馏，则在计算时应乘以稀释倍数。

2. 气相色谱法

本法能适用于含酚浓度1mg/L以上的废水中简单酚类组分的分析，其中难分离的异构体及多元酚的分析，可以通过选择其他固定液或配合衍生化技术得以解决。

(1) 仪器

①气相色谱仪。

②色谱条件。

固定液：5%聚乙二醇+1%对苯二甲酸（减尾剂）。

担体：101酸洗硅烷化白色担体，或Chromosorb W（酸洗、硅烷化），60~80目。

色谱柱：柱长1.2~3m，内径3~4mm。

柱温：114~118℃。

检测器：氢火焰检测器，温度250℃。

汽化温度：300℃。

载气：N_2流速20~30mL/min。

氢气：流速25~30mL/min。

空气：流速500mL/min。

记录纸速度；300～400mm/h。

（2）试剂

①载气：高纯度的氮气。

②氢气：高纯度的氢气。

③水：要求无酚高纯水，可用离子交换树脂及活性炭处理，在色谱仪上检查无杂质峰。

④酚类化合物：要求高纯度的基准，可采用重蒸馏、重结晶或制备色谱等方法纯制。根据测试要求，可准备下列标准物质：酚、邻二甲酚、对二甲酚、邻二氯酚、间二氯酚、对二氯酚等1～5种二氯酚，1～6种二甲酚等。

（3）测定步骤

①标准溶液的配制：配单一标准溶液及混合标准溶液，先配制每种组分的浓度为1000.0mg/L，然后再稀释配成100.0mg/L、10.0mg/L、1.0mg/L三种浓度，混合标准溶液中各组分的浓度分别为100.0mg/L、10.0mg/L、1.0mg/L。

②色谱柱的处理：在180～190℃的条件下，（通载气20～40mL/min）预处理16～20h。

③保留时间的测定：在相同的色谱条件下，分别将单一组分标准溶液注入，测定每种组分的保留时间，并求出每种组分对苯酚的相对保留时间（以苯酚为1），以此做出定性的依据。

④响应值的测定：在相同的浓度范围和相同色谱条件下，测出每种组分的色谱峰面积，然后求出每种组分的响应值及每种组分对苯酚响应值比率，公式如下：

$$\text{相应值} = \frac{\text{某组分的浓度(mg/L)}}{\text{某组分的峰面积(mm}^2\text{)}} \tag{5-18}$$

$$\text{响应值比率} = \frac{\text{某组分的浓度(mg/L)}}{\text{某组分的峰面积(mm}^2\text{)}} \Big/ \frac{\text{苯酚浓度}}{\text{苯酚峰面积}} \tag{5-19}$$

⑤水样的测定：根据预先选择好的进样量及色谱仪的灵敏度范围，重复注入试样三次，求得每种组分的平均峰面积。

（4）计算

$$c_i = A_i \times \frac{c_{\text{酚}}}{A_{\text{酚}}} \times K_i \tag{5-20}$$

式中　c_i——待测组分 i 的浓度，mg/L

A_i——待测分 i 的峰面积，mm^2

$c_{\text{酚}}$——苯酚的浓度，mg/L

$A_{\text{酚}}$——苯酚的峰面积，mm^2

K_i——组分 i 的响应值比率

九、污水中油的测定

（一）实验目的和要求

（1）掌握水中测定油的方法以及适用范围。

（2）学习水中油的萃取方法。

（二）实验方法

1. 质量法

（1）实验原理　以硫酸酸化水样，用石油醚萃取矿物油，蒸除石油醚后，称其质量。

此法测定的是酸化样品中可被石油醚萃取的，且在实验过程中不挥发的物质总量。溶剂去除时，使得轻质油有明显损失。由于石油醚对油有选择地溶解，因此，石油的较重成分中可能含有不为溶剂萃取的物质。

（2）实验仪器与试剂

①仪器：分析天平；恒温箱；恒温水浴锅；分液漏斗 1000mL；干燥器；直径 11cm 中速定性滤纸。

②试剂：1+1 硫酸；氯化钠。

石油醚：将石油醚（沸程 30~60℃）重蒸馏后使用 100mL 石油醚的蒸干残渣不应大于 0.2mg。

无水硫酸钠：在 300℃马福炉中烘 1h，冷却后装瓶备用。

（3）测定步骤

①在采集瓶上做一容量记号后（以便以后测量水样体积），将所收集的大约 1L 已经酸化的（pH<2）水样，全部转移至分液漏斗中，加入氯化钠，其量约为水样量的 8%。用 25mL 石油醚洗涤采样瓶并转入分液漏斗中，充分摇匀 3min，静置分层并将水层放入原采样瓶内，石油醚层转入 100mL 锥形瓶中。用石油醚重复萃取水样两次，每次用量 25mL，合并三次萃取液于锥形瓶中。

②向石油醚萃取液中加入适量无水硫酸钠（加入至不再结块为止），加盖后，放置 0.5h 以上，以便脱水。

③用预先以石油醚洗涤过的定性滤纸过滤，收集滤液于 100mL 已烘干至恒重的烧杯中，用少量石油醚洗涤锥形瓶、硫酸钠和滤纸，洗涤液并入烧杯中。

④将烧杯置于（65±5）℃水浴上，蒸出石油醚。近干后再置于（65±5）℃恒温箱内烘干 1h，然后放入干燥器中冷却 30min，称量。

（4）计算

$$\text{油(mg/L)} = \frac{(W_1 - W_2) \times 10^6}{V} \qquad (5-21)$$

式中　W_1——烧杯加油总质量，g

W_2——烧杯质量，g

V——水样体积，mL

（5）注意事项

①分液漏斗的活塞不要涂凡士林。

②测定废水中石油类时，若含有大量动、植物性油脂，应取内径 20mm、长 300mm、一端呈漏斗状的硬质玻璃管，填装 100mm 厚活性层析氧化铝（在 150~160℃活化 4h，未完全冷却前装好柱），然后用 10mL 石油醚清洗。将石油醚萃取液通过层析柱，除去动、植物性油脂，收集馏出液于恒重的烧杯中。

③采样瓶应为清洁玻璃瓶，用洗涤剂清洗干净（不要用肥皂）。应定容采样，并将水

样全部移入分液漏斗测定，以减少油附着于容器壁上引起的误差。

2. 紫外分光光度法

（1）实验原理　石油及其产品在紫外光区有特征吸收，带有苯环的芳香族化合物，主要吸收波长为250～260nm；带有共轭双键的化合物主要吸收波长为215～230nm。一般原油的两个主要吸收波长为225nm及254nm。石油产品中，如燃料油、润滑油等的吸收峰与原油相近。因此，波长的选择应视实际情况而定，原油和重质油可选254nm，而轻质油及炼油厂的油品可选225nm。

标准油采用受污染地点水样中的石油醚萃取物。如有困难可采用15号机油、20号重柴油或环保部门批准的标准油。

水样加入1～5倍含油量的苯酚，对测定结果无干扰，动、植物性油脂的干扰作用比红外分光光度法小。用塑料桶采集或保存水样，会引起测定结果偏低。

（2）实验仪器

①分光光度计：（具215～256nm波长）10mm石英比色皿。

②分液漏斗：1000mL。

③容量瓶：50mL。

④玻璃砂芯漏斗：G3型25mL。

（3）试剂

①标准油：用经脱芳烃并重蒸馏过的30～60℃沸程的石油醚，从待测水样中萃取油品，经无水硫酸钠脱水后过滤。将滤液置于（65±5）℃水浴上蒸出石油醚，然后置于（65±5）℃恒温箱内赶尽残留的石油醚，即得标准油品。

②标准油贮备溶液：准确称取标准油品0.100g溶于石油醚中，移入100mL容量瓶内，稀释至标线，贮于冰箱中。此溶液每毫升含1.00mg油。

③标准油使用溶液：临用前把上述标准油贮备液用脱芳烃石油醚稀释10倍，此液每毫升含0.10mg油。

④无水硫酸钠：在300℃下烘1h，冷却后装瓶备用。

⑤脱芳烃石油醚（60～90℃馏分）：将60～100目粗孔微球硅胶和70～120目中性层析氧化铝（在150～160℃活化4h）在未完全冷却前装入内径25mm（其他规格也可）、高750mm的玻璃柱中。下层硅胶高600mm，上面覆盖50mm厚的氧化铝，将60～90℃馏分的石油醚通过此柱以脱除芳烃。收集石油醚于细口瓶中，以水为参比，在225nm处测定处理过的石油醚，其透光率不应小于80%。

⑥硫酸（1+1）。

⑦氯化钠。

（4）测定步骤

①标准曲线的绘制：向7个50mL容量瓶中，分别加入0、2.00mL、4.00mL、8.00mL、12.00mL、20.00mL、25.00mL标准油使用溶液，用脱芳烃石油醚（60～90℃馏分）稀释至标线。在选定波长处，用10mm石英比色皿，以脱芳烃石油醚为参比测定吸光度，经空白校正后，绘制标准曲线。

②油类的萃取：将已测量体积的水样，仔细移入1000mL分液漏斗中，加入1+1硫酸5mL酸化（若采样时已酸化，则不需加酸）。加入氯化钠，其量约为水量的2%。用20mL

脱芳烃石油醚（60～90℃馏分）清洗采样瓶后，移入分液漏斗中。充分振摇3min，静置使之分层，将水层移入采样瓶内。

将石油醚萃取液通过内铺约5mm厚度无水硫酸钠层的玻璃砂芯漏斗，滤入50mL容量瓶内。

将水层移回分液漏斗内，用20mL石油醚重复萃取一次，同上操作。

用10mL石油醚洗涤玻璃砂芯漏斗，其洗涤液均收集于同一容量瓶内，并用脱芳烃石油醚稀释至标线。

③吸光度的测定：在选定的波长处，用10mm石英比色皿，以脱芳烃石油醚为参比，测量其吸光度。

④空白值的测定：取与水样相同体积的纯水，与水样操作步骤制备空白实验溶液，测量吸光度。

⑤由水样测得的吸光度，减去空白实验的吸光度后，从标准曲线上查出相应的油含量。

（5）计算

$$油(mg/L) = \frac{m \times 1000}{V} \quad (5-22)$$

式中 m——从标准曲线中查出相应油的量，mg/L

V——水样体积，mL

（6）注意事项

①不同油品的特征吸收峰不同，如难以确定测定的波长时，可向50mL容量瓶中移入标准油使用溶液20～25mL，用脱芳烃石油醚稀释至标线，在波长为215～300nm，用10mm石英比色皿测得吸收光谱图（以吸光度为纵坐标，波长为横坐标的吸光度曲线），得到最大吸收峰的位置。一般在220～225nm。

②使用的器皿应避免有机物污染。

③水样及空白测定所使用的石油醚应为同一批号，否则会由于空白值不同而产生误差。

④如石油醚纯度较低，或缺乏脱芳烃条件，也可采用己烷作萃取剂。把己烷进行重蒸馏后使用，或用水洗涤3次，以除去水溶性杂质。以水作参比，于波长225nm处测定，其透光率应大于80%方可使用。

（7）思考与讨论

质量法和紫外分光光度法测定水中石油类有何区别与联系。

十、废水中苯系化合物的测定

（一）实验目的和要求

（1）掌握用顶空法预处理水样，用气相色谱法测定苯系物的原理和操作方法。

（2）熟练操作气相色谱仪。

（二）实验原理

苯系物通常包括苯、甲苯、乙苯、邻二甲苯、间二甲苯、对二甲苯、异丙苯、苯乙烯八种化合物，是生活饮用水、地表水质量标准和污水排放标准中控制的有毒物质指标。测定苯系物的方法有顶空气相色谱法、二硫化碳萃取气相色谱法和气相色谱－质谱（GC－MS）法。本实验采用顶空气相色谱法，原理：在恒温的密闭容器中，水样中的苯系物挥发进入容器上气相中，当气、液两相间达到平衡后，取液上气相样品进行色谱分析。

（三）实验仪器与试剂

1. 仪器

（1）气相色谱仪　带 FID 检测器。

（2）振荡器　带恒温水浴。

（3）顶空瓶。

（4）全玻璃注射器　5mL。

（5）全玻璃注射器　100mL，或气密性注射器，配有耐油胶帽，可用于顶空瓶。

（6）微量注射器　10μL。

2. 试剂

（1）色谱固定液　有机硅藻土。

（2）色谱固定液　邻苯二甲酸二壬酯（DNP）。

（3）101 白色担体。

（4）苯系物标准物质　苯、甲苯、乙苯、对二甲苯、间二甲苯、邻二甲苯、异丙苯和苯乙烯，均为色谱纯。

（5）苯系物标准贮备液　用 10μL 微量注射器取苯系物标准物质，配成质量浓度各为 10mg/L 的混合水溶液。该贮备液于冰箱内保存，一周内有效。也可采用商品标准贮备液。

（6）氯化钠　色谱纯。

（7）高纯氮气　纯度 99.999%。

（四）测定步骤

1. 顶空样品的制备

（1）用注射器制备　称取 20g 氯化钠，放入 100mL 全玻璃注射器中，加入 40mL 水样，排出针筒内空气，再吸入 40mL 高纯氮气，用胶帽封好注射器。将注射器置于振荡器恒温水浴中固定，在约 30℃下振荡 5min，抽出液上空间的气样 5mL 进行色谱分析。当废水中苯系物浓度较高时，适当减少进样量。

（2）用专用顶空设备制备　取一定体积的标准样品（或样品）于一定容积的顶空瓶中，用封盖器将瓶子用带隔垫的盖子封好，放入具有一定温度（65℃）的顶空加热器上平衡一定时间（20min），取一定体积液上气样进入气相色谱仪测定。

2. 色谱条件

（1）色谱柱　长 3m、内径 4mm 的螺旋形不锈钢柱或玻璃柱。

（2）柱填料　3% 有机硅藻土/101 白色担体与 2.5% DNP/101 白色担体，其质量比例为 35∶65。

（3）温度　柱温 65℃，汽化室温度 200℃，检测器温度 150℃。

（4）气体流量　氮气 400mL/min，氢气 40mL/min，空气 400mL/min，应根据仪器型号选用最合适的气体流量。

3. 标准曲线的绘制

用苯系物标准贮备液配成质量浓度为5μg/L、20μg/L、40μg/L、60μg/L、80μg/L、100μg/L的苯系物标准系列溶液，吸取不同质量浓度的标准系列溶液，取与5mL液上空间气样进行色谱分析，绘制质量浓度-峰高标准曲线。

4. 水样测定

按照标准曲线绘制方法，抽取适量水样的液上空间气样进行色谱分析，获得色谱峰高。

（五）结果处理

根据水样的液上空间气样中各组分峰高、标准曲线和水样体积，计算废水中苯系物质量浓度。

（六）注意事项

（1）用顶空法制备样品是准确分析的重要步骤之一，温度变化及改变气、液两相的比例等因素都会使分析误差增大。如需要二次进样，应重新制备顶空样品。进样时所用微量注射器应预热到稍高于样品温度。

（2）配制苯系物标准贮备液时，可先将移取的苯系物加入到少量甲醇中，再配制成水溶液。配制工作要在通风良好的条件下进行，以免危害健康。

（七）思考与讨论

（1）根据实验操作和条件控制等方面的实际情况，分析可能导致测定误差的因素。

（2）为什么取顶空气样测试就可以测得水样中待测成分的含量？

十一、大气中总悬浮颗粒物的测定

目前测定空气中总悬浮颗粒物（TSP）含量广泛采用质量法。

（一）实验目的和要求

（1）掌握TSP的质量法测定的原理。

（2）了解空气采样器的使用方法。

（二）实验原理

用质量法测定大气中总悬浮颗粒物的方法一般分为大流量（1.1~1.7m^3/min）和中流量（0.05~0.15m^3/min）采样法。原理：抽取一定体积的空气，使之通过已恒重的滤膜，则悬浮微粒被阻留在滤膜上。根据采样前后滤膜质量之差及采集气体的体积，即可计算总悬浮颗粒物的质量浓度。

本实验采用中流量采样法测定。

（三）实验仪器与试剂

（1）中流量采样器　流量50~150L/min，滤膜直径8~10cm。

（2）流量校准装置　经过罗茨流量计校准的孔口校准器。

（3）气压计。

（4）滤膜　超细玻璃纤维滤膜或聚氯乙烯滤膜。

（5）滤膜贮存袋及贮存盒。

（6）分析天平 感量0.1mg。

（四）测定步骤

1. 采样器的流量校准

采样器每月用孔口校准器进行流量校准。

2. 采样

（1）每张滤膜使用前均需用光照检查，不得使用有针孔或有任何缺陷的滤膜采样。

（2）迅速称重在平衡室内已平衡24h的滤膜，读数准确至0.1mg，记下滤膜的编号和质量，将其平展地放在光滑洁净的纸袋内，然后贮存于盒内备用。天平放置在平衡室内，平衡室温度在20～25℃，温度变化小于±3℃，相对湿度小于50%，湿度变化小于5%。

（3）将已恒重的滤膜用小镊子取出，“毛”面向上，平放在采样夹的网托上，拧紧采样夹，按照规定的流量采样。

（4）采样5min后和采样结束前5min，各记录一次U形压力计压差值，读数准至2mm。若有流量记录器，则直接记录流量。测定日平均浓度一般从8:00开始采样至第二天8:00结束。若污染严重，可用几张滤膜分段采样，合并计算日平均浓度。

（5）采样后，用镊子小心取下滤膜，使采样“毛”面朝内，以采样有效面积的长边为中线对叠好，放回表面光滑的纸袋并贮于盒内。将有关参数及现场温度、大气压力等记录填写在表5－4中。

表5－4　总悬浮颗粒物采样记录

________市________监测点

月，日	时间	采样温度/K	采样气压/kPa	采样器编号	滤膜编号	压差值/Pa			流量/（m^3/min）		备注
						开始	结束	平均	Q_2	Q_n	

表5－5　总悬浮颗粒物测定记录

________市________监测点

月，日	时间	滤膜编号	流量 Q_n /（m^3/min）	采样体积/m^3	滤膜质量/g			总悬浮颗粒物浓度/（mg/m^3）
					采样前	采样后	样品重	

（五）计算

按下式计算TSP含量：

$$总悬浮颗粒物(TSP, mg/m^3) = \frac{W}{Q_n \cdot t} \quad (5-23)$$

式中 W——采集在滤膜上的总悬浮颗粒物质量，mg

T——采样时间，min

Q_n——标准状态下的采样流量（m^3/min），按下式计算：

$$Q_n = Q_2\sqrt{\frac{T_2P_3}{T_2P_3}} \times \frac{273 \times P_3}{101.3 \times T_3}$$

$$= Q\sqrt{\frac{P_2P_3}{T_2T_3}} \times \frac{273}{101.3}$$

$$= 2.69 \times Q_2\sqrt{\frac{P_2P_3}{T_2T_3}} \tag{5-24}$$

式中 Q_2——现场采样流量，m^3/min

P_2——采样器现场校准时大气压力，kPa

P_3——采样时大气压力，kPa

T_2——采样器现场校准时空气温度，K

T_3——采样时的空气温度，K

若 T_3P_3 与采样器校准时的 T_2P_2 相近，可用 T_2P_2 代之

（六）注意事项

（1）滤膜称重时的质量控制　取清洁滤膜若干张，在平衡室内平衡24h，称重。每张滤膜称10次以上，则每张滤膜的平均值为该张滤膜的原始质量，此为标准滤膜。每次称清洁或样品滤膜的同时，称量两张标准滤膜，若称出的质量在原始质量 ±5mg 范围内，则认为该批样品滤膜称量合格，否则应检查称量环境是否符合要求，并重新称量该批样品滤膜。

（2）要经常检查采样头是否漏气。当滤膜上颗粒物与四周白边之间的界线逐渐模糊，则表明应更换面板密封垫。

（3）称量不带衬纸的聚氯乙烯滤膜时，在取放滤膜时，用金属镊子触一下天平盘，以消除静电的影响。

十二、大气中二氧化硫的测定

（一）实验目的和要求

（1）了解大气污染物的布点采样方法和原理。

（2）掌握大气采样器的构造及工作原理。

（3）掌握盐酸副玫瑰苯胺分光光度法测定大气中 SO_2 浓度的分析原理及操作技术。

（二）实验原理

大气中的二氧化硫被四氯汞钾溶液吸收后，生成稳定的二氯亚硫酸盐络合物，此络合物再与甲醛及盐酸副玫瑰苯胺发生反应，生成紫红色的络合物，据其颜色深浅，用分光光度计在577nm处进行测定。按照所用的盐酸副玫瑰苯胺使用液含磷酸多少，分为两种操作方法。方法一：含磷酸量少，最后溶液的 pH 为 1.6 ±0.1；方法二：含磷酸量多，最后溶液的 pH 为 1.2 ±0.1，是我国暂选为环境监测系统的标准方法。

本实验采用方法二测定。

（三）实验仪器与试剂

1. 仪器

（1）多孔玻板吸收管（用于短时间采样），多孔玻板吸收瓶（用于24h采样）。

（2）空气采样器　流量0～1L/min。

（3）分光光度计。

2. 试剂

（1）0.04mol/L 四氯汞钾吸收液　称取 10.9g 氯化汞（$HgCl_2$）、6.0g 氯化钾和 0.070g 乙二胺四乙酸二钠盐（EDTA－Na_2），溶解于水，稀释至 1000mL。此溶液在密闭容器中贮存，可稳定 6 个月，如发现有沉淀，不能再用。

（2）2.0g/L 甲醛溶液　量取 36%～38% 甲醛溶液 1.1mL，用水稀释至 200mL，临用现配。

（3）6.0g/L 氨基磺酸铵溶液　称取 0.60g 氨基磺酸铵（$H_2NSO_3NH_4$），溶解于 100mL 水中，临用现配。

（4）碘贮备液 $c(1/2I_2)=0.10mol/L$　称取 12.7g 碘于烧杯中，加入 40g 碘化钾和 25mL 水，搅拌至全部溶解后，用水稀释至 1000mL，贮于棕色试瓶中。

（5）碘使用液 $c(1/2I_2)=0.010mol/L$　量取 50mL 碘贮备液，用水稀释至 500mL，贮于棕色试剂瓶中。

（6）2g/L 淀粉指示剂　称取 0.20g 可溶性淀粉，用少量水调成糊状，慢慢倒入 100mL 沸水中，继续煮沸直至溶液澄清，冷却后贮于试剂瓶中。

（7）碘酸钾标准溶液 $c(1/6KIO_3)=0.010mol/L$　称取 3.5668g 碘酸钾（KIO_3，优级纯，110℃烘干 2h），溶解于水，移入 1000mL 容量瓶中，用水稀释至标线。

（8）盐酸溶液 $c(HCl)=1.2mol/L$　量取 100mL 浓盐酸，用水稀释至 1000mL。

（9）硫代硫酸钠贮备液 $c(Na_2S_2O_3)\approx 0.1mol/L$　称取 25g 硫代硫酸钠（$Na_2S_2O_3 \cdot 5H_2O$），溶解于 1000mL 新煮沸并已冷却的水中，加 0.20g 无水碳酸钠，贮于棕色瓶中，放置一周后标定其浓度。若溶液呈现浑浊时，应该过滤。

标定方法：吸取碘酸钾标准溶液 25.00mL，置于 250mL 碘量瓶中，加 70mL 新煮沸并已冷却的水，加 1.0g 碘化钾，振荡至完全溶解后，再加 1.2mol/L 盐酸溶液 10.0mL，立即盖好瓶塞，混匀。在暗处放置 5min 后，用硫代硫酸钠溶液滴定至淡黄色，加淀粉指示剂 5mL，继续滴定至蓝色刚好消失。按下式计算硫代硫酸钠溶液的浓度：

$$c = \frac{25.00 \times 0.1000}{V} \tag{5-25}$$

式中　c——硫代硫酸钠溶液浓度，mol/L

V——消耗硫代硫酸钠溶液的体积，mL

（10）硫代硫酸钠标准溶液　取 50.00mL 硫代硫酸钠贮备液于 500mL 容量瓶中，用新煮沸并已冷却的水稀释至标线，计算其准确浓度。

（11）亚硫酸钠标准溶液　称取 0.20g 亚硫酸钠（Na_2SO_3）及 0.010g 乙二胺四乙酸二钠，将其溶解于 200mL 新煮沸并已冷却的水中，轻轻摇匀（避免振荡，以防充氧）。放置 2～3h 后标定。此溶液每毫升相当于含 320～400μg 二氧化硫。

标定方法：取四个 250mL 碘量瓶（A_1、A_2、B_1、B_2），分别加入 0.010mol/L 碘溶液 50.00mL。在 A_1、A_2 瓶内各加 25mL 水，在 B_1 瓶内加入 25.00mL 亚硫酸钠标准溶液，盖好瓶塞。立即吸取 2.00mL 亚硫酸钠标准溶液于已加有 40～50mL 四氯汞钾溶液的 100mL 容量瓶中，使其生成稳定的二氯亚硫酸盐络合物。再吸取 25.00mL 亚硫酸钠标准溶液于 B_2 瓶内，盖好瓶塞。然后用四氯汞钾吸收液将 100mL 容量瓶中的溶液稀释至标线。

A_1、A_2、B_1、B_2 四瓶于暗处放置 5min 后，用 0.01mol/L 硫代硫酸钠标准溶液滴定至浅黄色，加5mL淀粉指示剂，继续滴定至蓝色刚好退去。平行滴定所用硫代硫酸钠溶液体积之差应不大于0.05mL。

所配100mL容量瓶中的亚硫酸钠标准溶液相当于二氧化硫的浓度由下式计算：

$$SO_2(\mu g/mL) = \frac{(V_0 - V) \times c \times 32.01 \times 1000}{25.00} \times \frac{2.00}{100} \quad (5-26)$$

式中 V_0——滴定A瓶时所用硫代硫酸钠标准溶液体积的平均值，mL

V——滴定B瓶时所用硫代硫酸钠标准溶液体积的平均值，mL

c——硫代硫酸钠标准溶液的准确浓度，mol/L

32.02——相当于1mmol/L硫代硫酸钠溶液的二氧化硫（$1/2SO_2$）的质量，mg

根据以上计算的二氧化硫标准溶液的浓度，再用四氯汞钾吸收液稀释成每毫升含2.0μg二氧化硫的标准溶液，此溶液用于绘制标准曲线，在冰箱中存放，可稳定20d。

（12）0.2%盐酸副玫瑰苯胺（PRA，即对品红）贮备液　称取0.20g经提纯的盐酸副玫瑰苯胺，溶解于100mL 1.0mol/L盐酸溶液中。

（13）磷酸溶液 $c(H_3PO_4)$ =3mol/L　量取41mL 85%浓磷酸，用水稀释至200mL。

（14）0.016%盐酸副玫瑰苯胺使用液　吸取0.2%盐酸副玫瑰苯胺贮备液20.00mL于250mL容量瓶中，加3mol/L磷酸溶液200mL，用水稀释至标线。至少放置24h方可使用。存于暗处，可稳定9个月。

（四）测定步骤

标准曲线的绘制：取8支10mL具塞比色管，按表5-6所列参数配制标准色列。

表5-6　**标准色列配制**

加入溶液	色列管编号							
	0	1	2	3	4	5	6	7
2.0μg/mL亚硫酸钠标准溶液/mL	0	0.60	1.00	1.40	1.60	1.80	2.20	2.70
四氯汞钾吸收液/mL	5.00	4.40	4.00	3.60	3.40	3.20	2.80	2.30
二氧化硫含量/μg	0	1.2	2.0	2.8	3.2	3.6	4.4	5.4

在以上各管中加入6.0g/L氨基磺酸氨溶液0.50mL，摇匀。再加2.0g/L甲醛溶液0.50mL及0.016%盐酸副玫瑰苯胺使用液1.50mL，摇匀。当室温为15~20℃时，显色30min；室温为20~25℃时，显色20min；室温为25~30℃时，显色15min。用1cm比色皿，于575nm波长处，以水为参比，测定吸光度。以吸光度对二氧化硫含量（μg）绘制标准曲线，或用最小二乘法计算出回归方程式。

（五）采样

1. 短时间采样

用内装5mL四氯汞钾吸收液的多孔玻璃吸收管以0.5L/min流量采样10~20L。

2. 24h采样

测定24h平均浓度时，用内装50mL吸收液的多孔玻璃板吸收瓶以0.2L/min流量，10~16℃恒温采样。

（六）样品测定

样品浑浊时，应离心分离除去。采样后样品放置20min，以使臭氧分解。

1. 短时间样品

将吸收管中的吸收液全部移入10mL具塞比色管内，用少量水洗涤吸收管，洗涤液并入具塞比色管中，使总体积为5mL。加6g/L氨基磺酸铵溶液0.50mL，摇匀，放置10min，以除去氮氧化物的干扰。以下步骤同标准曲线的绘制。

2. 24h样品

将采集样品后的吸收液移入50mL容量瓶中，用少量水洗涤吸收瓶，洗涤液并入容量瓶中，使溶液总体积为50.0mL，摇匀。吸取适量样品溶液置于10mL具塞比色管中用吸收液定容为5.00mL。以下步骤同短时间样品测定。

（七）计算

$$\text{二氧化硫}(SO_2, mg/m^3) = \frac{W}{V_n} \times \frac{V_t}{V_a} \tag{5-27}$$

式中　W——测定时所取样品溶液中二氧化硫含量，μg，由标准曲线查知

V_t——样品溶液总体积，mL

V_a——测定时所取样品溶液体积，mL

V_n——标准状态下的采样体积，L

（八）注意事项

（1）温度对显色影响较大，温度越高，空白值越大。温度高时显色快，褪色也快，最好用恒温水浴控制显色温度。对品红试剂必须提纯后方可使用，否则，其中所含杂质会引起试剂空白值增高，使方法灵敏度降低。已有经提纯合格的0.2%对品红溶液出售。

（2）六价铬能使紫红色络合物褪色，产生负干扰，故应避免用硫酸－铬酸洗液洗涤所用玻璃器皿，若已用此洗液洗过，则需用（1+1）盐酸溶液浸洗，再用水充分洗涤。

（3）用过的具塞比色管及比色皿应及时用酸洗涤，否则红色难于洗净。具塞比色管用（1+4）盐酸溶液洗涤，比色皿用（1+4）盐酸加1/3体积乙醇混合液洗涤。

（4）四氯汞钾溶液为剧毒试剂，使用时应小心，如溅到皮肤上，立即用水冲洗。使用过的废液要集中回收处理，以免污染环境。

十三、大气中氮氧化物的测定

（一）实验目的和要求

（1）熟悉、掌握小流量大气采样器的工作原理和使用方法。

（2）熟悉、掌握分光光度分析方法和分析仪器的使用。

（3）掌握大气监测工作中监测布点、采样、分析等环节的工作内容及方法。

（二）实验原理

大气中的氮氧化物主要是一氧化氮和二氧化氮。在测定氮氧化物浓度时，用盐酸萘乙二胺分光光度法，应先用三氧化铬将一氧化氮氧化成二氧化氮。二氧化氮被吸收液吸收后，生成亚硝酸和硝酸，其中，亚硝酸与对氨基苯磺酸发生重氮化反应，再与盐酸萘乙二

胺偶合，生成玫瑰红色偶氮染料，据其颜色深浅，用分光光度法定量。因为 NO_2（气）转变为 NO_2^-（液）的转换系数为 0.76，故在计算结果时应除以 0.76。

（三）实验仪器与试剂

1. 仪器

（1）多孔玻板吸收管。

（2）双球玻璃管（内装三氧化铬－砂子）。

（3）空气采样器　流量范围 0～1L/min。

（4）分光光度计。

2. 试剂

所有试剂均用不含亚硝酸根的重蒸馏水配制。其检验方法：所配制的吸收液对 540nm 光的吸光度不超过 0.005。

（1）吸收液　称取 5.0g 对氨基苯磺酸，置于 1000mL 容量瓶中，加入 50mL 冰乙酸和 900mL 水的混合溶液，盖塞振摇使其完全溶解，继之加入 0.050g 盐酸萘乙二胺，溶解后，用水稀释至标线，此为吸收原液，贮于棕色瓶中，在冰箱内可保存两个月。保存时应密封瓶口，防止空气与吸收液接触。

采样时，按 4 份吸收原液与 1 份水的比例混合配成采样用吸收液。

（2）三氧化铬－砂子氧化管　筛取 20～40 目海砂（或河砂），用（1＋2）的盐酸溶液浸泡一夜，用水洗至中性，烘干。将三氧化铬与砂子按质量比（1＋20）混合，加少量水调匀，放在红外灯下或烘箱内于 105℃烘干，烘干过程中应搅拌几次。制备好的三氧化铬－砂子应是松散的，若粘在一起说明三氯化铬比例太大，可适当增加一些砂子，重新制备。称取约 8g 三氧化铬－砂子装入双球玻璃管内，两端用少量脱脂棉塞好，用乳胶管或塑料管制的小帽将氧化管两端密封，备用。采样时将氧化管与吸收管用一小段乳胶管相接。

（3）亚硝酸钠标准贮备液　称取 0.1500g 粒状亚硝酸钠（$NaNO_2$ 预先在干燥器内放置 24h 以上），溶解于水，移入 1000mL 容量瓶中，用水稀释至标线。此溶液每毫升含 100.0μg NO_2^-，贮于棕色瓶内，冰箱中保存，可稳定三个月。

（4）亚硝酸钠标准溶液　吸取贮备液 5.00mL 于 100mL 容量瓶中，用水稀释至标线。此溶液每毫升含 5.0μg NO_2^-。

（四）测定步骤

1. 标准曲线的绘制

取 7 支 10mL 具塞比色管，按表 5－7 所列数据配制标准色列。

表 5－7　　亚硝酸钠标准色列

管号	0	1	2	3	4	5	6
亚硝酸标准溶液/mL	0	0.10	0.20	0.30	0.40	0.50	0.60
吸收原液/mL	4.00	4.00	4.00	4.00	4.00	4.00	4.00
水/mL	1.00	0.90	0.80	0.70	0.60	0.50	0.40
NO_2^- 含量/μg	0	0.5	1.0	1.5	2.0	2.5	3.0

以上溶液摇匀，避开阳光直射放置15min，在540nm波长处，用1cm比色皿，以水为参比，测定吸光度。以吸光度为纵坐标，相应的标准溶液中NO_2^-含量为横坐标，绘制标准曲线。

2. 采样

将一支内装5.00mL吸收液的多孔玻板吸收管进气口接三氧化铬－砂子氧化管，并使管口略微向下倾斜，以免当湿空气将三氧化铬弄湿时污染后面的吸收液。将吸收管的出气口与空气采样器相连接。以0.2～0.3L/min的流量采样至吸收液呈为红色为止，记下采样时间，在采样的同时，应测定采样现场的温度和大气压力，并做好记录。

3. 样品的测定

采样后，放置15min，将样品溶液移入1cm比色皿中，按绘制标准曲线的方法和条件测定试剂空白溶液和样品溶液的吸光度。若样品溶液的吸光度超过标准曲线的测定上限，可用吸收液稀释后再测定吸光度。计算结果时应乘以稀释倍数。

（五）计算

$$\text{氮氧化物}(NO_2, mg/m^3) = \frac{(A - A_0) \cdot \frac{1}{b}}{0.76V_n} \quad (5-28)$$

式中　A——样品溶液的吸光度

A_0——试剂空白溶液的吸光度

$\frac{1}{b}$——标准曲线斜率的倒数，即单位吸光度对应的NO_2的毫克数

V_n——标准状态下的采样体积，L

0.76——NO_2（气）转换为NO_2^-（液）的系数

（六）注意事项

（1）吸收液应避光，且不能长时间暴露在空气中，以防止光照使吸收液显色或吸收空气中的氮氧化物而使试剂空白值增高。

（2）氧化管适于在相对湿度为30%～70%时使用。当空气相对湿度大于70%时，应勤换氧化管；小于30%时，则在使用前，用经过水面的潮湿空气通过氧化管，平衡1h。在使用过程中，应经常注意氧化管是否吸湿引起板结，或者变成绿色。若板结会使采样系统阻力增大，影响流量；若变成绿色，表示氧化管已失效。

（3）亚硝酸钠（固体）应密封保存，防止空气及湿气侵入。部分氧化成硝酸钠或呈粉末状的试剂都不能用直接法配制标准溶液。若无颗粒状亚硝酸钠试剂，可用高锰酸钾滴定法标定出亚硝酸钠贮备溶液的准确浓度后，再稀释为含5.0μg/mL亚硝酸根的标准溶液。

（4）溶液若呈黄棕色，表明吸收液已受三氧化铬污染，该样品应报废。

（5）绘制标准曲线，向各管中加亚硝酸钠标准使用溶液时，都应以均匀、缓慢的速度加入。

（七）思考与讨论

是否可以分别测定一氧化氮和二氧化氮的质量浓度？

十四、大气中一氧化碳的测定

（一）实验目的和要求

（1）掌握非色散红外吸收法的原理和测定一氧化碳的技术。

（2）学会本实验中仪器的使用与维护。

（二）实验原理

一氧化碳对以4.5μm为中心波段的红外辐射具有选择性吸收，在一定的浓度范围内，其吸光度与一氧化碳浓度呈线性关系，故根据气样的吸光度可确定一氧化碳的浓度。

水蒸气、悬浮颗粒物干扰一氧化碳的测定。测定时，气样需经硅胶、无水氯化钙过滤管除去水蒸气，经玻璃纤维滤膜除去颗粒物。

（三）实验仪器与试剂

1. 仪器

（1）非色散红外一氧化碳分析仪。

（2）记录仪 0~10mV。

（3）聚乙烯塑料采气袋、铝箔采气袋或衬铝塑料采气袋。

（4）弹簧夹。

（5）双联球。

2. 试剂

（1）高纯氮气 99.99%。

（2）变色硅胶。

（3）无水氯化钙。

（4）霍加拉特管。

（5）一氧化碳标准气。

（四）采样

用双联球将现场空气抽入采气袋内，洗3~4次，采气500mL，夹紧进气口。

（五）测定步骤

1. 启动和调零

开启电源开关，稳定1~2h，将高纯氮气连接在仪器进气口，通入氮气校准仪器零点。也可以用经霍加拉特管（加热至90~100℃）净化后的空气调零。

2. 校准仪器

将一氧化碳标准气连接在仪器进气口，使仪表指针指示满刻度的95%。重复2~3次。

3. 样品测定

将采气袋连接在仪器进气口，则样品气体被抽入仪器中，由指示表直接指示出一氧化碳的浓度（mg/m^3）。

（六）结果计算

$$\text{CO 含量}(mg/m^3) = 1.25c \qquad (5-29)$$

式中 c——测得空气中一氧化碳浓度，mg/m^3

1.25——一氧化碳浓度从 mg/m^3 换算为标准状态下质量浓度（mg/m^3）的换算系数

（七）注意事项

（1）仪器启动后，必须预热，稳定一定时间再进行测定。仪器具体操作按仪器说明书规定进行。

（2）空气样品应经硅胶干燥、玻璃纤维滤膜过滤后再进入仪器，以消除水蒸气和颗粒物的干扰。

（3）仪器接上记录仪，将空气连续抽入仪器，可连续监测空气中一氧化碳浓度的变化。

十五、土壤中金属元素镉的测定

（一）实验目的和要求

（1）掌握原子吸收光谱法的原理及测定镉的技术。

（2）预习教材中金属测定的有关内容。

（二）原理

土壤样品用 $HNO_3-HF-HClO_4$ 或 $HCl-HNO_3-HF-HClO_4$ 混酸体系消解后，将消解液直接喷入空气－乙炔火焰。在火焰中形成的 Cd 基态原子蒸气对光源发射的特征光产生吸收。测得样品吸光度扣除全程序试剂空白吸光度，从标准曲线查得 Cd 含量，计算土壤中 Cd 含量。

该方法适用于高背景土壤（必要时应消除基体干扰）和受污染土壤中 Cd 的测定，方法检出限为 0.05～2.00mg/kg（以 Cd 计）。

（三）仪器与试剂

1. 仪器

（1）原子吸收分光光度计、空气－乙炔火焰原子化器、镉空心阴极灯。

（2）仪器工作条件　测定波长 228.8nm；通带宽度 1.3nm；灯电流 7.5mA；火焰类型为空气－乙炔氧化型，蓝色火焰。

2. 试剂

（1）盐酸　优级纯。

（2）硝酸　优级纯。

（3）氢氟酸　优级纯。

（4）高氯酸　优级纯。

（5）镉标准贮备液　称取 0.5000g 金属镉粉（光谱纯），溶于 25mL（1+5）硝酸（微热溶解）。冷却，移入 500mL 容量瓶中，用去离子水稀释并定容。此溶液每毫升含 1.00mg 镉。

（6）镉标准使用液　吸取 10.00mL 镉标准贮备液于 100mL 容量瓶中，用水稀释至标线，摇匀备用。吸取 5.00mL 稀释后的溶液于另一 100mL 容量瓶中，用水稀释至标线，即得每毫升含 5.00μg 镉的镉标准使用液。

（四）测定步骤

1. 土样溶液的制备

称取 0.500～1.000g 土样于 25mL 聚四氟乙烯坩埚中，用少许水润湿，加入 10mL 盐酸，在电热板上加热（<450℃）消解 2h，然后加入 15mL 硝酸，继续加热至溶解物剩余约 5mL 时，再加入 5mL 氢氟酸并加热分解除去硅化合物，最后加入 5mL 高氯酸，加热至消解物呈淡黄色时打开盖，蒸至近干。取下冷却，加入（1+5）硝酸 1mL，微热溶解残渣，移入 50mL 容量瓶中，定容。同时进行全程序试剂空白实验。

2. 标准曲线的绘制

分别吸取镉标准使用液 0、0.50mL、1.00mL、2.00mL、3.00mL、4.00mL 于 6 个 50mL 容量瓶中，用质量分数 0.2% 的硝酸定容、摇匀。此标准系列分别含镉 0、0.05μg/mL、0.10μg/mL、0.20μg/mL、0.30μg/mL、0.40μg/mL。测其吸光度，绘制标准曲线。

3. 样品测定

（1）标准曲线法　按绘制标准曲线条件测定土样溶液的吸光度，扣除全程序试剂空白吸光度，从标准曲线上查得并计算镉含量：

$$w(\text{镉含量,mg/kg}) = \frac{m}{m_w} \tag{5-30}$$

式中　m——从标准曲线上查得镉质量，μg

m_w——称量土样干重，g

（2）标准加入法　各取土样溶液 5.00mL 分别于 4 个 10mL 容量瓶中，依次分别加入镉标准使用液（5.00μg/mL）0、0.50mL、1.00mL、1.50mL，用质量分数 0.2% 的硝酸定容，设土样溶液镉质量浓度为 C_x，加标后质量浓度分别为 C_x；$C_x + C_s$、$C_x + 2C_s$、$C_x + 3C_s$，测得的吸光度分别为 A_x、A_1、A_2、A_3。绘制 A－P 图，所得曲线不通过原点，其截距所反映的吸光度正是溶液中待测镉离子浓度的响应。外延曲线与横坐标相交，原点与交点的距离即为待测镉离子的质量浓度。

（五）注意事项

（1）土样消解过程中，加入高氯酸后必须防止将溶液蒸干，不慎蒸干时 Fe、Al 盐可能形成难溶的氧化物而包藏镉，使结果偏低。注意无水高氯酸容易爆炸。

（2）镉的测定波长为 228.8nm，该分析线处于紫外光区，易受光散射和分子吸收的干扰，特别是在 220.0～270.0nm，NaCl 有强烈的分子吸收，覆盖了 228.8nm 分析线。另外，Ca、Mg 的分子吸收和光散射也很强。这些因素皆可造成镉的表观吸光度增大。为消除基体干扰，可在测量体系中加入适量基体改进剂，如在标准系列溶液和土样溶液中分别加入 0.5g $La(NO_3)_3 \cdot 6H_2O$。此法适用于测定土壤中含镉量较高和受镉污染土壤中的镉含量。

（3）高氯酸的纯度对空白值的影响很大，直接关系到测定结果的准确度，因此必须注意全过程空白值的扣除，并尽量减少加入量，以降低空白值。

十六、环境噪声监测

（一）实验目的和要求

（1）掌握噪声测量仪器的使用方法和工业噪声及社会生活噪声的监测技术。

（2）预习噪声污染监测的有关内容。

（二）测量条件

（1）天气条件要求在无雨无雪的时间，声级计应保持传声器膜片清洁，风力在三级以上必须加风罩（以避免风噪声干扰），五级以上大风应停止测量。

（2）使用仪器是 PSJ－2 型声级计或其他普通声级计。

（3）手持仪器测量，传声器要求距离地面1.2m。

（三）测定步骤

（1）将学校（或某一地区）划分为25m×25m 的网格，测量点选在每个网格的中心，若中心点的位置不宜测量，可移到旁边能够测量的位置。

（2）每组三人配置一台声级计，顺序到各网点测量，时间从 8：00～17：00，每一网格至少测量 4 次，时间间隔尽可能相同。

（3）读数方式用慢挡，每隔 5s 读一个瞬时 A 声级，连续读取 200 个数据。读数同时要判断和记录附近主要噪声来源（如交通噪声、施工噪声、工厂或车间噪声、锅炉噪声等）和天气条件。

（四）数据处理

环境噪声是随时间而起伏的无规律噪声，因此测量结果一般用统计值或等效声级来表示，本实验用等效声级表示。

将各网点每一次的测量数据（200 个）顺序排列找出 L_{10}、L_{50}、L_{90}，求出等效声级 Leq，再将该网点一整天的各次 Leq 值求出算术平均值，作为该网点的环境噪声评价量。

以 5dB 为一等级，用不同颜色或阴影线绘制学校（或某一地区）噪声污染图（表 5－8）。

表 5－8 噪声等级划分

噪声带	颜色	阴影线
35～dB 及以下	浅绿色	小点，低密度
36～40dB	绿色	中点，中密度
41～45dB	深绿色	大点，高密度
46～50dB	黄色	垂直线，低密度
51～55dB	褐色	垂直线，中密度
56～60dB	橙色	垂直线，高密度
61～65dB	朱红色	交叉线，低密度
66～70dB	洋红色	交叉线，中密度
71～75dB	紫红色	交叉线，高密度
76～80dB	蓝色	宽条垂直线
81～85dB	深蓝色	全黑

（五）PSJ－2 型声级计使用方法

（1）按下电源按键（ON），接通电源，预热半分钟，使整机进入稳定的工作状态。

（2）电池校准 分贝拔盘可在任意位置，按下电池（BAT）按键，当表针指示超过表面所标的“BAT”刻度时，表示机内电池电能充足，整机可正常工作，否则需要更换电池。

(3) 整机灵敏度校准　先将分贝拨盘于90dB位置，然后按下校准“CAL”和“A”(或“C”按键)，这时指针应有指示，用起子放入灵敏度校正孔进行调节，使表针指在“CAL”刻度上，此时整机灵敏度正常，可进行测量使用。

(4) 分贝（dB）拨盘的使用与读数法　转动分贝拨盘选择测量量程，读数时应将量程数加上表针指示数，例如，当分贝拨盘（dB）选择在90挡，而表针指示为4dB时，则实际读数为90+4=94（dB）；若指针指示为-5dB时，则读数应为90-5=85（dB）。

(5) +10dB按钮的使用，在测试中当有瞬时大讯号出现时，为了能快速正确地进行读数，可按下+10dB按钮，此时应按分贝拨盘和表针指示的读数再加上10dB作读数。如再按下+10dB按钮后，表针指示仍超过满度，则应将分贝拨盘转动至更高一挡再进行读数。

(6) 表面刻度　有0.5dB与1dB两种分度刻度。0刻度以上指示为正值，长刻度为1dB的分度；短刻度为0.5dB的分度，0刻度以下为负值，长刻度为5dB的分度；短刻度为1dB的分度。

(7) 计权网络　本机的计权网络有A、C两挡，当按下A或C时，则表示测量的计权网络为A或C，当不按按键时，整机不反映测试结果。

(8) 表头阻尼开关　当开关处于“F”位置时，表示表头为“快”的阻尼状态；当开关在“s”位置时，表示表头为“慢”的阻尼状态。

(9) 输出插口　可将测出的电信号送至示波器、记录仪等仪器。

十七、工业废渣渗漏模型实验

(一) 实验目的和要求

(1) 掌握工业废渣渗滤液的渗滤特性和研究方法。

(2) 学会采用渗滤模型实验装置来近似测定有害物质。

(二) 实验原理

实验采用模拟的手段，在玻璃管内填装经粉碎的固体废渣，以一定的流速滴加蒸馏水，从测定渗漏水中有害物质的流出时间和浓度变化规律，推断固体废物在堆放时的渗漏情况和危害程度。

(三) 实验装置

(1) 色层柱　1支（25mm，300mm）。

(2) 带旋塞试剂瓶　1000mL 1只。

(3) 锥形瓶　500mL 1只。

(四) 实验步骤

将去除草木、砖石等异物的含镉工业废渣置于阴凉通风处，使之风干。压碎后，用四分法缩分，然后通过0.5mm孔径的筛，制备样品量约1000g，装入色层柱，约高200mm。带旋塞试剂瓶中装蒸馏水，以4.5mL/min的速度通过色层柱流入锥形瓶，待滤液收集至400mL时，关闭旋塞，摇匀渗滤液，取适量样品按水中镉的分析方法测定镉的浓度。同时测定废渣中镉含量。

本实验也可根据实际情况测定铬、锌等。

（五）实验数据及现象记录

记录内容包括渗滤液体积、滴定速度、层析时间、实验现象。

（六）注意事项

注意取样的代表性。

（七）思考题

影响渗滤液中铬含量的因素有哪些？

第二节　综合性实验

一、城市区域空气质量监测

某城市空气以煤烟型污染为主，在工业区、商业区和生活居住区任选一个区域单位作为研究对象，对空气质量状况进行监测，并进行评价。要求用 SO_2、NO_x 和 TSP 三项主要污染物指标计算空气污染指数（API），表征空气质量状况。

（一）实验目的和要求

（1）监测并评价某一区域的空气质量。

（2）在现场调查的基础上，根据布点采样原则，选择适宜的布点方法（功能区布点法或网格布点法），确定采样频率及采样时间，掌握测定空气中 SO_2、NO_x 和 TSP（瞬时和日平均浓度）的采样和监测方法。

（3）根据三项污染物监测结果，计算空气污染指数（API），描述和评价该区域空气质量状况，根据现场调查予以说明。

（4）过程中实施实验室质量控制（质量控制图或密码样品控制），有条件地实施质量保证体系。

（二）组织和分工

成立监测小组，进行任务分工，在现场调查的基础上制订监测计划预案及可能发生情况的应变预案，准备领取或采购仪器、试剂，准备交通工具，配制试剂调试仪器等，以上各项工作均需形成文件（纸质或电子版）。

（三）测定方法的选择

测定空气中 SO_2、NO_x 和 TSP（瞬时和日平均浓度）方法有多种，研究性监测可以进行选择，比较各种方法的特点、限制条件、仪器和试剂要求、测定的浓度范围、灵敏度、准确度等。

监测过程需全程记录，包括测定数据、参加人员及分工、环境条件等。

（四）现场采样和实验室监测

按计划现场采样，注意天气情况。样品保存，运输，记录；实验室交接，分析，实验室质量控制，数据处理和分析。

（五）监测报告的编写

监测报告内容至少包括：任务来源、监测目的、现场调查、组织和人员分工、监测计划制订、准备工作、计划实施、质量保证（或实验室质量控制）、采样和样品保存、运输、实验室分析、数据处理、区域环境质量状况结论等。

（六）总结

要求每个参加人员总结心得体会和建议。所有资料、文件装订成册并归档，作为教学资料供参考。

二、河流环境质量基础调查

（一）问题提出

某地需要开发，附近有一河流，由于该河流缺乏水质基础数据，所以作为评价需要，对河流进行环境质量基础调查，作为今后开发的本底资料。

（二）组织和分工

基础调查是一项工作量大、涉及面广的工作，需要组织 10 人左右，成立一个小组，讨论分工，形成一个完整的团队。

（三）调查方案的制订

（1）现场初步调查　确定调查范围，河流长度，河流的对照断面、控制断面及削减断面点位，并做标记。确定河流两岸控制区域范围，说明理由。

（2）制订监测方案　除常规监测指标（pH、氨氮、硝酸盐、亚硝酸盐、挥发酚、氰化物、砷、汞、六价铬、总硬度、铅、氟、镉、铁、锰、溶解固体物、高锰酸盐指数、硫酸盐、氯化物、大肠菌群，以及反映本地区主要水质问题的其他指标）以外，考虑是否需要增加控制指标（与开发地区功能有关）。

（3）河流断面测定　采用低速流速仪，在断面处测定河流的宽度和深度，画出河流断面图。

（4）列出测定深度及点位（事先画好图），以及测定流量的方法。测定位置可以在固定的桥上，也可以在船上，如在船上，必须制订固定船位置的方法。

（5）采样仪器、设备的清单及准备。

（四）实施

按计划和分工实施监测，如现场发现问题，按预案或实际情况进行调整。采样在现场固定，带回实验室及时分析，进行实验室质量控制，分析、整理数据并讨论。

（五）报告的编写

按照环境保护部有关要求，编写一份完整的河流环境质量报告书。

三、校园声环境质量现状监测与评价

（一）实验目的

（1）通过本实验使学生掌握监测方案的制订过程和方法，学会监测点位的布设和优化。

（2）掌握声级计的使用方法。

（3）学会环境质量标准的检索和应用。

（4）根据监测数据和声环境质量标准评价声环境质量现状。

（二）实验仪器

（1）声级计。

（2）标准声源。

（3）医用计数器。

（三）实验要求

（1）能够根据监测对象的具体情况优化布设监测点位，选择监测时间和监测频率，制订监测方案。

（2）能够熟练使用声级计并用标准声源对其进行校准。

（3）能采用正确的方法对实验数据进行处理，根据监测报告的要求给出监测结果。

（4）学会环境质量标准的检索和应用，并根据监测结果对监测对象进行环境质量评价。

（5）独立编制监测报告（评价报告）。

（四）实验内容

（1）制订详细、周全、可行的监测方案，画出校园平面布置图并标出监测点位。

（2）按照监测方案在各监测点位上监测昼、夜噪声瞬时值并记录。

（3）对监测数据进行处理，给出校园声环境质量现状值。

（4）查阅我国现行《声环境质量标准》（GB 3096—2008），根据监测结果判断校园声环境质量是否达标，若不达标，分析原因。

（5）根据监测结果评价校园声环境质量现状。

（五）实验步骤

1. 测量条件

（1）要求在无雨、无雪的天气条件下进行测量；声级计的传声器膜片应保持清洁；风力在三级以上时必须加防风罩（以避免风噪声干扰），五级以上大风应停止测量。

（2）手持仪器测量，传声器要求距离地面1.2m。

2. 测量步骤

（1）将校园（或某一地区）划分为25m×25m的网格，监测点位选在每个网格的中心，若中心点的位置不宜测量，可移动到旁边能够测量的位置。

（2）每组二人配置一台声级计，顺序到各网格监测点位测量，各监测点位分别测昼间和夜间的噪声值。

（3）读数方式用慢挡，每隔5s读一个瞬时A声级，连续读取200个数据。读数同时要判断和记录附近主要噪声源（如交通噪声、施工噪声、工厂或车间噪声等）和天气条件。

（六）实验结果与数据处理

环境噪声是随时间而起伏的无规律噪声，因此测量结果一般用统计值或等效声级来表示，本实验用等效声级表示。

将各监测点位每次的测量数据（200 个）顺序排列，找出 L_{10}、L_{50}、L_{90}，求出等效声级 Leq，再将该监测点位全天的各次 Leq 求算术平均值，作为该监测点位的环境噪声评价量。

根据声环境功能区划，确定校园属几类区，应执行几类标准。查阅我国《声环境质量标准》（GB 3096—2008），找出标准值并将监测结果与标准值对照，判断校园声环境质量是否达标。

也可以 5dB 为一等级，用不同颜色或阴影线绘制校园噪声污染图。

（七）讨论

（1）什么是等效声级，在噪声测量中有何作用？

（2）简述声级计的基本组成、结构和基本性能。

（3）简述声级计的使用步骤。

第六章　固体废物处理与处置实验

第一节　基础性实验

一、固体废物热值的测定

固体废物热值是固废的一个重要物化指标。固体废物热值的大小直接影响着固体废物处理处置方法的选择。焚烧的主要目的是尽可能焚毁废物，使被焚烧的物质变为无害和最大限度地减容，并尽量减少新的污染物质产生，避免造成二次污染。对于大、中型的废物焚烧厂，能同时实现使废物减量、彻底焚毁废物中的毒性物质，以及回收利用焚烧产生的废热这三个目的，而焚烧炉中固体废弃物焚烧需要一定热值才能正常燃烧。

（一）实验目的

（1）掌握热值测定的方法和热量仪的基本操作方法。

（2）培养学生的动手能力，熟悉相关仪器设备的使用方法。

（二）实验原理

热化学中定义，1mol 物质完全氧化时的反应热称为燃烧热。对生活垃圾固体废物和无法确定相对分子质量的混合物，其单位质量完全氧化时的反应热，即指单位质量固体废物在完全燃烧时释放出来的热量称为热值。热值有两种表示方式，即高位热值（粗热值）和低位热值（净热值）。若热值包含烟气中水的潜热，则该热值是高位热值。反之，若不包含烟气中水的潜热，则该热值就是低位热值。

要使固体废物能维持正常焚烧过程，就要求其具有足够的热值，即在进行焚烧时，垃圾焚烧释放出来的热量足以加热垃圾，并使之到达燃烧所需要的温度或者具备发生燃烧所必需的活化能。否则，便需要添加辅助燃料才能维持正常燃烧。

计算热值有许多方法，如热量衡算法（精确法）、工程算法、经验公式法、半经验公式法。

焚烧过程进行着一系列能量转换和能量传递，是一个热能和化学能的转换过程。固体废物和辅助燃料的热值、燃烧效率、机械热损失及各物料的潜热和显热等，决定了系统的有用热量，最终也决定了焚烧炉的火焰温度和烟气温度。

热值测定方法如下：

（1）任何一种物质，在一定的温度下，物料所获得的热量（Q）：

$$Q = C \cdot \Delta t = mq \quad (6-1)$$

式中　C——热容量，J/K

m——质量，g

Δt——初始温度与燃烧温度之差，K

q——物料发热量

所以，热容量（C）：

$$C = \frac{mq}{\Delta t}$$

在操作温度一定（20℃）、热量计中水体积一定、水纯度稳定的条件下，C 为常数，氧弹热量计系统的热容量也是固定的，当固体废物燃烧发热时，会引起热量计中水温变化（Δt），通过探头测定而得到固体废物的发热量。发热量（q）：

$$q = \frac{C \cdot \Delta t}{m} \tag{6-2}$$

式中 m——待测物质量

（2）热容量（J/℃）计算公式：

$$E = \frac{Q_1 M_1 + Q_2 M_2 + VQ_3}{\Delta T} \tag{6-3}$$

式中 E——热量计热容量，J/℃

Q_1——苯甲酸标准热值，J/g

M_1——苯甲酸质量，g

Q_2——引燃（点火）丝热值，J/g

M_2——引燃（点火）丝质量，g

V——消耗的氢氧化钠溶液的体积，mL

Q_3——硝酸生成热滴定校正（0.1mol 的硝酸生成热为 5.9J），J/g

ΔT——修正后的量热体系温升，℃；计算方法如下：

$$\Delta T = (t_n - t_0) + \Delta\theta$$

$$\Delta\theta = \frac{V_n - V_0}{\theta_n - \theta_0}\left(\frac{t_0 + t_n}{2} + \sum_{i=1}^{n-1} t_i - n\theta_n\right) + nV_n \tag{6-4}$$

式中 V_0 和 V_n——初期和末期的温度变化率，℃/30s

θ_0 和 θ_n——初期和末期的平均温度，℃

n——主期读取温度的次数

t_i——主期按次序温度的读数

（3）试样热值（J/g）的计算公式：

$$Q = \frac{E \cdot \Delta T - \sum G_d}{G} \tag{6-5}$$

式中 $\sum G_d$——添加物产生的总热量，J

G——试样质量，g

其他符号同上式。

（三）实验装置与材料

测量热效应的仪器称为量热仪，本实验介绍两种量热仪，分别是氧弹热量计和微电脑全自动量热仪。

1. 氧弹热量计（图 6－1）

基本原理是根据能量守恒定律，样品完全燃烧放出的能量促使氧弹热量计本身及其周围的介质温度升高，通过测量介质燃烧前后温度的变化，就可以求算该样品的燃烧值。

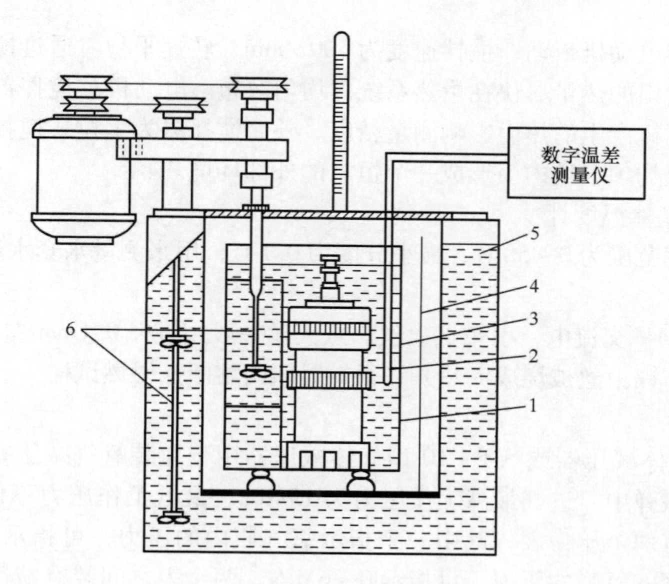

图6－1　氧弹热量计安装示意图

1—氧弹　2—数字温差测量仪　3—内筒　4—抛光挡板　5—水保温层　6—搅拌器

2. 自密封式氧弹（简称氧弹，见图6－2）

为了防止燃烧生成的酸对氧弹的腐蚀，全部结构采用不锈钢 1Cr18Ni9Ti 制成，氧弹的结构由三个部分组成：一个容积为 300mL 的圆筒形弹体、一个盖子和一个连接盖和弹体的环，弹体内径为 58mm，深 103mm，壁厚为内径的 1/10，底和盖的厚度稍大，强度足够耐受固体燃烧时产生的最大压力（6～7MPa），并能耐受液体燃料所产生的更大压力。氧弹采用自动密封橡胶垫圈，当氧弹内充氧到一定压力时，橡胶垫圈因受压而与弹体和弹盖密接，造成两者间的气密性。且筒内外压力差越大，密封性能越好。中间气阀也因受压紧密闭合，氧气从中间气阀螺钉四周进入筒内，不会直接充压试样，点火时又可保护弹顶密封系统。本氧弹具备操作方便、结构合理可靠、使用寿命长等优点。

图6－2　氧弹

3. 水套（外筒）

水套是双层容器，实验时充满水，通过水套搅拌器使筒内水温均匀，形成恒温环境，水筒放在水套中的一个具有三个支点的绝缘支架上。水套备有上有小孔的胶木盖，便于插入测温探头、点火线等，盖下面衬有抛光金属板。

4. 水筒（内筒）

水筒全部由不锈钢薄板制成，截面为梨形，以减少与外筒间的辐射作用。当氧弹放入水筒后，可加水淹没氧弹，而水面至内筒上边缘有 250～500mL 的空间，水筒的装水量一般为3000g（氧弹搁在弹头座架上），水筒内设有电动搅拌器。

5. 搅拌器

搅拌器由同步电动机带动，搅拌速度为500r/min，转速平稳。通过搅拌器螺旋桨的运动，使试样燃烧放出的热量尽快在量热系统内均匀散布。电动机与搅拌器间用绝热固定板连接，以防止因电机产生的热而影响测量精度。外筒搅拌器为手拉式搅拌器，上下拉动数次即能使外筒水温均匀，给内筒形成一个恒温的外部环境。

6. 工业用玻璃棒温度计

温度计的刻度范围为0~50℃，最小分度为0.1℃，用来测量水套水温。

7. 点火丝

点火丝通入24V交流电，引燃点火丝。点火丝一般用直径0.1mm左右的镍铬丝做成。当有电流通过时，镍铬丝被烧成赤热并在很短时间内熔断，引燃试样。

8. 气体减压器

YQY-370气体减压器或SJT-10型气体减压器用于瓶装氧气减压。它能保持稳定和足够的流量送到氧弹中，进气最高工作压力为15MPa，最低工作压力不低于工作压力的2倍。该减压器带有两个压力表，其中一个指示氧气瓶内的压力，可指示0~25MPa，另一个表指示被充氧气的氧弹的压力，可指示0~6MPa。两个表之间装有减压阀，压力表每年至少经国家机关检查一次，以保证指示读数正确和使用安全。各连接部分禁止使用润滑油，必要时只能使用甘油，涂抹量不应过多，若任一连接部分被油类污染，必须用汽油或酒精洗净并风干。

9. 压饼机

压饼机（图6-3）是一种螺旋杠杆式压饼机，能压制直径约10mm的煤饼或苯甲酸饼，压模及冲杆用硬质钢制成，表面光洁，容易擦拭。压制时，模子或底片由可移动的垫块支承，压好后，可将垫块移动一边取出模子或试样。该压饼机底板上设有用以固定在桌面上的螺钉孔，不用时，应在易生锈部位涂上防锈油脂。注意压饼机为选配件。

图6-3　压饼机

10. 控制器面板

本仪器采用了微控制器为基础的高性能测温系统，测温精度高，稳定性好，测量精度为0.001℃，且读数方便。本仪器可将样品测量全过程中的测温数据存入存贮器内，或一次测量完后反复多次读出，全盘取代了以前使用的贝克曼温度计。控制器面板上设置有电源、搅拌、数据、结束、点火、复位六个电子开关按键和七位数码管，能对样品热值测定进行全过程操作和温度显示。其中左边两位数字代表测温次数，右边五位代表测量的实际温度，本仪器测温范围为10~35℃。

微电脑全自动量热仪（XKRL-3000A）的工作原理是将装好煤样并充氧至规定压力的氧弹放入内筒子系统开始进行水循环，稳定水温，然后向内筒注水，达到预定水量后，开始搅拌，使内筒水温均衡至室温（相差不超过1.5℃），此时感温控头测定水温并记录到计算机中。当内筒水温基本稳定后，控制系统指示点火电路导通，点火后，样品在氧气的助燃下迅速燃烧，产生的热量通过氧弹传递给内筒，引起内筒水温上升。当氧弹内所有的热量释放出以后温度开始下降，计算机检测到内筒水温下降信号后判定该实验结束，系统停止搅拌并放出内筒水。计算机对采集到的温度数据进行结果处理。

（四）实验步骤

1. 热量计热容量（E）的测定

（1）先将外筒装满水，实验前用外筒搅拌器（手拉式）将外筒水温搅拌均匀。

（2）称取片剂苯甲酸1g（约2片），再称准至0.0002g放入坩埚中。

（3）把盛有苯甲酸的坩埚固定在坩埚架上，将1根点火丝的两端固定在两个电极柱上，并让其与苯甲酸有良好的接触，然后，在氧弹中加入10mL蒸馏水，拧紧氧弹盖，并用进气管缓慢地充入氧气直至弹内压力为2.8～3.0MPa为止，氧弹不应漏气。

（4）把上述氧弹放入内筒中的氧弹座架上，再向内筒中加入约3000g（称准至0.5g）蒸馏水（温度已调至比外筒低0.2～0.5℃），水面应至氧弹进气阀螺帽高度的约2/3处，每次用水量应相同。

（5）接上点火导线，并连好控制箱上的所有电路导线，盖上盖，将测温传感器插入内筒，打开电源和搅拌开关，仪器开始显示内筒水温，每隔半分钟蜂鸣器报时一次。

（6）当内筒水温均匀上升后，每次报时时，记下显示的温度。当记下第10次时，同时按“点火”键，测量次数自动复零。以后每隔半分钟贮存测温数据共31个，当测温次数达到31次后，按“结束”键表示实验结束（若温度达到最大值后记录的温度值不满10次，需人工记录几次）。

（7）停止搅拌，拿出传感器，打开水筒盖，注意先拿出传感器，再打开水筒盖，取出内筒和氧弹，用放气阀放掉氧弹内的氧气，打开氧弹，观察氧弹内部，若有试样燃烧完全，实验有效，取出未烧完的点火丝称重；若有试样燃烧不完全，则此次实验作废。

（8）用蒸馏水洗涤氧弹内部及坩埚并擦拭干净，洗液收集至烧杯中的体积150～200mL。

（9）将盛有洗液的烧杯用表面皿盖上，加热至沸腾5min，加2滴酚酞指示剂，用0.1mol/L的氢氧化钠标准溶液滴定，记录消耗的氢氧化钠溶液的体积，如发现在坩埚内或氧弹内有积炭，则此次实验作废。

2. 样品热值的测定

将固体废物1.0g左右样品，同法进行上述实验。

（五）实验数据记录与整理

表6－1　　热量计的水当量$C_{计}$的测定

实验序号	苯甲酸	粉煤灰
1		
2		
3		

续表

实验序号	苯甲酸	粉煤灰
4		
5		
6		
7		
8		
9		
10		
11		
12		
13		
14		
15		
16		
17		
18		
19		
20		
21		
22		
23		
24		
25		
26		
27		
28		
29		
30		
31		
样品/g		
NaOH 用量 0.1mol/L		
	铜丝	
点火前/g		
点火后/g		

注：苯甲酸的燃烧热为 -26460J/g，引燃铜丝的燃烧热值为 -3140J/g

用图解法求出样品燃烧引起量热仪温度变化的差值，并根据公式计算样品的热值。根据苯甲酸和粉煤灰点火后温度的变化，以时间为 x 轴，温度为 y 轴，可得温度－时间关系图。

（六）思考题

（1）为何氧弹每次工作之前要加 10mL 水？

（2）影响热值测定的因素有哪些？

（3）热值达到多少，固体废物才能采用焚烧法处理？

二、固体废物的破碎筛分实验

（一）实验目的

（1）掌握固体废物破碎筛分过程。

（2）熟悉破碎筛分设备的使用方法。

（二）实验原理

固体废物的破碎是固体废物由大变小的过程，利用粉碎工具对固体废物施力而将其破碎，所得产物根据粒度的不同，利用不同筛孔尺寸的筛子将物料中小于筛孔尺寸的细物粒透过筛面，大于筛孔尺寸的粗物粒留在筛面上，从而完成粗、细分离的过程。

在工程设计中，破碎比常采用废物破碎前的最大粒度（D_{max}）与破碎后的最大粒度（d_{max}）之比来计算，这一破碎比称为极限破碎比。通常，根据最大物料直径来选择破碎机给料口的宽度。

在科研理论研究中破碎比常采用废物破碎前的平均粒度（D_{cp}）与破碎后的平均粒度（d_{cp}）之比来计算。

$$i = \frac{\text{废物破碎前最大粒度}(D_{max})}{\text{破碎产物的最大粒度}(d_{max})}$$

$$i = \frac{\text{废物破碎前平均粒度}(D_{cp})}{\text{破碎产物的平均粒度}(d_{cp})}$$

这一破碎比称为真实破碎比，能较真实地反映废物的破碎程度。

（三）实验装置与设备

破碎固体废物常用的破碎机类型有颚式破碎机、冲击式破碎机、辊式破碎机、剪切式破碎机、球磨机及特殊破碎等。

（四）实验步骤

（1）废渣在 70℃烘 24h，冷却，称取 300g 于粉碎机中粉碎 3min，清出后称重。

（2）按筛目由大至小的顺序排列，连续往复摇动 15min，分别记录筛上和筛下产物，计算不同粒度物料所占百分比。

（五）实验结果处理

（1）实验结果计算　根据实验过程的数据记录，对固体废物堆积密度及变化、体积减少百分比、破碎比进行计算。

（2）计算筛下物质量占总质量的百分比。

（六）思考题

（1）废渣进行破碎和筛分的目的是什么？

（2）为什么要在试样干燥后再进行粉碎筛分？

三、固体废物的好氧堆肥实验

（一）实验目的

（1）掌握垃圾好氧堆肥的基本流程。

（2）掌握堆肥影响因素在实际操作过程的控制方法。

（二）实验原理

好氧堆肥是在有氧条件下，依靠好氧微生物的作用来转化有机废物。有机废物中的可溶性有机物质可透过微生物的细胞壁和细胞膜被微生物直接吸收，不溶性的胶体有机物质则先吸附在微生物体外，依靠微生物分泌的胞外酶分解为可溶性物质，再渗入细胞。微生物通过自身的生命活动进行分解代谢和合成代谢，把一部分被吸收的有机物氧化成简单的无机物，并释放生物生长、活动所需要的能量；把另一部分有机物转化合成为新的细胞物质，使微生物繁殖，产生更多的生物体。

（三）实验装置

好氧堆肥实验装置由反应器主体、供气系统和渗滤液收集系统三部分组成，如图6－4所示。

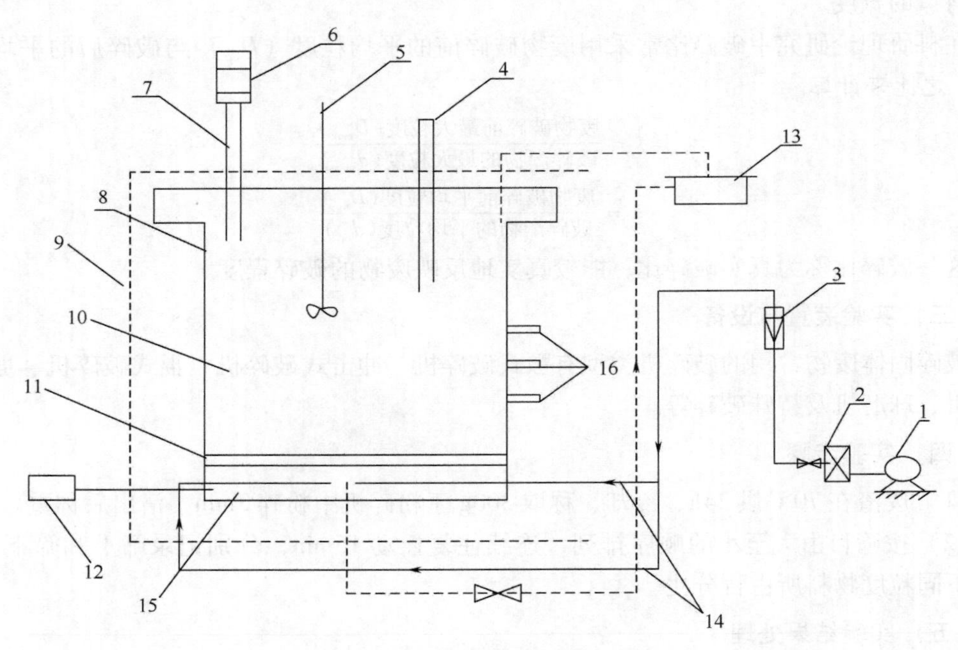

图6－4 好氧堆肥实验装置示意

1—空气压缩机 2—缓冲器 3—流量计 4—测温装置 5—搅拌装置 6—取样器 7—气体收集管 8—反应器主体 9—保温材料 10—堆料 11—渗滤层 12—温控仪 13—渗滤液收集槽 14—进气管 15—集水区 16—取样口

（四）实验步骤

（1）将 40kg 有机垃圾进行人工剪切破碎，并过筛，使垃圾粒度小于 10mm。

（2）测定有机垃圾的含水率。

（3）将破碎后的有机垃圾投加到反应器中，控制供气流量为 $1m^3$/（h·t）。

（4）在堆肥开始第 1 天、第 3 天、第 5 天、第 8 天、第 10 天、第 15 天分别取样测定堆体的含水率，记录堆体中央温度，从气体取样口取样测定 CO_2和 O_2浓度。

（5）再调节供气流量分别为 $5m^3$/（h·t）和 $8m^3$/（h·t），重复上述实验步骤。

（五）实验数据记录与整理

（1）记录实验主体设备的尺寸、实验温度、气体流量等基本参数。

（2）实验数据可参考表 6－2 记录。

表 6－2　　好氧堆肥实验数据记录表

项目	供气流量为 $1m^3$/（h·t）				供气流量为 $5m^3$/（h·t）				供气流量为 $8m^3$/（h·t）			
	含水率 /%	温度 /℃	CO_2 /%	O_2 /%	含水率 /%	温度 /℃	CO_2 /%	O_2 /%	含水率 /%	温度 /℃	CO_2 /%	O_2 /%
原始垃圾		—	—	—		—	—	—		—	—	—
第 1 天												
第 3 天												
第 5 天												
第 8 天												
第 10 天												
第 15 天												

（六）思考题

（1）分析影响堆肥过程堆体含水率的主要因素。

（2）分析堆肥中通气量对堆肥过程的影响。

（3）绘制堆体温度随时间变化的曲线。

四、污泥比阻的测定实验

人们在日常生活和生产活动中产生了大量的生活污水和工业废水，这些污水和废水经过污水处理厂（站）的处理后都要产生大量的污泥。例如，城市污水处理厂每日产生的污泥量约为污水处理量的一半，数量极为可观。这些污泥都具有含水率高、体积膨大、流动性大等特点。为了便于污泥的运输、贮藏和堆放，在最终处置之前都要求进行污泥脱水。

污泥按来源可分为初沉污泥、剩余污泥、腐殖污泥、消化污泥和化学污泥；按性质又可分为有机污泥和无机污泥两大类。每种污泥的组成和性质不同，使污泥的脱水性能也各不相同。为了评价和比较各种污泥脱水性能的优劣，也为了确定污泥机械脱水前加药调理的投药量，常常需要通过实验来测定污泥脱水性能的指标——比阻（也成比阻抗）。比组实验可以作为脱水工艺流程和脱水机选定的依据，也可作为确定药剂种类、用量及运行条件的依据。

（一）实验目的

（1）掌握用布氏漏斗测定污泥比阻的实验方法。

（2）了解和掌握加药调理时混凝剂的选择和投加量确定的实验方法。

（二）实验原理

污泥脱水是指以过滤介质（多空性物质）的两面产生的压力差作为准动力，使水分强制通过过滤介质，固体颗粒被截留在介质上，从而达到脱水的目的。造成压力差的方法有以下四种。

（1）依靠污泥本身厚度的静压力（如污泥自然干化的渗透脱水）。

（2）过滤介质的一面造成负压（如真空过滤脱水）。

（3）加压污泥把水分压过过滤介质（如压滤脱水）。

（4）造成离心力作为推动力（如离心脱水）。

影响污泥脱水性能的因素有污泥的性质和浓度、污泥和绿叶的黏滞度、混凝剂的种类和投加量等。

根据推动力在脱水过程中的演变，过滤可分为定压过滤与恒速过滤两种。前者在过滤过程中压力保持不变；后者在过滤过程中过滤速率保持不变。一般的过滤操作均为定压过滤。本实验使用抽真空的方法造成压力差，并用调节阀调节压力，使整个实验过程压力差恒定。

表征污泥脱水性能优劣的最常用指标是污泥比阻。污泥比阻的定义是：在一定压力下，单位过滤面积上单位干重的滤饼所具有的阻力。它在数值上等于黏滞度为1时，滤液通过单位质量的滤饼产生单位滤液流率所需要的压差。比阻的大小一般采用布氏漏斗通过测定污泥滤液滤过介质的速率快慢来确定，并比较不同污泥的过滤性能，确定最佳混凝剂及其投加量。污泥比阻越大，污泥的脱水性能越差，反之，污泥脱水性能就越好。

过滤开始时，滤液只需克服过滤介质的阻力，当滤饼逐步形成后，滤液还需克服滤饼本身的阻力。滤饼是由污泥的颗粒堆积而成的，也可视为一种多孔性的过滤介质，孔道属于毛细管。因此，真正的过滤层包括滤饼与过滤介质。由于过滤介质的孔径远比污泥颗粒的粒径大，在过滤开始阶段，滤液往往是浑浊的，随着滤饼的形成，阻力变大，滤液变清。

由于污泥悬浮颗粒的性质不同，滤饼的性质可分为两类：一类为不可压缩滤饼，如沉砂或其他无机沉渣，在压力的作用下，颗粒不会变形，因而滤饼中滤液的通道（如毛细管孔径与长度）不因压力的变化而改变，压力与比阻无关，增加压力不会增加比阻，因此，增压对提高过滤机生产能力有较好效果；另一类为可压缩滤饼，如初次沉淀池、二次沉淀池污泥，在压力的作用下，颗粒会变形，随着压力的增加，颗粒被压缩并挤入孔道中，使滤液的通道变小，阻力增加，比阻随压力的增加而增大，因此，增压对提高生产能力效果不大。

过滤时，滤液体积V与过滤压力p、过滤面积A、过滤时间t成正比，而与过滤阻力R、滤液黏度μ成反比，即滤液体积的表达式为：

$$V=\frac{pAt}{\mu R} \tag{6-6}$$

式中　V——滤液体积，mL

p——过滤压力，Pa

A——过滤面积，cm^2

t——过滤时间，s

μ——滤液黏度，Pa·s

R——单位过滤面积上，通过单位体积的滤液所产生的过滤阻力，取决于滤饼性质，cm^{-1}

过滤阻力 R 包括滤饼阻力 R_z 和过滤介质阻力 R_g 两部分。过滤开始时，滤液仅需克服过滤介质的阻力，当滤饼逐渐形成后，还必须克服滤饼本身的阻力。因此阻力 R 随滤饼厚度增加而增加，过滤速率则随滤饼厚度的增加而减小。

经推导可得比阻公式为：

$$r=\frac{2pA^2}{\mu}\frac{b}{\omega} \tag{6-7}$$

从式（6－7）可以看出，要求污泥比阻 r，需在实验条件下求出斜率 b 和 ω。b 可在定压条件下（真空度保持不变）通过测定一系列的 $t-V$ 数据，用图解法求取。ω 可按下式计算：

$$\omega=\frac{(V_0-V_y)\rho_b}{V_y}=\frac{\rho_b\rho_0}{\rho_b-\rho_0} \tag{6-8}$$

式中　V_0——原污泥体积，mL

ρ_b——滤饼固体浓度，g/mL

V_y——滤液体积，mL

ρ_0——原污泥固体浓度，g/mL

将所得的 b、ω 代入式（6－7），即可求出比阻 r。在国际单位制（SI）中，比阻的单位为 m/kg 或 cm/g，在 CGS 制中，比阻的单位为 s^2/g。各单位的换算见表 6－3。

表 6－3　比阻各因素的单位换算

因素	工程制（CGS）单位	换成 SI 单位	乘以换算因子
比阻 r	s^2/g	m/kg	9.81×10^3
压力 p	g/cm^2	Pa 或 N/m^2	9.81×10
动力黏度 μ	P 或 g/（cm·s）	Pa·s 或（N·s）/m^2	1.00×10^{-1}

用式（6－8）求 w 在理论上是正确的，但在求式中 ρ_b 时要测量湿滤饼的体积，操作时误差很大。为此，根据 w 的定义，可将求 w 的方法改为：

$$\omega=\frac{W}{V_y}=\frac{\rho_0V_0}{V_y} \tag{6-9}$$

式中　W——滤饼的干固体质量，g

一般认为：比阻在 $10^{12}\sim10^{13}$ cm/g 为难过滤污泥；在 $0.5\times10^{12}\sim0.9\times10^{12}$ cm/g 为中等难度过滤污泥；小于 0.4×10^{12} cm/g 为易过滤污泥。初沉污泥的比阻一般为 4.61 ×

10^{12} ~ 6.08×10^{12} cm/g；活性污泥的比阻为 1.65×10^{13} ~ 2.83×10^{13} cm/g；腐殖污泥的比阻为 5.98×10^{12} ~ 8.14×10^{12} cm/g；消化污泥的比阻为 1.24×10^{13} ~ 1.39×10^{13} cm/g。这四种污泥均属于难过滤污泥，一般认为，进行机械脱水时，较为经济和适宜的污泥比阻在 9.81×10^{10} ~ 39.2×10^{10} cm/g，故这四种污泥在机械脱水前须进行调理。

加药调理（投加混凝剂）是减小污泥比阻、改善污泥脱水性能最常用的方法。对于上述污泥，无机混凝剂［如 $FeCl_2$、$Al_2(SO_4)_3$］的投加量一般为污泥干重的5% ~10%，消石灰的投加量为 20% ~40%；聚合氯化铝（PAC）和聚合硫酸铁（PFS）的投加量为1% ~3%；有机高分子（PAM）的投加量为0.1% ~0.3%。投加石灰的作用是在 pH >12 的条件下产生大量的 $Ca(OH)_2$ 絮体物，使污泥颗粒产生凝聚作用。

评价污泥脱水性能的指标除比阻外，还有毛细吸水时间（CST）。这是巴斯克维尔（Baskerville）和加尔（Cale）于 1968 年提出的。毛细吸水时间指污泥与滤纸接触时，在毛细管作用下，污泥中水分在滤纸上渗透 1cm 所需要的时间，单位为 s。这个方法与布氏漏斗法相比，具有快速、简便、重现性好等优点。但此法对滤纸的要求很高，要求滤纸的质量均匀、湿润边界清晰、流速适当并有足够的吸水量等，一般国产滤纸较难做到。

（三）实验装置与设备

1. 实验装置

实验装置由真空泵、吸滤筒、计量筒、抽气接管、布氏漏斗等组成，如图 6 -5 所示。

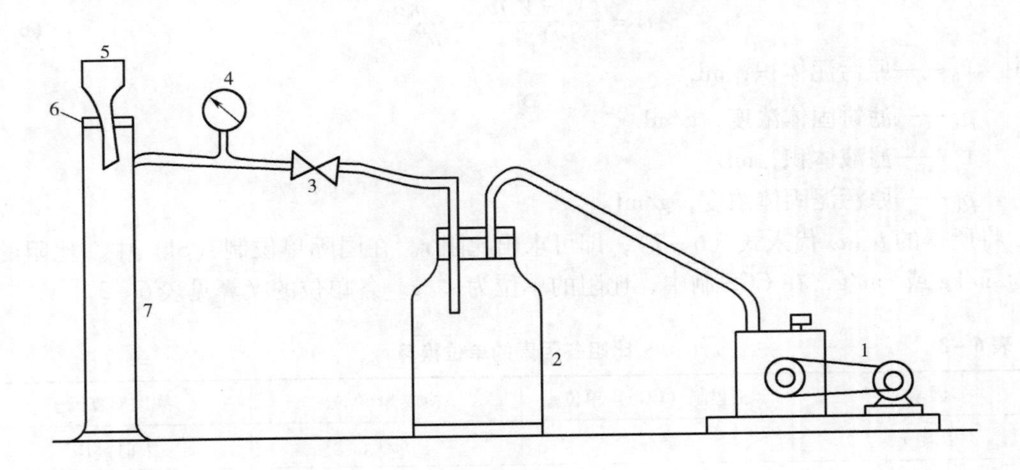

图 6 -5　污泥比阻

1—真空泵　2—吸滤瓶　3—真空调节阀　4—真空表　5—布式漏斗　6—吸滤垫　7—量筒

计量筒为具塞玻璃量筒，用铁架固定夹住，上接抽气接管和布氏漏斗。吸滤筒作为真空室及盛水之用，由有机玻璃制成，它上有真空表和调节阀，下有放空阀；一端用硬塑料管联结抽气接管，另一端用硬塑料管接真空泵。真空泵抽吸吸滤筒内的空气，使筒内形成一定真空度。

2. 实验设备和仪器仪表

真空泵，2X2 -0.5 型直联旋片式，1 台；铁质固定架，1 个；具塞玻璃量筒，100mL，1 个；抽气接管，玻璃三通，标准磨口 19mm，1 个；布氏漏斗，ϕ80mm，1 只；调节阀、放空阀，煤气开关，各1只；真空表，0.1MPa，1只；秒表，30s/圈，1块；烘箱，电热鼓风箱，1台；分析天平，FA1604，1台；吸滤筒，自制有机玻璃，ϕ15cm×25cm，1只；硬塑料管，ϕ10mm×1.5m，1根。

（四）实验步骤

（1）配制 $FeCl_3$（10g/L）和 $Al_2(SO_4)_3$（10g/L）混凝剂溶剂。

（2）在布氏漏斗中放置 ϕ15cm 的定量中速滤纸，用水湿润后贴紧周边和底部。

（3）将布氏漏斗插在抽气接管的大口中，启动真空泵，用调节阀调节真空度为实验压力的1/3，实验压力为0.035MPa或0.071MPa。吸滤0.5min左右，关闭真空泵，倒掉计量筒内的抽滤水。

（4）取90mL污泥倒进漏斗，重力过滤1min，启动真空泵，调节真空度至实验压力，记下此时计量筒内的滤液体积 V_0。

（5）启动秒表，定时（开始10～15s，以后30s～2min）记下计量筒内滤液的体积 V'。

（6）定压过滤至滤饼破裂，真空破坏，或过滤30～40min停止实验，测量滤液的温度并记录。

（7）另取污泥90mL，加混凝剂（污泥干重的5%～10%）$FeCl_3$ 或 $Al_2(SO_4)_3$，重复实验步骤（2）至步骤（6）。

（8）将过滤后的滤饼放入烘箱，在103～105℃的温度下烘干，称重。

（五）注意事项

（1）实验时，抽真空装置的各个接头均不应漏气。

（2）在整个过滤过程中，真空度应始终保持一致。

（3）在污泥中加混凝剂时，应充分搅拌后立即进行实验。

（4）做对比实验时，每次取样污泥浓度应一致。

（六）实验结果整理

（1）测定并记录实验基本参数。

实验日期______年______月______日

实验真空度__________MPa

加 $Al_2(SO_4)_3$__________mg/L，滤饼干重 W_1 = __________g，ρ_{b1} = __________g/L

加 $FeCl_3$__________mg/L，滤饼干重 W_2 = __________g，ρ_{b2} = __________g/L

未加混凝剂的滤饼干重 W_3 = __________g，ρ_{b3} = __________g/L

污泥固体浓度 ρ_0 = __________g/L

（2）根据测得的滤液温度 T（℃）计算动力黏度 μ（Pa·s）

$$\mu = \frac{0.00178}{1 + 0.337T + 0.000221T^2} \tag{6-10}$$

（3）将实验测得的数据按表6－4记录并计算。

（4）以 t/V 为纵坐标，V 为横坐标作图，求斜率 b。

（5）根据式（6－8）求 ω。

（6）计算实验条件下的比阻 r。

表 6－4　实验记录计算表

不加混凝剂的污泥				加 $FeCl_3$ 的污泥				加 $Al_2(SO_4)_3$ 的污泥			
t/s	计量筒内滤液 V'/mL	滤液量 $V=V'-V_0$ /mL	t/V /(s/mL)	t/s	计量筒内滤液 V'/mL	滤液量 $V=V'-V_0$ /mL	t/V /(s/mL)	t/s	计量筒内滤液 V'/mL	滤液量 $V=V'-V_0$ /mL	t/V /(s/mL)
0				0				0			
15				15				15			
30				30				30			
45				45				45			
60				60				60			
75				75				75			
90				90				90			
105				105				105			
120				120				120			
130				130				130			

（七）问题与讨论

（1）比阻的大小与污泥的固体浓度是否有关系？有怎样的关系？

（2）活性污泥在真空过滤时，能否说真空越大，滤饼的固体浓度就越大？为什么？

（3）做过滤实验时，重力过滤时间的长短对 b 值是否有影响？如有影响，是怎样的影响？

（4）对实验中发现的问题加以讨论。

第二节　综合性实验

一、土柱或有害废弃物渗滤和淋溶实验

（一）实验目的

通过模拟土柱或有毒废物渗滤和淋溶实验，了解含污地表水以浸没和渗滤方式通过土壤层对地下水的影响程度，或以雨水淋溶方式浸出固体废物中有毒有害成分对土壤层和地下水造成的影响，为有害废物的管理和污染防治提供依据。

（二）实验原理

淋滤指水连同悬浮或溶解于其中的土壤表层物质向地下周围渗透的过程。淋滤实验是确定土壤中污染物质迁移转化规律的基本实验，本实验中采用模拟天然雨水对土壤（或有害废弃物）进行淋滤，根据虹吸原理控制水层高度，以土柱筒底部的排水口接取渗出液，分别测量渗滤实验原溶液和渗出液携带出有害物质，有害物质浓度减小时说明土柱或其他固废材料对于该物质具有吸附或降解作用，有害物质浓度增加时说明土柱或其他固废材料

中该物质被浸出。实验中水层高度通常控制在土柱表面上8～10cm，渗出液的出水速率（mL/min）取决于土柱截面积、孔隙形状、尺度和孔隙率。有害物质的吸附率（渗出率,%）除了与实验材料有关外，还与许多外部条件有关，对于重金属污染而言，进滤溶液的pH对金属污染物的溶出影响极大，因此在实验前需要事先确定相应的实验和控制方案。

对于具有较大孔隙率和孔隙尺度的固废材料而言，由于淋滤水流可以以较快的滤速通过固废材料筒柱，而不形成浸没方式，这时出水速率（mL/min）与喷淋速率相平衡。

（三）实验装置及材料

可采用软件模拟（图6－6和图6－7）或自制实验装置，土柱或有害废弃物渗滤和淋溶实验装置主要包括：①淋溶实验原水高位水箱；②实验固废或土柱装填实验柱；③卵石承托层；④装填实验柱溢流口；⑤渗滤液接水计量杯；⑥喷淋进水快阀；⑦淋溶液出水快阀；⑧喷淋进水水量调节阀；⑨饱水实验进水快阀。

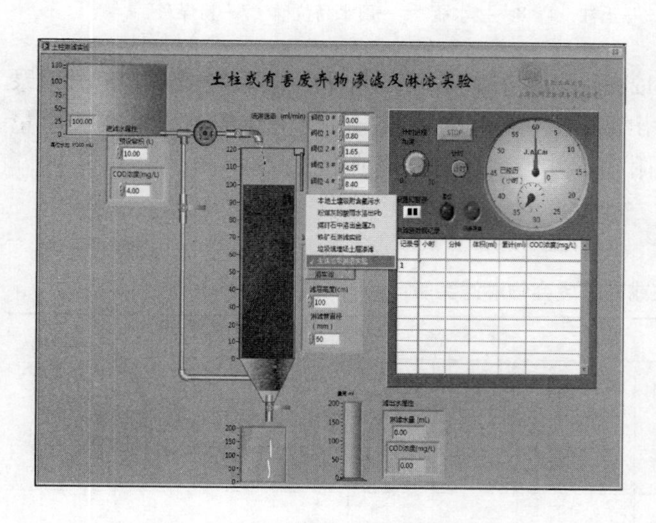

图6－6　淋溶仿真实验操作界面图

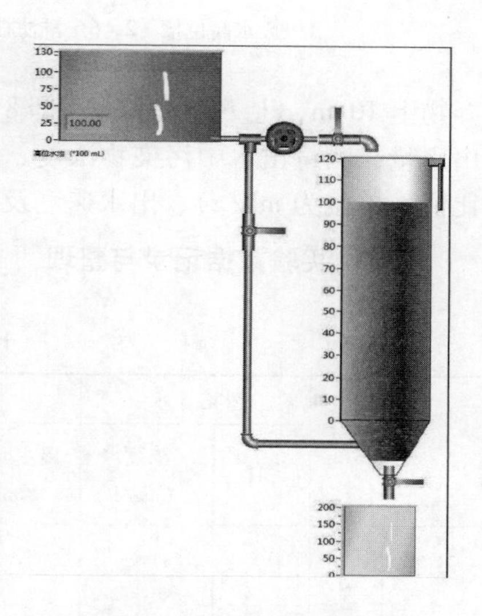

图6－7　土柱淋溶实验装置图

（四）实验内容与方法

1. 含氟污水对土壤、地下水的污染

装柱：本实验选自本地区地表垂直深度2m内的土层，模拟实际土壤密度装填在内径100mm的有机玻璃柱内，装填高度800mm。

配制模拟含氟废水：选用氟化钠配制一定浓度的高氟水作为原水，浓度控制在4～7mg/L。淋滤实验流程见图6－8（a）所示。

2. 粉煤灰淋滤实验

装柱：取电厂粉煤灰适量，装填在内径100mm的有机玻璃柱内，装填高度800mm。

模拟天然雨水：以0.25mg/L H_2SO_4和0.05mg/L HNO_3溶液按SO_4^{2-} : NO_3^- =5∶1的比例配制成原液，用蒸馏水稀释成pH 5.6的模拟雨水。淋滤实验流程如图6－8（b）所示。

按图6－8所示流程连接实验装置，根据虹吸原理控制水层高度保持在土柱或有害废

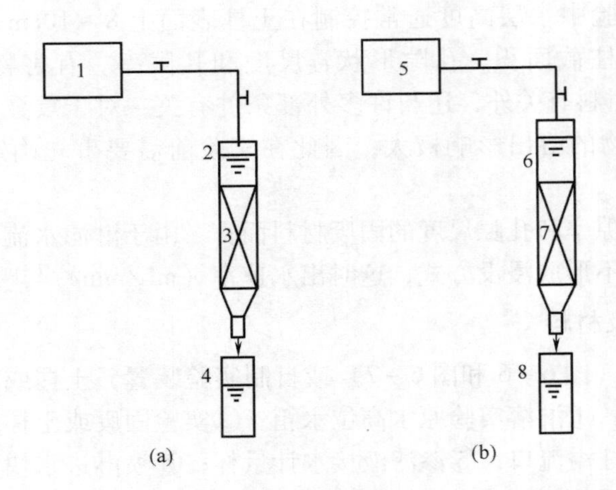

图 6－8　淋滤实验流程图

1—废水高位槽　2，6—淋滤柱　3—土柱　4，8—接水瓶　5—雨水高位槽　7—粉煤灰

弃物上 10cm，上下浮动 2cm，即 8～12cm，以土柱筒底部的排水口接取渗出液，定时记录出水量，测量出水中污染物浓度、淋出液 pH、液固比（即：淋溶液体积与土柱或渣质量比值，单位为 mL/g）、出水速度及吸附率，并绘制吸附曲线或淋滤曲线。

（五）实验数据记录与整理

表 6－5　　　土柱或有害废弃物淋滤实验

序号		淋溶原水		淋滤液						吸附率（渗透率）/%
		pH	浓度/（mg/L）	出水时间/min	出水体积/mL	液固化	pH	浓度/（mg/L）	出水速度/（mL/h）	
土柱淋滤	1									
	2									
	3									
	4									
	5									
	6									
粉煤灰淋滤	1									
	2									
	3									
	4									
	5									
	6									

注：1. pH 的测定采用酸度计；2. 氟离子浓度的测定采用离子选择电极法；3. 出水体积用量筒测量。

（六）思考题

（1）绘制动态淋溶曲线（淋滤液中氟离子浓度、pH随液固比的变化曲线）。

（2）分析含氟污水对土壤、地下水的污染规律。

（3）预测固体废物露天堆放时，渣中污染物对水环境的影响程度。

二、生活垃圾厌氧堆肥产气实验

随着我国经济的发展，城市垃圾的数量逐年增加，垃圾围城现象日益突出。城市生活垃圾的处理方式主要有填埋、焚烧和堆肥。填埋占地面积大，而且对于土壤、地下水和大气都会造成危害；焚烧是对资源的极大浪费，而且易产生烟尘及有害气体，好氧堆肥可以将生活垃圾中的有机可腐物转化为腐殖土，但需要供给氧气，有一定的能源消耗。厌氧堆肥不仅可以得到腐殖土，不用供给氧气，能源消耗小，而且可以得到可观的可燃气体甲烷，这具有重要的社会及环境意义。

（一）实验目的

（1）了解生活垃圾厌氧发酵产甲烷的生物学原理。

（2）了解影响厌氧发酵产甲烷的各主要因素。

（3）学会使用奥氏气体分析仪的使用方法，学会用其定量测定甲烷和二氧化碳。

（4）要求堆肥数量不少于200g。

（二）实验原理

由于厌氧发酵的原料成分复杂，参加反应的微生物种类繁多，使得发酵过程中物质的代谢、转化和各种菌群的作用等非常复杂，最终，碳素大部分转化为甲烷，氮素转化为氨和氮，硫素转化为硫化氢。目前，一般认为该过程可划分为三个阶段：

（1）水解酸化阶段　水解细菌与发酵细菌将碳水化合物、蛋白质、脂肪等大分子有机化合物水解与发酵转化成单糖、氨基酸、脂肪酸、甘油等小分子有机化合物。

（2）产乙酸阶段　在产氢产乙酸菌的作用下把第一阶段的产物转化成氢气、二氧化碳和乙酸等。

（3）产甲烷阶段　在厌氧菌产甲烷菌的作用下，把第二阶段的产物转化为甲烷和二氧化碳。

前两个阶段称为酸性发酵阶段，体系的pH降低，后一个阶段称为碱性发酵阶段，由于产甲烷菌对环境条件要求苛刻（尤其是pH 6.8～7.2），所以控制好碱性发酵阶段体系的条件是实验能否成功的关键。

（三）实验装置及材料

切割及破碎工具、温度计、恒温水浴锅、简易厌氧产气装置（广口瓶、烧杯、乳胶管、酸度计、天平组成）（图6－9）、奥氏气体分析仪（图6－10）。

（四）实验设计要求

根据生物学原理，制定出流程简便、操作简单、确实可行的实验方案。通过查阅文献，对该实验可能出现的问题要有了解，以便尽力避免。

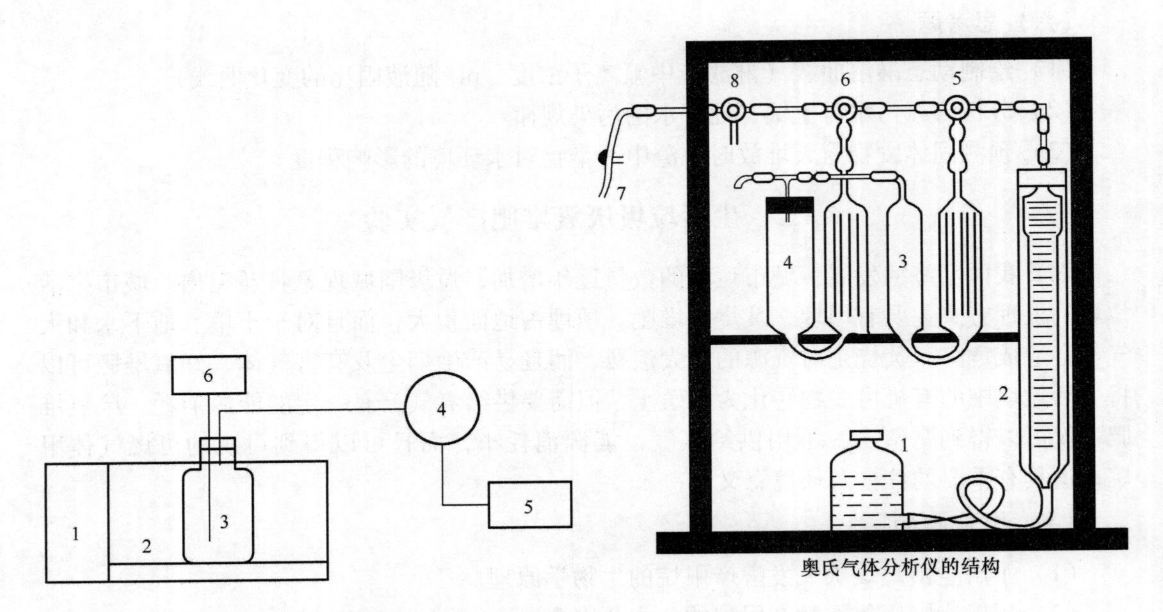

图6-9 分类垃圾厌氧消化实验装置

1—温控仪 2—水浴 3—反应器 4—集气瓶 5—气体分析仪 6—采样口

图6-10 奥氏气体分析仪

1—水准瓶 2—量气管 3、4—吸收瓶 5、6、8—旋塞 7—取样口

在采集制备堆肥原料时，要合理搭配不同物料的配比，使其碳氮比在30∶1（参看表6-6堆肥所用原料的主要特性及附：混合原料碳氮比的计算方法），堆肥总量约500g，并适量地接种厌氧污泥约200mL。

表6-6 堆肥所用原料的主要特性

原料	碳素占原料质量分数/%	氮素占原料质量分数/%	碳氮比
干麦秸	46	0.53	87∶1
干稻草	42	0.63	47∶1
落叶	41	1.00	41∶1
野草	14	0.54	26∶1
鲜牛粪	7.3	0.29	25∶1
玉米秸	40	0.75	53∶1
馒头米饭	44	0	—

混合原料碳氮比的计算方法：依据表6-6（式6-11）可以粗略地计算出混合原料的碳氮比或按要求的碳氮比计算出搭配原料的数量。

$$K = \sum CX / \sum NX \qquad (6-11)$$

式中 K——混合原料的碳氮比

C，N——原料中碳、氮的质量分数，%

X——原料的质量

设计出的实验装置要求气密性良好，并可以方便准确地测量出产气量，并可以方便地与奥氏气体分析仪连接，以便进行气体组分分析。

合理地设定实验温度，合理地设定测量产气量的时间间隔及实验总时间。

实验数据的读取要认真，不得编造数据，原始实验数据及计算过程要保留。

（五）实验结果和讨论

（1）讨论不同的堆肥原料和操作条件可能会对实验结果有什么影响。

（2）做出产气速率曲线，讨论厌氧产气规律。

（3）求出所产气体中二氧化碳和甲烷的含量。

（4）与未经过堆肥过程的相同成分垃圾物进行比较，观察颜色、气味的不同。

（六）奥氏气体分析仪使用方法

1. 洗气

如图 6-10 所示，右手举起水准瓶，同时用左手将旋塞 8 旋至├状（此时进气被封闭，量气管与外界相通，适用于排气时），尽量排出量气管内空气，使水面达到刻度 100 时为止，迅速将旋塞 8 旋至┴状（此时进气管与量气管相通，适用于取气时），同时放下水准瓶吸进气样，待水面降至量气管底部时立即转动旋塞 8 回到├状。再举起水准瓶，将吸进的气样再排出，如此操作 2~3 次，目的是用气样冲洗仪器内原有的空气，使进入量气管内的气样保证纯度。

2. 取样

洗气后将旋塞 8 旋至┴状并降低水准瓶，使液面准确达到零位，并将水准瓶移近量气管，要求水准瓶量气管两液面同在一水平线上并在刻度零处。然后将旋塞 8 转至┤状（此时旋塞 8 处于关闭状态），封闭所有通道，再举起水准瓶观察量气管的液面，如果液面不断上升则表明漏气，要检查各连接处及磨口活塞，堵漏后重新取样，若液面在稍有上升后停在一定位置上不再上升，证明不漏气，可以开始测定。

3. 测定

转动旋塞 5 接通吸收瓶 3（吸收瓶 3 中为 30% 的氢氧化钾溶液，吸收反应方程式为：$CO_2 + 2KOH = K_2CO_3 + H_2O$），举起水准瓶把气样尽量压入吸收瓶 3 中，再降下水准瓶重新将气样抽回到量气管，这样上下举动水准瓶使气样与吸收剂充分接触，4~5 次后降下水准瓶，待吸收剂上升到的吸收瓶 3 原来刻度线时，立即关闭旋塞 5 把水准瓶移近量气管，在两液面平衡时读数，记录后，重新打开旋塞 5，上下举动水准瓶如上操作，再进行第二次读数，若两次读数相同即表明吸收完全，否则重新打开旋塞 5 再举动水准瓶，直到读数相同为止。

第七章　环境土壤学、生态学实验

第一节　土壤样品的采集与制备

一、实验目的

土壤样品采集是土壤分析工作的重要环节，关系到分析结果和由此得出的结论是否正确。因此，所采集的土壤要具有代表性，注意防止污染，使土样能真实反映土壤的实际状况。土样采集的地点、层次、数量、时间等，由分析目的决定。

土壤样品的制备是土壤样品采集的持续，其目的是不使样品在贮藏过程中发生影响分析和测定结果的化学和物理变化，使样品达到均一化，使分析和测定所得的结果能代表整个样品和田间情况。

二、样品采集方法

1. 土壤样品的采集数量

用于土壤养分、pH、盐分等化学、物理性状分析用的样品，一般需要 1kg 左右即可，采集的土壤样品如果过多，可用样品缩分器将样品缩分至规定数量，也可以用四分法将多余的土壤弃取。四分法的方法：将所采集的土壤样品弄碎混合并铺成四方形，画对角线分成四份，把对角线的两份分别合并为一份，保留一份，弃去一份。如果所得的样品仍然多，可再用四分法处理，直到所需数量为止。

2. 土壤剖面样品的采集

分析研究土壤基本理化性质，必须按土壤发生层次采样。具体方法：代表研究对象的采样点挖一个 1m × 1m 或 1m × 2m 的长方形土坑，土坑的深度一般要求达到母质或地下水即可，在 1 ~ 2m。然后根据土壤剖面的颜色、结构、质地、松紧度、湿度、植物根系分布等，自上而下地划分土层，进行仔细观察，描述记载，将剖面形态逐一记入剖面记载表内，也可作为分析结果审查时的参考，观察记载后，就自上而下地逐层采集分析样品，通常采集土层中部位置土壤，而不是整个发生层都采。随后将所采集样品放入布袋或塑料袋内，在土袋的内外附上标签，写明采集地点、剖面号数、层次、土层、土层深度、采集深度、采集日期和采集人等。

3. 土壤物理性质测定样品的采集

测定土壤容重、空隙度等物理性状，需用原状土样，其样品可直接用环刀在土层中采取。采取土壤结构性的样品，需注意土壤湿度，不宜过干或过湿，最好不黏铲、不变形，尽量保持土壤的原状，如有受挤压变形的部分要舍弃。土样采后要小心装入铁盒，密封或按要求装入铝盒或环刀，带回室内分析测定。

4. 耕层混合土样的采集

在农业生产上进行测土施肥效实验研究，大都采集耕层混合土样进行分析，为科学施肥提供依据。由于受人类生产活动的影响，耕层土壤差异比较显著。不均匀的施肥方式和耕作方式，都能造成土壤的局部差异，而这种差异往往带有一定的方向性。因此，采样时应沿着一定的路线，按照“随机”“等量”和“多点混合”的原则进行采样。“随机”即每一采样点都是任意决定的，使采样单元内的所有点都要有同等机会被采到；“等量”是要求每一点采取土样，深度一致、采样量一致；“多点混合”是把一个采样单元内各点所采的土样均匀构成一个混合样品，以提高样品的代表性。

三、制备方法

这是分析结果是否准确的第二关键，也将直接影响分析结果的正确性。野外采集的样品，往往含有很多杂质，且土壤颗粒大多集结成块，所以样品必须制备、分离成不同粒级，满足不同分析需要，操作程序如下。

（1）将样品倒在干净的木盘或致密的纸上，铺成一薄层，上盖一张纸以防灰尘落入。然后放入通风良好，没有氨气、水气的屋内，让其自然风干。待水分适合用手把土碾碎，尽可能把石砾、粗植物根捡出（如数量多则需称重记载）。

（2）将风干样品铺平，用四分法取500g，用木槌碾碎，过3mm 筛，将大于3mm 的石块称重求百分含量。

（3）小于1mm 的土粒再过毫米筛，待所有非杂质的土壤全部通过，将 1 ~ 3mm 的土粒称重求百分含量。

（4）从小于1mm 的土中用牛角匙取5g，用研钵研细，待其全部通过 0. 25mm 筛孔，放入袋内，留作测定有机质用。

（5）将小于1mm 的土粒充分混匀后，装入塑料袋或250mL 的广口瓶中塞紧备用，并写明标签。

四、需用仪器工具

土袋、标签、橡皮、研钵、纸袋、木盘、木槌、镊子、广口瓶、土壤筛一套、研钵、牛皮纸。

五、注意事项

（1）有大量样品时，必须编号设立样品总账，然后放在干燥和避光的地方，按一定的顺序摆放。

（2）样品登记时，需把剖面号数、采样地点、采样人、处理日期、石砾和新生体含量等加以记载，以便查阅。

（3）样品需长时间保存时，标签最好用不褪色的黑墨水填写，并在上面涂上薄层石蜡。

六、思考题

（1）如何布点采集污染土壤样品？采集一个代表性混合土样有哪些要求，应该注意些什么？

（2）如何制备土壤样品，制备过程中应注意哪些问题？

（3）为使采集的土样具有最大的代表性，其分析结果能反映田间实际情况，应如何使采样误差减少到最低程度？

第二节　土壤 pH 的测定

一、实验目的

pH 是土壤重要的基本性质，也是影响肥力的因素之一。土壤中微生物活动力的强弱、土壤矿物的溶解、土壤有机质的分解及转化植物对营养物质的吸收等，都与土壤碱反应密切相关。

在化学概念上，pH 是指溶液中氢离子浓度的负对数。以公式表示为：$pH = -lg[H^+]$。这种表示方法只适用于弱电解质稀溶液，不适用于测定浓酸、浓碱等，土壤溶液和土壤浸出液恰好是相当于弱电解质的稀溶液。

pH 的测定方法很多，其中电位测定方法精度较高，pH 误差在 0.02 左右。比色法的精度误差在 0.2 左右。

二、测定方法

（一）永久色阶比色法

1. 实验原理

用各种有色试剂，按不同比例混合配成模拟的 pH 永久色阶。以这种色阶的色谱为标准，在待测液中加入本法配制的混合指示剂，经显色后与其比较，即可迅速地判断出其 pH。

2. 实验试剂配制

（1）pH 混合指示剂　将 1 份甲基红溶液和 2 份溴百里酚蓝溶液混合。此溶液宜存于深色滴瓶中。

（2）氯化钴溶液　59.5g $CoCl_2 \cdot 6H_2O$ 溶于 1L 1% HCl 溶液中。

（3）氯化铁溶液　45.05g $FeCl_3 \cdot 6H_2O$ 溶于 1L1% HCl 溶液中。

（4）氯化铜溶液　400g $CuCl_2 \cdot 2H_2O$ 溶于 1L 1% HCl 溶液中。

（5）硫酸铜溶液　200g $CuSO_4 \cdot 5H_2O$ 溶于 1L 1% H_2SO_4 溶液中。

将配制好的（2）～（5）溶液按表 7－1 中的比例混合，配成 pH 永久色阶，贮于平底试管（规格一致）中，标明 pH，加塞蜡封保存。

3. 实验步骤

取 10mL 土壤水浸提液（水：土 =2.5：1）置于平底试管中，滴加 12 滴混合指示剂，摇匀后即与上述配制好的永久色阶对比，从侧面观察比较，定出 pH。

表 7-1 pH 永久色阶溶液的配制

pH	$CoCl_2$/mL	$FeCl_3$/mL	$CuCl_2$/mL	$CuSO_4$/mL	H_2O/mL
4	9.6	0.3	—	—	0.1
4.2	9.15	0.45	—	—	0.4
4.4	8.05	0.65	—	—	1.3
4.6	7.25	0.9	—	—	1.85
4.8	6.05	1.5	—	—	2.45
5	5.25	2.8	—	—	1.95
5.2	3.85	4	—	—	2.15
5.4	2.6	4.7	—	—	2.7
5.6	1.65	5.55	—	—	2.8
5.8	1.35	5.85	0.05	—	2.75
6	1.3	5.5	0.15	—	3.05
6.2	1.4	5.5	0.25	—	2.85
6.4	1.4	5	0.4	—	3.2
6.6	1.4	4.2	0.7	—	3.7
6.8	1.9	3.05	1	0.4	3.65
7	1.9	2.5	1.15	1.05	3.4
7.2	2.1	1.8	1.75	1.1	3.25
7.4	2.2	1.6	1.8	1.9	2.5
7.6	2.2	1.1	2.25	2.2	2.25
7.8	2.2	1.05	2.2	3.1	1.45
8	2.2	1	2.1	4	0.7

（二）混合指示剂比色法

1. 实验原理

利用指示剂在不同 pH 的溶液中显示不同颜色的特性，可根据指示剂显示的颜色确定溶液的 pH。

2. 实验试剂

（1）pH4～8 混合指示剂　称取等量（0.25g）的甲基红、溴甲酚绿和溴甲酚紫三种指示剂，放在玛瑙研钵中，加 15mL 0.1mol/L NaOH 溶液及 5mL 蒸馏水，共同研匀，再用蒸馏水稀释至 1L。此指示剂的 pH 变色范围见表 7-2。

表 7-2 pH 变色范围（pH 4～8）

pH	4.0	4.5	5.0	5.5	6.0	6.5	7.0	7.5
颜色	黄	绿黄	黄绿	草绿	灰绿	灰紫	蓝紫	紫

（2）pH7～9 混合指示剂　称取等量（0.25g）的甲酚红和溴百里酚蓝，放在玛瑙研钵中，加 0.1mol/L NaOH 11.9mL，共同研匀，待完全溶解后，再用蒸馏水稀释至1L。其颜色变化范围见表 7－3。

表 7－3　颜色变化范围（pH 7～9）

pH	7	8	9
颜色	橙黄	橙红	红紫

（3）pH4～11 混合指示剂　称 0.2g 甲基红、0.4g 溴百里酚蓝、0.8g 酚酞，在玛瑙研钵中混合研匀，溶于 400mL 95%酒精中，加蒸馏水 580mL，再用 0.1mol/L NaOH 调 pH 7（草绿色），用 pH 计或标准 pH 溶液校正，最后定容至 1L。其颜色变化范围见表 7－4。

表 7－4　颜色变化范围（pH 4～11）

pH	4	5	6	7	8	9	10	11
颜色	红	橙	黄	草绿	绿	暗蓝	蓝紫	紫

3. 实验仪器

（1）白瓷板。

（2）玛瑙研钵。

4. 操作步骤

用骨勺取少量土壤样品，放于白瓷板凹槽中，加蒸馏水 1 滴，再加 pH 混合指示剂 3～5 滴，以能湿润样品而稍有余为宜，用玻璃棒搅拌，稍澄清，倾斜瓷板，观察溶液色度。或者用一小滤纸条吸附有色溶液，与相应的土壤酸碱度比色卡进行比较，确定 pH。

（三）电位测定法

1. 实验原理

以 pH 玻璃电极为指示电极，甘汞电极为参比电极，当插入土壤浸出液或土壤悬液时，构成电极反应，两者之间产生一个电位差。由于参比电极的电位是固定的，因此该电位差的大小取决于试液中氢离子活度。氢离子活度的负对数即 pH。因此可用电位测定其电动势，再换算成 pH，也可直接用酸度计测得 pH。

2. 实验试剂

（1）pH 4.01 标准缓冲溶液　称取在 105℃下烘过的苯二甲酸氢钾（$K_2HC_8H_4O_4$）10.21g，溶于水后定容至 1L。

（2）pH 6.87 标准缓冲溶液　称取 45℃烘干过的 KH_2PO_4 3.388g 和无水 Na_2HPO_4 3.533g，溶于水中后定容至 1L。

（3）pH 9.18 标准缓冲溶液　称取 3.8g 硼砂（$Na_2B_4O_7 \cdot 10H_2O$）溶于蒸馏水中，定容至 1L。此溶液 pH 易变，应注意保存。

（4）1.0mol/L KCl 溶液　称取分析纯氯化钾 74.6g，溶于 400mL 水中，用 10% KOH 调节至 pH 5.5～6.0，然后稀释至 1L。

3. 实验仪器

（1）pH 计或电位计。

（2）玻璃电极。

（3）甘汞电极。

4. 实验步骤

土壤水浸提液 pH（活性酸）的测定：称取 25g 风干土样，置于 50mL 烧杯中，用量筒加 25mL 无 CO_2蒸馏水，放在磁力搅拌器上搅动 1min，使土体充分散开，放置 0.5h 或 1h 使之澄清。此时，避免空气中有氧或挥发性酸，然后将 pH 玻璃电极的球泡插到下部悬浊液中，并在悬浊液中轻轻摇动，以除去玻璃表面的水膜，使电极电位达到平衡，这对缓冲性弱的土壤和 pH 较高的土壤特别重要。然后将甘汞电极插到上部清液中，拧下读数开关进行 pH 测定，性能良好的 pH 玻璃电极和悬液接触数分钟即达到稳定读数，但对缓冲性能弱的土壤，平衡时间可能延长。

上法每测一个样品后要用洗瓶轻轻将 pH 玻璃电极表面和甘汞电极所粘附的土粒洗去，并用滤纸轻轻吸干吸附的水，再进行第二个样品的测定。测定 5 ~6 个样品后，应用 pH 标准缓冲液校正一下，并将甘汞电极放在饱和氯化钾溶液中浸泡一下，以维持氯化钾溶液充分饱和。

土壤的氯化钾浸提液 pH（潜性酸）的测定：当水浸提液的 pH 低于 7 时，用盐浸提液测定土壤 pH 才有意义。测定方法除 1mol/L KCl 溶液代替无 CO_2蒸馏水以外，其他测定步骤与水浸提液相同。

由于盐浸提液中的钾离子和土壤接触时，即与胶体表面吸附的铝离子和氢离子起交换作用，将其大部分交换到溶液中去，故此时所测定盐浸提液的 pH 较水浸提液的 pH 低，此数据可大致了解土壤交换性酸度的大小和盐基饱和度的高低。

三、注意事项

（1）水土比例不同对土壤 pH 有影响，以 1∶1 的水土比例对酸性土壤和碱性土壤均能得到较好的结果。建议碱性土壤可用 1∶1 水土比例，而酸性土壤可用 1∶1 或 2.5∶1 的水土比例。

（2）土壤样品不宜磨得过细，宜用通过 18 号筛（孔径 1mm）的土样进行测定。样品应贮存于密塞瓶中，以免受实验中氨或其他酸类气体的影响。

（3）平衡时间对土壤 pH 测定有影响。平衡时间过短或放置过久，均能引起误差。一般来说，平衡半小时是合适的。

（4）土壤溶液中 CO_2 含量的多少，对其 pH 高低影响较大，因此，浸提液均用无 CO_2 的蒸馏水，特别对于碱性土壤和中性土壤。

（5）玻璃电极在使用前应在 0.1mol/L HCl 溶液中或蒸馏水浸泡 24h 以上，不用时可放在 0.1mol/L HCl 溶液中或蒸馏水中保存。长期不用可放在纸盒中保存。

（6）甘汞电极应随时由电极侧口补充饱和 KCl 溶液或 KCl 固体。不用时可插入饱和 KCl 溶液中，不得浸泡在蒸馏水或其他溶液中。

四、思考题

（1）土壤 pH 对土壤污染有何影响？

（2）用永久色阶比色法、混合指示剂比色法、电位测定法测定土壤 pH 有何区别？哪种方法准确度高？

第三节　土壤有机质的测定

一、实验目的

土壤有机质是土壤的重要组成部分。土壤有机质是植物养分的重要来源，如碳、氮、磷、硫等。它能促进土壤形成结构，改善土壤的物理、化学性质及生物学过程的条件，提高土壤的吸收性能和缓冲性能。因此，土壤有机质含量，是判断土壤肥力高低的重要指标。测定土壤有机质含量是土壤分析的主要项目之一。

本实验所指的有机质是土壤有机质的总量，包括半分解的动植物残体、微生物生命活动的各种产物及腐殖质，另外还包括少量能通过 0.25mm 筛孔的未分解的动植物残体。如果要测定土壤腐殖质的含量，则样品中植物根系及其他有机残体应尽可能地去除。

二、实验原理

用一定量的氧化剂（重铬酸钾 - 硫酸溶液）氧化土壤中的有机碳，剩余的氧化剂用还原剂（硫酸亚铁铵或硫酸亚铁）滴定，这样，可根据消耗的氧化剂量来计算出有机碳的含量。本方法只能氧化 90% 的有机碳，故测得的有机碳含量要乘以校正系数 1.1。

氧化及滴定时的化学反应如下：

$$2K_2Cr_2O_7 + 3C + 8H_2SO_4 \longrightarrow 2K_2SO_4 + 2Cr_2(SO_4)_3 + 3CO_2 + 8H_2O$$

$$K_2Cr_2O_7 + 6FeSO_4 + 7H_2SO_4 \longrightarrow K_2SO_4 + Cr_2(SO_4)_3 + 3Fe_2(SO_4)_3 + 7H_2O$$

三、实验仪器及试剂

1. 仪器

（1）分析天平　感量 0.0001g。

（2）电砂浴。

（3）磨口锥形瓶　150mL。

（4）磨口简易空气冷凝管　直径 0.9cm，长 19cm。

（5）定时钟、自动调零滴定管　10.00mL，25.00mL。

（6）小型日光的定台温度计　200 ~ 300℃。

（7）铜丝筛　孔径 0.25mm。

（8）瓷研钵。

2. 试剂

（1）0.4mol/L 重铬酸钾 - 硫酸溶液（重铬酸钾，分析纯；硫酸，分析纯）　称取重铬酸钾 39.23g，溶于 600 ~ 800mL 蒸馏水中，待完全溶解后加水稀释至 1L，将溶液移入 3L 大烧杯中；另取 1L 相对密度为 1.84 的浓硫酸，慢慢地倒入重铬酸钾水溶液内，不断搅动，为避免溶液急剧升温，每加约 100mL 硫酸后稍停片刻，并把大烧杯放在盛有冷水的盆内冷却，待溶液的温度降到不烫手时再加另一份硫酸，直到全部加完为止。

（2）0.2mol/L 硫酸亚铁铵或硫酸亚铁溶液　硫酸亚铁（分析纯）。

（3）0.1000mol/L 重铬酸钾标准溶液　称取经 130℃ 烘 1.5h 的优级纯重铬酸钾 9.807g，先用少量水溶解，然后移入 1L 容量瓶内，加水定容。此溶液浓度 $c(1/6K_2Cr_2O_7)$ = 0.2000mol/L。

（4）邻菲罗啉指示剂　称取邻菲罗啉 1.485g 溶于含有 0.695g 硫酸亚铁的 100mL 水溶液中。此指示剂易变质，应密闭保存于棕色瓶中备用。

（5）植物油 2.5kg。

（6）硫酸银（分析纯）　研成粉末。

（7）二氧化硅（分析纯）　粉末状。

（8）0.2000mol/L 重铬酸钾标准溶液　称取经 130℃ 烘 1.5h 的优级纯重铬酸钾 9.807g，先用少量水溶解，然后移入 1L 容量瓶内，加水定容。此溶液浓度 $c(1/6\ K_2Cr_2O_7)$ = 0.2000mol/L。

（9）硫酸亚铁标准溶液　称取硫酸亚铁 56g，溶于 600 ~ 800mL 水中，加浓硫酸 20mL，搅拌均匀，加水定容至 1L。（必要时过滤），贮于棕色瓶中保存。此溶液易受空气氧化，使用时必须每天标定一次准确浓度。

硫酸亚铁标准溶液的标定方法如下：吸取重铬酸钾标准溶液 20mL，放入 150mL 锥形瓶中，加浓硫酸 3mL 和邻菲罗啉指示剂 3 ~ 5 滴，用硫酸亚铁溶液滴定，根据硫酸亚铁溶液的消耗量，计算硫酸亚铁标准溶液浓度 c_2：

$$c_2 = \frac{c_1 \times V_1}{V_2} \tag{7-1}$$

式中　c_2——硫酸亚铁标准溶液的浓度，mol/L

c_1——重铬酸钾标准溶液的浓度，mol/L

V_1——吸取的重铬酸钾标准溶液的体积，mL

V_2——滴定时消耗硫酸亚铁溶液的体积，mL

四、样品的选择和制备

（1）选取有代表性的风干土壤样品，用镊子挑除植物根系等有机残体，然后用木棍把土块压细，使之通过 1mm 筛。充分混匀后，从中取出试样 10 ~ 20g，磨细，并全部通过 0.25mm 筛，装入磨口瓶中备用。

（2）对新采回的水稻土或长期处于浸水条件下的土壤，必须在土壤晾干压碎后，平摊成薄层，每天翻动一次，在空气中暴露一周左右后才能磨样。

五、实验步骤

（1）按表 7 - 5 有机质含量的规定称取备好的风干土样 0.05 ~ 0.5g，精确到 0.0001g。置入 150mL 锥形瓶中，加粉末状的硫酸银 0.1g，然后用自动调零滴定管，准确加入 0.4mol/L 重铬酸钾 - 硫酸溶液 10mL 摇匀。

（2）将盛有试样的锥形瓶装一简易空气冷凝管，移至已预热到 200 ~ 230℃ 的电砂浴上加热。当简易空气冷凝管下端落下第一滴冷凝液时开始计时，消煮（5 ± 0.5）min。

表 7－5　　不同土壤有机质含量的称样量

有机质含量/%	试样质量/g	有机质含量/%	试样质量/g
<2	0.4 ~ 0.5	7 ~ 10	0.1
27	0.2 ~ 0.3	10 ~ 15	0.05

（3）消煮完毕后，将锥形瓶从电砂浴上取下，冷却片刻，用水冲洗冷凝管内壁及其底端外壁，使洗涤液流入原锥形瓶，瓶内溶液的总体积应控制在 60 ~ 80mL 为宜，加 3 ~ 4 滴邻菲罗啉指示剂，用硫酸亚铁标准溶液滴定剩余的重铬酸钾。溶液的变色过程是先由橙黄变为蓝绿，再变为棕红，即为终点。如果试样滴定所用硫酸亚铁标准溶液的毫升数不到空白标定所耗硫酸亚铁标准溶液毫升数的 1/3 时，则应减少土壤称样量，重新测定。

（4）每批试样测定必须同时做 2 ~ 3 个空白标定。取 0.500g 粉末状二氧化硅代替试样，其他步骤与试样测定相同，取其平均值。

六、结果计算

土壤有机质含量 X（按烘干土计算），由下式计算。

$$X = \frac{(V_0 - V) \times c_2 \times 3 \times 1.742}{m \times 1000} \times 100\% \quad (7-2)$$

式中　X——土壤有机质含量，%

V_0——空白滴定时消耗硫酸亚铁标准溶液的体积，mL

V——测定试样时消耗硫酸亚铁标准溶液的体积，mL

c_2——硫酸亚铁标准溶液的浓度，mol/L

3——1/4 碳原子的摩尔质量，g/mol

1.742——由有机碳换算为有机质的系数

m——烘干土样质量，g

七、注意事项

（1）平行测定的结果用算术平均值表示，保留三位有效数字。

（2）允许差　当土壤有机质含量小于 1% 时，平行测定结果相差不得超过 0.05%；含量为 1% ~ 4% 时，不得超过 0.10%；含量为 4% ~ 7% 时，不得超过 0.30%；含量在 10% 以上时，不得超过 0.50%。

八、思考题

（1）重铬酸钾容量法测定土壤有机质的原理是什么？

（2）水合热氧化有机质的重铬酸钾容量法和外加热氧化有机质的重铬酸钾容量法测定总有机碳的测出率分别是多少？试比较各方法的优缺点。

第四节　土壤可溶盐总量的测定

一、实验目的

盐渍土是重要的土地资源，了解盐渍土的理化性状，合理利用改良和开发盐渍土资源的潜力，在国民经济的持续发展中，有极其重要的意义。

盐渍土所含的可溶盐主要是钠、钙、镁的氯化物或硫酸盐和重碳酸盐及碳酸盐等。当其在土壤中积累到一定程度时，就会危害作物生长。钠盐，尤其是碱性钠盐的存在及其在土壤体内的频繁移动还会造成土壤碱化。对土壤和水（包括地下水和灌溉水）进行可溶盐分析，是研究盐渍土盐分状况及其对农业生产影响的重要方法。土壤盐分分级指标见表7－6。

表7－6　　土壤盐分分级指标

盐化系列及适用地区	土壤含盐量/‰					
	非盐化	轻度	中度	重度	盐化	盐渍类型
滨海、半湿润、半干旱、干旱区	<1.0	1.0～2.0	2.0～3.0	4.0～6.0（10.0）	>6.0（10.0）	$HCO-CO_3^{2-}$，Cl^-，$Cl^--SO_4^{2-}$，$SO_4^{2-}-Cl^-$
半荒漠及荒漠区	<2.0	2.0～3.0	3.0～5.0（6.0）	5.0（6.0）～10.0（20.0）	>10.0（20.0）	SO_4^{2-}，$Cl^--SO_4^{2-}$，$SO_4^{2-}-Cl^-$

土壤可溶盐的分析一般包括可溶盐总量、阴离子（CO_3^{2-}、HCO_3、Cl^-、SO_4^{2-}）和阳离子（Na^+、K^+、Ca^{2+}、Mg^{2+}）的分析。对硝酸盐土壤还要测定NO_3^-。石膏和碳酸钙也是盐渍土的常规分析项目。碱化土要做碱化度（ESP）分析。表7－7为黄淮海平原土壤碱化分级指标。

表7－7　　黄淮海平原土壤碱化分级指标

分级	残余碳酸钠/（mol/L）	钠碱化度/%	pH（1:1）
弱碱化土	0.06～0.07	4～13	8.8～9.1
中度碱化土	17～0.25	13～22	9.1～9.3
强碱化土	25～0.24	22～40	9.3～9.6
瓦碱	>0.40	>40	>9.6

二、水浸提液的制备

1. 制备原理

进行盐渍土可溶性盐分分析时，首先要制备土壤水浸提液。水土比影响土壤可溶性盐的测定结果，尤其是钙、镁的碳酸盐、重碳酸盐和硫酸盐，随着水土化的增加，溶解的绝对量也会增加。为了操作和测定结果具有可比性，这里运用水土比为5:1浸提土壤可溶盐。

振荡时间也影响可溶盐的测定结果，尤其是钙、镁的碳酸盐、重碳酸盐和硫酸盐，随振荡时间的增加，溶解的绝对量增加。一般振荡5min后过滤。温度会影响难溶性和微溶性盐分的溶解，从而影响可溶性盐的提取，可考虑在恒温（25℃）条件下提取。

滤液必须清澈透明才能用于分析，为了获取清亮的滤液，应混浊过滤，如遇到碱化或黏重的土壤，滤液很难清澈时，可改用双层滤纸过滤，或双层折滤纸过滤，或双层折细孔过滤，或用一层滤纸一层石棉滤纸等办法过滤。

对含有较高中性盐的土壤，可以采用静置澄清法，如滨海盐土。但该法耗时较长，并对结果产生一定的影响。

在不同的提取条件下，可溶性盐分的分析结果将产生差异，故在分析报告中应注明提取温度、分离的方法、土水比例和振荡时间等。

2. 操作方法

（1）称取通过2mm筛孔的风干土样100g，放入1000mL大口振荡瓶中，加入500mL二氧化碳蒸馏水。

（2）将瓶口用橡皮塞塞紧，在往复式振荡机（150～180次/min）上振荡5min。

（3）立即用选定的提取方法分离浸提液，密封备用。提取完毕后立即进行测定，以免浸出液发生变化。

三、可溶性盐总量的测定

常用的测定总量的方法有质量法、电导法和离子加和法（计算全盐）。质量法是经典方法，测定过程较为烦琐。在测定过程中有两个问题不易解决：第一，烘干过程中 $NaHCO_3$ 可能分解，使测定结果偏低；第二，碱化土壤提取液往往含有一定数量的胶体颗粒，使测定结果偏高。由于电导法简单易行，尤其适合批量标本分析，故多采用。

（一）电导法

1. 方法原理

土壤中可溶性盐属于强电解质，其溶液导电能力的强弱称为电导度。将电导电极插入一定浓度的电解质溶液时，根据欧姆定律，当温度不变，电阻 R 与极片间距离 L 成正比，与极片的截面积 A 成反比。

$$R = \rho L/A \tag{7-3}$$

式中　ρ——电阻率

则溶液电导 G 为：

$$G = l/R = \gamma \times A/L \tag{7-4}$$

式中　γ——电导率

对于某一电导电极，A 和 L 是固定的，则 γ 值与离子浓度及组成有关。溶液温度（℃）将按下式对电导产生影响：

$$\gamma = l/R \times [l + a(t - 25)] \tag{7-5}$$

式中　a——温度系数

对多数例子来说，溶液温度每升高1℃，迁移率约增加2%，但是，各种离子的温度系数是不同的，不同温度范围的温度系数也不同。所以当条件允许时，应在恒温系统中进行测定。待测液的电导可在电导仪上测得，经电极常数 K 和温度校正值（f_i）校正后即为电导率。依照盐分与电导率的关系曲线可得到可溶性盐分总量。按美国盐土研究室（1954年）划定的标准，饱和泥浆浸出液的电导率与作物之间关系如下：<0.2S/m时，对多数作物生长无影响；0.2～0.4S/m时，对盐分敏感作物可能受到影响，0.4～0.8S/m时，大多数作物减产；0.8～1.6S/m时，只有耐盐作物不受影响；>1.6S/m时，一般作物都不能生长。

表7－8为不同温度时0.0200mol/L氯化钾溶液的电导率。表7－9为电导的温度校正值（f_i）。

表7－8　不同温度时0.0200mol/L氯化钾溶液的电导率

温度/℃	5	15	20	25
电导率/（S/m）	0.1752	0.2243	0.2501	0.2765

表7－9　电导的温度校正值（f_i）

温度/℃	校正值	温度/℃	校正值	温度/℃	校正值	温度/℃	校正值	温度/℃	校正值	温度/℃	校正值
9.0	1.448	19.0	1.136	21.8	1.068	24.6	1.008	27.4	0.953	30.2	0.904
10.0	1.411	19.2	1.131	22.0	1.064	24.8	1.004	27.6	0.950	30.4	0.901
11.0	1.375	19.4	1.127	22.2	1.060	25.0	1.000	27.8	0.947	30.6	0.897
12.0	1.341	19.6	1.122	22.4	1.055	25.2	0.996	28.0	0.943	30.8	0.894
13.0	1.309	19.8	1.117	22.6	1.051	25.4	0.992	28.2	0.940	31.0	0.890
14.0	1.277	20.0	1.112	22.8	1.047	25.6	0.988	28.4	0.936	31.2	0.887
15.0	1.247	20.2	1.107	23.0	1.043	25.8	0.983	28.6	0.932	31.4	0.884
16.0	1.218	20.4	1.102	23.2	1.038	26.0	0.979	28.8	0.929	31.6	0.880
17.4	1.189	20.6	1.097	23.4	1.034	26.2	0.975	29.0	0.925	31.8	0.877
18.0	1.163	20.8	1.092	23.6	1.029	26.4	0.971	29.2	0.921	32.0	0.873
18.2	1.157	21.0	1.087	23.8	1.025	26.6	0.967	29.4	0.918	33.0	0.858
18.4	1.152	21.2	1.082	24.0	1.020	26.8	0.964	29.6	0.914	34.0	0.843
18.6	1.147	21.4	1.078	24.2	1.016	27.0	0.960	29.8	0.911	35.0	0.829
18.8	1.142	21.6	0.073	24.4	1.012	27.2	0.956	30.0	0.907	36.0	0.815

2. 仪器

电导仪一台。铂电极和镀铂黑电导电极各一支，并在标准温度（25℃）下以0.1mol/L和0.02mol/L氯化钾溶液测定其电极常数，在标准温度下，0.1mol/L和0.02mol/L KCl溶液的电导率（y）分别为1.2880S/m和0.2765S/m，若电极测得电导值为S，则电极常数$K=y/S$。

3. 操作步骤

（1）将电导电极阴线接到电导仪相应的接线柱上，接通电源，打开电源开关。

（2）按仪器说明的要求，调节仪器到工作状态。

（3）将电导电极插入待测液，稍摇片刻，打开测量开关，读取电导读数。

（4）测量待测液温度。

（5）取出电极，用蒸馏水冲洗后以滤纸吸干，准备测定下一个样品。

4. 结果计算

依据电导读数S及电极常数K和温度系数f_i值计算电导率y：

$$y = S \times f_i \times K \tag{7-6}$$

其总盐量可由该地区的盐分与电导率的数理关系统计方程式 $x = (y - a)/b$ 求得。

式中 y——土壤浸出液电导率，S/m

x——土壤可溶性盐总量,%

a——截距

b——斜率

5. 注意事项

（1）测定电极常数时，应选择与样品溶液浓度相近的标准溶液，一般情况下，可选用 0.02mol/L KCl 测定电导电极常数。

（2）测定高浓度样品时，可选择电极常数较高的铂黑电极；在测定低浓度样品时，因铂黑对电解质的吸附作用而使读数不稳定，应选用不镀铂黑的光亮铂电极。

（3）同地区不同盐分类型的盐分电导曲线（$y = bx + a$）是不同的，必须用大量盐分与电导进行统计求得。

（二）质量法

1. 实验原理

质量法一直被作为测定总盐量的基准方法。吸取水浸提液，经蒸干后称重得到烘干残渣。烘干残渣去除有机质后，其量即作为可溶盐总量。

2. 仪器和设备

水浴锅、电烘箱、分析天平。

3. 操作步骤

以大肚吸管吸取待测液 50 ~ 100mL，放入已知质量的烧杯中于水浴上蒸干，加入少量 5% H_2O，继续在水浴上加热以去除有机质，反复处理至残渣发白，以完全去除有机质，蒸干。将烧杯放入 100 ~ 105℃ 烘箱中烘干 4h，移至干燥器中冷却，用分析天平称量。烧杯继续放入烘箱中 2h，再称重，直至恒量（两次质量差小于 0.0003g）。

4. 结果计算

$$W = (m_1 - m_2)/m \times 100\% \tag{7-7}$$

式中 W——土壤可溶盐总量质量分数,%

m_1——烧杯与盐分质量之和，g

m_2——空烧杯质量，g

m——吸取水浸提液体积相当样品质量，g

100——换算成每百克含量

四、注意事项

（1）吸取水浸提液的数量应视水浸提液盐分的数量而定，一般以保持烧杯中盐分质量在 0.02 ~ 0.2 为佳。

（2）当七水硫酸钙或七水硫酸镁的含量较高时，其结晶水需要在 180℃ 才能去除。如六水氯化钙或六水氯化镁的含量高，由于其极易吸湿和潮解，可在烧杯中加入碳酸钠溶液 [$\rho(Na_2CO_3) = 20g/L$]，使产生钙、镁的碳酸盐沉淀，然后再在 105℃ 下烘干，称重，减去加入 Na_2CO_3 的量。

（3）当盐分中有铁存在而出现黄色氧化铁时，烘干的盐分也会出现黄色。

五、思考题

（1）土壤可溶盐的分析包括哪些离子？怎样控制水浸提液制备时温度、分离方法、土水比例和振荡时间等对这些离子的影响？

（2）试述测定土壤中可溶盐用电导法和质量法的原理，比较两种方法的优缺点。

第五节　生态环境中生态因子的观测与测定

一、实验目的

（1）熟悉太阳辐射仪的使用方法。
（2）熟悉风速测定仪的使用方法。
（3）掌握干湿球温度计的测量原理与方法。

二、实验仪器

太阳辐射仪（或照度计）、干湿球温度计、风速测定仪等。

三、实验内容

1. 太阳辐射量

调节太阳辐射仪到水平位置，连接辐射仪与辐射电流表；或调整照度计至“0”的位置，测下列项目。

（1）总太阳辐射量　将太阳辐射仪的探头直接暴露于太阳辐射下，待辐射电流表稳定后，记录读数，通过换算得出总太阳辐射量。

（2）散射辐射量　在太阳辐射仪上面的一定高度，用黑色遮阳板遮住太阳辐射的直射部分，待辐射电流稳定后，记录读数。

（3）直射辐射量　等于太阳总辐射与散射辐射量之差。

（4）地面反射辐射量　将太阳辐射仪探头朝向地面，并与地面平行，待辐射电流表读数稳定后，记录读数。

（5）单位　英尺烛光是指距离一烛光的光源（点光源或非点光源）一英尺远而与光线正交的面上的光照度，简写为1ftc（$1lm/ft^2$，流明/英尺^2），即每平方英尺内所接收的光通量为1流明时的照度，并且1ftc = 10.76lux。

2. 湿度

单独测定湿度的常用温度计有通风干湿球温度计和露点温度计。

干湿球湿度计的原理：干湿球温度计包括两个温度探头，其球部并排暴露在空气中。干球温度探头直接露在空气中，湿球温度探头用湿纱布包裹着。其测湿原理就是，在一定风速下，湿球外边的湿纱布的水分蒸发带走湿球温度计探头上的热量，使其温度低于环境空气的温度；而干球温度计测量出来的就是环境空气的实际温度，此时，湿球与干球之间的温度差与环境的相对湿度有一个相应的关系。

测定步骤：干湿计放置距地面1.2～1.5m的高处。在测定温度时，棉纱套用蒸馏水湿润，当空气流通过时会造成蒸发，而由蒸发失热必然造成温度的降低，这样就与实际的温度形成温差。干湿球温度的读数是在湿球已变为稳定的最小值时进行的。由该湿度计所附的对照表就可查出当时空气的相对湿度。

例如，设干球温度计所示的温度是22℃，湿球温度计所指示的是16℃，两球的温度差是6℃，可先在表中所示温度一行找到22℃，又在温度一行找到6℃，再把22℃横向与6℃竖行对齐，找到数值54。它的意思就是相对湿度是54%。

注意读出干、湿两球所指示的温度差，因为湿球所包纱布水分蒸发的快慢，不仅和当时空气的相对湿度有关，还和空气的流通速度有关。所以干湿球温度计所附的对照表只适用于指定的风速，不能任意应用。

3. 风向和风速

测定风有两个参数指标，即风向和风速。风向可以简单地用罗盘或通过云的运动方向或植被弯曲的方向测得。将数字式风速测定仪或手持风速测定仪放置距地面0.5m和1.5m处，记录风速，注意不同高度风速的变化。

四、思考题

选择几个代表性样地，在样地内重复以上步骤，记录数据，多测几次取其平均值，比较不同样地各生态因子的变化规律。

第六节　叶片缺水程度的鉴定

一、实验目的

（1）熟悉叶片缺水的鉴定原理及方法。

（2）掌握电导率仪的使用方法。

二、实验原理

植物细胞膜对维持细胞的微环境和正常的代谢起着重要的作用。在正常情况下，细胞膜对物质具有选择透性能力。当植物受到逆境影响时，如极端温度、干旱、盐渍、重金属（如Cd^{2+}等）、大气污染物（如SO_2、HF、O_3等）和病原菌侵染后，细胞膜遭到破坏，膜透性增大，从而使细胞内的电解质外渗，以致植物细胞浸提液的电导率增大。膜透性增大的程度与逆境胁迫强度有关，也与植物抗逆性的强弱有关。这样，比较不同作物或同一作物不同品种在相同胁迫下膜透性的增大程度，即可比较作物间或品种间的抗逆性强弱。因此，电导法目前已成为作物抗性栽培、育种上鉴定植物抗逆性强弱的一个精确而实用的方法。

三、实验仪器

电导率仪、电子天平、真空干燥器、恒温设备、摇床等。

四、实验内容

（1）选取叶龄、层次相同的小麦叶片（或其他植物功能叶），包在湿纱布内，置于烧杯中。用自来水冲洗叶片，除去表面沾污物，再用去离子水冲洗 1 ~ 2 次，用干净纱布吸干叶片表面水分，保存在湿纱布中，防叶片失水。狭长叶片可用刀片切成1cm 长段（宽大叶面避开大叶脉，用打孔器打取圆片）。

（2）按甲乙两组分别称取样品 1g，每组 2 ~ 3 个平行样，将样品放入小烧杯中，加20mL 重蒸去离子水，浸没样品。

（3）甲组放入真空干燥器中，用真空泵反复抽放气 3 ~ 4 次（压力 53 ~ 66kPa，减压0. 5h 恢复常压），除去水与叶表面之间和细胞间隙中的空气，使叶组织内电解质渗出。20 ~ 30℃振荡保温 2 ~ 3h。

（4）乙组样品置沸水浴中煮沸 10 ~ 15min，使生物膜变成全透性，用去离子水补足原容量，冷却。

（5）将甲乙两组外渗液分别倾入小烧杯，测电导率。对照电导率为自来水电导率。

（6）数据处理　分别记录甲组电导率、乙组电导率和对照组电导率。

电解质相对外渗率(%) = 电导率甲 / 电导率乙

五、电导率仪操作

（1）原理　电导率是物体传导电流的能力。电导率测量仪的测量原理是将两块平行的极板，放到被测溶液中，在极板的两端加上一定的电势（通常为正弦波电压），然后测量极板间流过的电流。

电导率（σ）的基本单位是西门子（S），原来被称为姆欧，取电阻单位欧姆倒数之意。因为电导池的几何形状影响电导率值，标准的测量中用单位电导率 S/cm 来表示，以补偿各种电极尺寸造成的差别。单位电导率（C）简单的说是所测电导率（G）与电导池常数（L/A）的乘积，这里的 L 为两块极板之间的液柱长度，A 为极板的面积。

$$S = \rho L = L/\sigma$$

电阻率的倒数为电导率。$\sigma = 1/\rho$。在国际单位制中，电导率的单位是 S/m。电导率的物理意义是表示物质导电的性能。电导率越大则导电性能越强，反之越小。

（2）操作步骤

①安装，开机预热 10min。

②校正，按“mode”键，置于校正功能，将电极置于空气中，调节“调节”旋钮，使仪器显示电导池实际常数值。如当 $J_{实} = 0.95$ 时，使仪器显示 95. 0，此时 $J_0 = 1$。

③测量，按“mode”键，置于测量功能，选择适当量程，将清洗干净的电极插入被测溶液中，仪器显示值乘以 J_0 即为被测液电导率值。

（3）注意事项：

①使用电极时，保持插接良好，防止接触不良。

②测量过程中从甲溶液转移到乙溶液，先用蒸馏水清洗，再用乙溶液，不能用滤纸擦拭。

③电极使用完毕应清洗干净，甩干后妥善保存，避免碰撞损坏。

④注意保护好电极上的常数标识，以免损毁后遗忘电极常数值。

六、思考题

如何判断植物的缺水程度？形态和生理生化方面有哪些主要指标？

第七节 温度胁迫对植物过氧化物酶（POD）活性的影响

一、实验目的

（1）熟悉温度胁迫对植物损害的鉴定以及植物对温度耐受程度的判断。

（2）掌握过氧化物酶（POD）活性的测定。

二、实验原理

当植物衰老特别是处于逆境的条件下，植物细胞内活性氧的产生和清除的平衡受到破坏，自由基增加，引发和加剧细胞膜脂过氧化。植物细胞内活性氧自由基清除的方式是多样的。SOD 是植物体内清除活性氧系统的第一道防线，在活性氧的清除系统中发挥着特别重要的作用，处于保护系统的核心位置，其主要功能是清除 O_2^-，并产生 H_2O_2；而 POD 则主要通过催化 H_2O_2或其他过氧化物来氧化多种底物。

在有过氧化氢存在下，过氧化物酶能使愈创木酚氧化，生成茶褐色物质，该物质在 470nm 处有最大吸收，可用分光光度计测量 470nm 的吸光度变化测定过氧化物酶活性。

三、实验仪器

磷酸二氢钾、磷酸缓冲液、30% 过氧化氢、愈创木酚、分光光度计、离心机、天平、秒表、研钵。

四、实验内容

1. 样品的制备

各取生长情况相同的小麦幼苗 10 株，置于 45℃、0 ~ 2℃、室温下。

2. 过氧化物酶的测定

（1）称取植物材料 1g，加 20mmol/L KH_2PO_4 5mL，于研钵中研磨成匀浆，以 4000r/min 离心 15min，倾出上清液保存在冷处备用。

（2）取光径 1cm 比色皿 2 只，于 1 只中加入反应混合液 3mL（50mmol/L pH7.8 的磷酸缓冲液加入 28μL 愈创木酚，19μL30% H_2O_2）加 10μL 粗酶液，KH_2PO_4 1mL 作为校零对照，另 1 只中加入反应混合液 3mL 上述酶液 1mL（如酶活性过高可稀释之），立即开启秒表记录时间，于分光光度计上测量吸光度值，每隔 1 分钟读数一次，读数于波长 470nm 下进行。

（3）以每分钟吸光值增加 0.1 作为一个酶活性单位。

$$过氧化物酶活性[U/(g \cdot min)] = \Delta A_{470} \cdot V_T/(0.1 \cdot W \cdot t \cdot V_s) \tag{7-8}$$

式中 ΔA_{470}——反应时间内吸光度的变化

W——植物鲜重，g

V_T——提取酶液总体积，mL

V_s——测定时取用酶液体积，mL

t——反应时间，min

3. 注意事项

（1）反应混合液应在用前配制，现用现配。

（2）样品研磨要充分。

五、思考题

逆境胁迫对植物过氧化物酶活性的动态影响。

第八节 盐胁迫对植物的影响

一、实验目的

（1）了解盐胁迫对植物种子萌发的影响。

（2）掌握种子萌发过程中发芽率、发芽势、发芽指数等各项指标的观察、计算方法。

（3）了解各项指标在盐胁迫条件下的变化趋势。

（4）绘制盐浓度与生长指标相关曲线。

二、实验仪器

植物种子、hoagland（霍格兰）营养液、Na_2CO_3、NaCl、培养皿、滤纸、恒温培养箱、电子天平。

三、实验内容

1. 预处理

（1）种子的预处理　挑选籽粒大小相当的种子，先用10%的次氯酸钠消毒10min，再用30% H_2O_2消毒，再冲洗干净；然后，根据种皮的致密程度将种子浸泡1～2d。

（2）器皿准备　于培养皿中分别加入$Na_2CO_3$10mg/L、30mg/L、90mg/L、270mg/L；或NaCl10mg/L、30mg/L、90mg/L、270mg/L，以清水为对照。

（3）将每个培养皿底部平铺两片滤纸。3个平行处理。

2. 种子的培养

将预处理的种子播于上述铺有滤纸的培养皿内，将培养皿置于恒温箱中，在25℃无光条件下培养7d。然后，在各培养皿中滴加hoagland营养液，并将培养皿置于自然光照条件下培养。

3. 实验记录

在种子萌发3d后，逐日记录正常萌发种子数、不萌发种子数、腐烂种子数。将观察结果填入表7－10。

4. 计算

发芽率、发芽势和发芽指数的计算：

（1）发芽率 =7d 发芽种子数/供实验种子数 ×100%。

（2）发芽势 =3d 发芽种子数/供实验种子数 ×100%。

（3）发芽指数计算式为：

$$G_i = \sum (G_t / D_t)$$

式中 G_i——发芽指数

G_t——在 t 日的发芽数，个

D_t——相应的发芽天数，d

根据表 7-10 的数据，分别计算发芽率、发芽势和发芽指数，将计算结果填入表 7-11。

表 7-10 发芽情况记录

碳酸钠或氯化钠浓度/（mg/L）	平行样	时间/d											
		3	4	5	6	7	8	9	10	11	12	13	14
0	1 2 3												
10	1 2 3												
30	1 2 3												
90	1 2 3												
270	1 2 3												

表 7-11 种子萌发的发芽率、发芽势以及发芽指数计算结果

指标 \ 浓度/（mg/L）		碳酸钠或氯化钠				
		0	10	30	90	270
植物	发芽率/%					
	发芽势/%					
	发芽指数/（个/d）					

5. 生长发育统计

种子萌发过程中的生长发育指标主要包括芽长、总长、芽重和总重。发芽3d后，用镊子轻轻将其取出，用滤纸吸干，再用刻度尺分别测量芽长和总长，之后，经电子天平测其全重和芽重。以上各量均取平均值，将结果记入表7-12。

表7-12 种子萌发中的生长发育指标测定结果

指标 \ 浓度/（mg/L）		碳酸钠或氯化钠					
		0	500	1000	2000	3000	4000
植物	发芽个数						
	芽长/cm						
	总长/cm						
	芽重/mg						
	总重/mg						

根据观察和测定计算的结果，分析种子萌发过程中各指标在不同盐胁迫条件下的变化，了解盐胁迫对种子萌发的影响。

6. Hoagland 溶液配方

（1）大量元素 每升营养液中应加入以下各种试剂。

试剂	浓度/（mol/L）	每升培养液中加入的体积/mL
磷酸二氢钾	1	1
硝酸钾	1	5
硝酸钙	1	5
硫酸镁	1	2

（2）微量元素 每升水中应加入以下各种物质。

化合物	每升水加入的量/g	化合物	每升水加入的量/g
硼酸	2.86	五水硫酸铜	0.08
四水氯化锰	1.81	钼酸	0.02
七水硫酸锌	0.22		

（3）Fe-EDTA 溶液 1L 水中加入 Na_2-EDTA 7.45g，$FeSO_4 \cdot 7H_2O$ 5.57g。每升大量元素培养液中加入1mL Fe-EDTA 溶液和1mL 微量元素溶液即可。

四、思考题

（1）做盐胁迫实验时，在预处理种子中为什么种子要浸泡？

（2）试分析盐胁迫对种子萌发的影响。

第八章　数字模拟技术在实验中的应用与发展

第一节　数字模拟技术

环境工程实验涉及面广，实验项目多，大多数模型实验装置复杂，使用空间较大，制作成本较高。受多方面因素限制，实验项目及实验装置往往跟不上学科迅速发展和内容更新。数字模拟技术的发展与普及为实验教学提供了全新的技术手段和解决方案，以数字模拟技术为基础的教学平台为环境工程实验的发展带来了新的契机。

数字模拟技术在实验中的应用尚处于探索与发展阶段，就应用与发展趋势而言，传统实验数字化和仿真实验是当前发展的重点。数字化实验不能代替传统实验，但可以拓宽实验的内涵。将数字模拟技术广泛地应用到实验室，建设“数字化实验室”，是环境工程实验提高和发展的重要方面。数字模拟技术在环境工程实验中的应用目前主要体现在对传统实验的提升、多媒体仿真实验、拓展演示实验、优化实验方案设计等。

一、数字模拟技术对传统实验的提升

1. 实验数据采集

数据采集占据的实验时间较多，数据量的不足会造成实验分析结果偏差、真实性不强。而传感器、计算机等相结合的数字技术介入成为实验载体，可以迅速准确地采集到大批量的实验数据，如污染物在水体中扩散的浓度变化，可以在几分钟内采集到上百个数据，节省了大量宝贵的实验时间，把更多的时间用于实验过程的控制与分析讨论。同时，采用传感器、数字视频技术可以采集到以往实验技术难以采集到的实验数据，使一些原来难以开设的实验成为可能。

2. 实验数据处理

传统实验在缺乏高效数据处理手段的条件下，往往不要求进行大批量实验数据分析，而实验数据数量制约实验分析结果的准确可靠。数字技术利用计算机强大的数据处理能力，将学生从机械、烦琐的数据处理中解脱出来，将更多的时间和精力用在创新和提高上，使学生在实验过程中得到更多的收益和提高。

3. 实验装置改造

通过用数字技术对传统实验装置改造，可以显著提高装置在实验中的作用。如在气浮实验中，增设气泡观察视频并与计算机结合，可以清晰地观察到微气泡的数量、精确地测量微气泡的直径、统计分析气泡分布等，对加深理解、提升分析水平有着不可替代的作用。

二、多媒体仿真实验

仿真技术是一门面向实际的具有很强应用特征的学科，也是一门综合性技术学科，涉及系统工程、相似理论、计算机软件与网络技术、控制工程等，同时其在不同领域的开发与应用还涉及相关的专业学科，如航空航天工程、电力系统工程、化学工程、环境工程等，是跨行业、跨专业的应用学科。仿真技术通常由三个主要部分组成：对象系统、数学模型和仿真机。三个部分之间形成两个关系：由对象系统到数学模型之间的关系，称为建模（modeling）；由数学模型到仿真机之间的关系，称为仿真（simulation）。

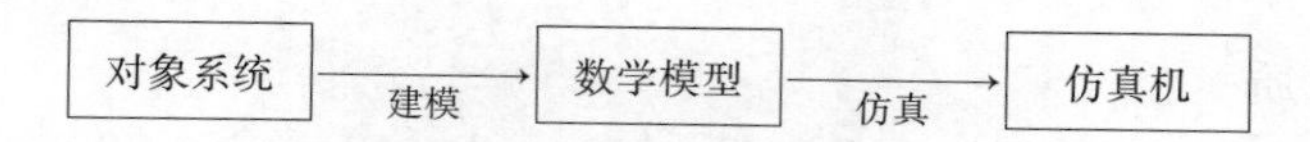

对象系统：是拟进行仿真的实际系统或设计系统，如生产装置、仪器设备等。

数学模型与建模：用于描述对象系统的数学表达式集称为数学模型，建模就是分析、推导和建立数学模型的方法与过程。

仿真机与仿真：仿真系统的软件和硬件有机结合构成仿真机，仿真就是依据数学模型开发仿真软件的方法与过程。

多媒体仿真实验软件就是利用仿真技术在计算机上模拟真实实验装置的操作和相应的现象，其大大扩展了原有实验装置的内涵和功能，是数字技术在实验教学中应用研究的热点。仿真实验是计算机虚拟现实技术与实验相结合的产物，它将实验仪器、实验环境、实验环节等由计算机仿真系统来完成，既可以仿真传统实验，又可以仿真传统实验难以涉及的实验，如焚烧、产生有毒有害气体等实验。

三、拓展演示实验

演示实验是实验的重要组成部分，能使学生直接观察、理解最新的学科发展与技术进步，但受多方面条件限制，演示实验往往数量有限，内容相对滞后。仿真实验以其虚拟“设备”和“部件”，根据学科发展的最新成就重新“制造”演示实验设备，使实验“设备”和内容在虚拟环境中不断更新，及时跟上学科发展和技术更新。

四、优化实验方案设计

数字化技术是学生根据自己的构思进行实验的可行路径之一。学生可以在数字实验平台和相关软件的基础上，通过独立思考，提出实验方案，开展虚拟实验，实验过程容许无限制地接受失败，并不断改进实验方案，直至达到实验预期目标。

第二节　城市污水处理仿真系统

一、工程简介

高碑店污水处理厂是北京市建设的第一座大型城市污水处理厂，也是目前国内最大的城市污水处理厂，其处理规模为100万立方米/天（分两期建设），按照北京市的远景规划，其最终规模将达到250万立方米/天。一期工程已于1993年12月竣工投产；二期工程于1996年10月开工，1999年9月竣工通水。

仿真软件基本是按照高碑店污水处理厂二期工程来进行过程仿真的。

二、运行数据

1. 污水量

工程设计规划按50万立方米/天考虑，总变化系数采用1.5，处理厂最大负荷为75万立方米/天。

2. 污水水质

（1）原污水水质

BOD_5：200mg/L，COD：500mg/L，SS：250mg/L，NH_3-N：30mg/L。

pH：6～9，T：15～25℃。

（2）处理厂出水水质标准　达到国家二级排放标准（GB 8978—1988）。

$BOD_5<20$mg/L，SS<30mg/L，$NH_3-N<3$mg/L。

3. 处理厂出水的回用途径

农业灌溉、工业回用、市政杂用水、河湖景观用水。

三、污水处理方法及工艺流程

污水处理工艺流程如图8-1所示。

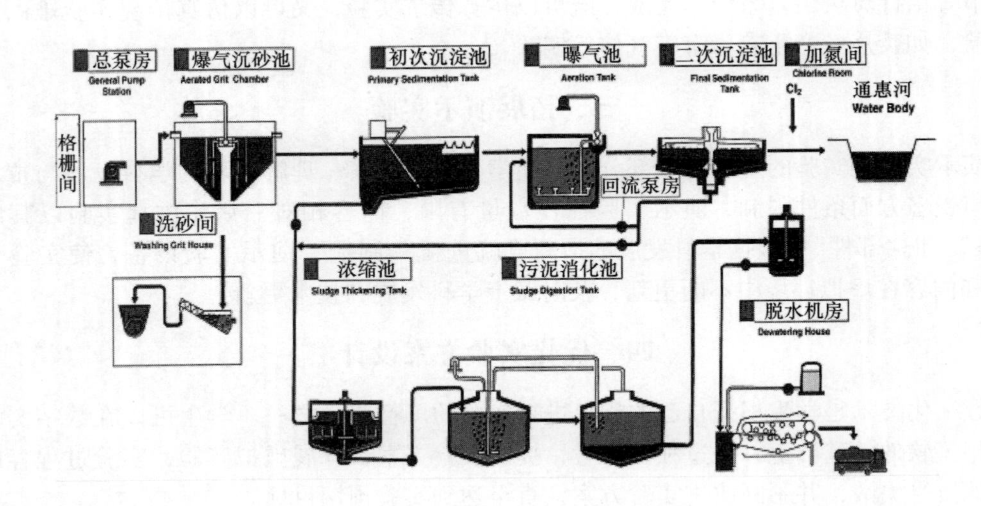

图8-1　污水处理工艺流程

高碑店污水处理厂采用传统活性污泥法二级处理工艺：一级处理包括格栅、泵房、曝气沉砂池和矩形平流式沉淀池；二级处理采用空气曝气活性污泥法。污泥处理采用中温两级消化技术，消化后经脱水的泥饼外运作为农业和绿化的肥源。消化过程中产生的沼气，用于发电可解决厂内部分用电。

四、主要构筑物

1. 水工段（图 8－2）

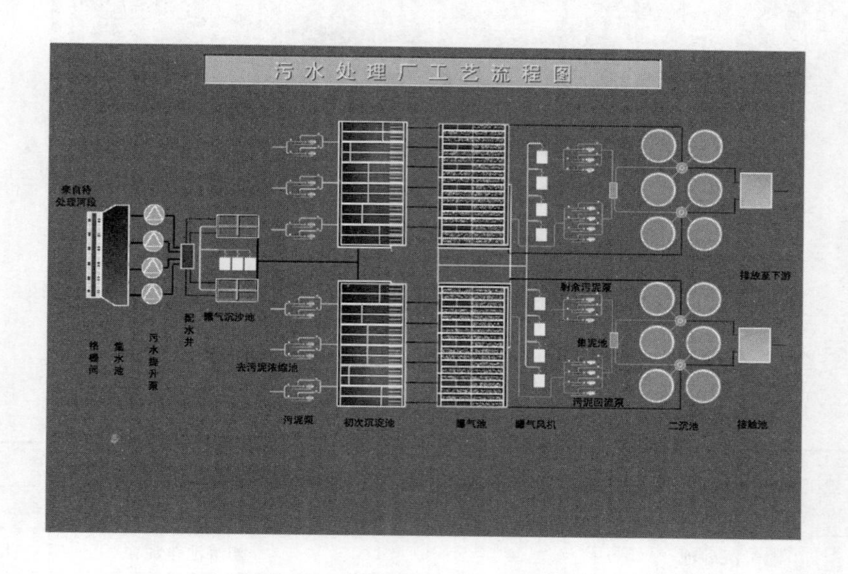

图 8－2　污水处理厂工艺流程图

（1）提升总泵房　采用立式污水混流泵。泵房前池安装有粗、细两道格栅，粗格栅间隙 100mm，人工清除，细格栅间隙 25mm，为链条式自动除污。栅渣用皮带输送装筒运往垃圾消纳厂填埋。

（2）曝气沉砂池　池形为平流式矩形池。每组池设一台移动桥式吸砂机及砂水分离器，共两套。

曝气采用离心式鼓风机共 3 台。单机风量 $Q = 40m^3/min$，扬程：$H = 5mH_2O$ 柱，功率：$N = 55kW$。

（3）初沉池　池形为平流式矩形池。排泥方式：采用进口桥式刮泥机，定容式螺杆式排泥泵。

（4）曝气池　池形为矩形三廊道。曝气方式：鼓风曝气，曝气头采用进口膜片橡胶微孔曝气头。

（5）鼓风机房　风机形式采用单级风冷离心式。

（6）二沉池　池形为辐流式中心进水、周边出水圆形池，采用桥式吸泥机共 12 台。

（7）泵房　采用螺旋桨式潜水泵。供污泥回流和剩余污泥排放用。

2. 污泥工段（图 8－3、表 8－1）

（1）污泥浓缩池　采用圆形重力浓缩池，机械排泥。

（2）污泥消化池　采用中温二级厌氧消化工艺，连续加热，连续搅拌。

（3）污泥脱水机房　采用带式压滤机。

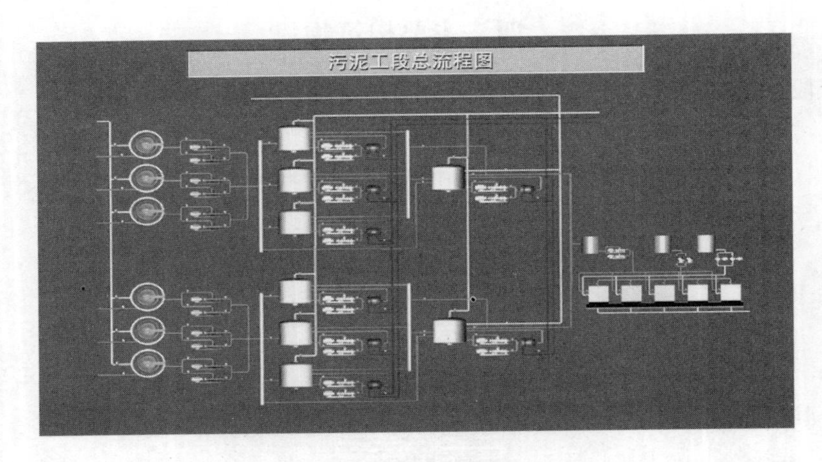

图 8-3 污泥工段总流程图

表 8-1 主要设备一览表

序号	名称	数量	序号	名称	数量
1	污水提升泵	4	10	砂水分离器	2
2	曝气沉砂池	4	11	初沉池排泥泵	12（2×6）
3	初沉池	24	12	回流污泥泵	8
4	曝气池	12	13	剩余污泥泵	6
5	二沉池	12	14	初沉池桁车式刮泥机	24
6	接触池	2	15	二沉池桥式吸泥机	12
7	曝气风机	8	16	污泥浓缩池	6
8	曝气沉砂池风机	3	17	污泥消化池	8
9	吸砂装置	2	18	污泥脱水机	5

五、工艺流程、工艺参数与控制方案

1. 水工段

（1）格栅　格栅要严格控制过栅流速与水头损失。过栅流速太大，会把本应拦截下来的软性栅渣冲走；太小，可能使粒径较大的砂粒在栅前渠道内沉积。

通过改变进水方闸的开关数目，可以调节过栅流速和水头损失。

（2）提升总泵房　通过改变泵的开关数量，调节集水池液位和配水井液位，保持稳定处理负荷。

（3）曝气沉砂池　曝气强度是曝气沉砂池的一个重要的工艺控制参数，通过改变曝气量来改变曝气强度和旋转速度，以适应处理负荷改变时保持较高的除砂率和除砂量。

（4）初沉池　初沉池用来去除污水中的 SS 和 BOD。运行时，通过改变运行池子的数量可以保持稳定的水力表面负荷和停留时间，达到稳定的 SS 去除率。刮、排泥采用周期顺序控制，排泥量由排泥浓度控制，以达到较高的含固量。

（5）曝气池　曝气池运行时，要保证稳定的有机负荷、溶解氧浓度和活性污泥数量，以达到较高的有机物去除率。通过改变回流比可以调节有机负荷和活性污泥数量，改变风机开关数量来维持溶解氧浓度。

（6）二沉池　二沉池用来实现固液分离，运行时要保持稳定的水力负荷、固体负荷和较高的回流污泥浓度，同时要保持一定的剩余污泥排放量，以控制泥龄。但要注意污泥膨胀、污泥上浮等异常现象。

2. 污泥工段

（1）污泥浓缩　污泥浓缩的主要目的是脱去污泥颗粒间的空隙水，使污泥初步减容，缩小后续处理的设备容量。来自二沉池的污泥经浓缩池进口调节阀进入连续式重力浓缩池，在刮泥机的转动下进行重力浓缩，浓缩污泥通过刮泥机刮到泥斗中，并由螺旋定容泵排出，上清液由溢流堰溢出。

（2）污泥消化　污泥消化的主要目的是使有机物分解，常用的是厌氧消化工艺。厌氧消化是利用兼氧性细菌和厌氧性细菌，进行厌氧生化反应，将有机物质厌氧消化产生沼气。污泥经进泥阀进入一级消化池，在多种微生物的作用下，进行消化；消化产生的沼气（主要是甲烷）经过各自上部的排气阀，进入沼气总管；进入消化池的污泥温度（25℃）低，消化池内部分污泥经过泵抽出，到热水换热器进行换热，然后循环进入一级消化池，以维持消化池内的温度基本稳定；为了使消化池的温度均匀和浓度均匀，除了热力搅拌外，还有连续的机械搅拌；消化过的污泥经过溢流方式排泥到溢流排泥汇管。

（3）污泥脱水　污泥脱水是脱去其中的毛细水，使污泥进一步减容。从消化池来的污泥存在贮泥池中，然后经螺旋定容泵打入压滤机，经过加药调质，改善脱水性能的污泥，在滤带张力的挤压下脱水，同时产生滤饼和滤液。

第三节　环境空气自动监测系统应用

环境空气质量自动监测系统是以自动监测仪器为核心的自动“测控”系统。环境空气自动监测系统由一个中心站和若干个子站构成（子站数量根据当地情况而定），安装在线式环境监测设备。因此系统软件将由中心站软件和子站软件两大部分组成，两者有机结合，协调整个监测系统的运行，完成对各种监测仪器的数据采集和远程控制及数据处理，并形成报告。

一、系统组成

大气污染物监测仪：包括 SO_2、NO_2、O_3、CO、H_2S、HF、空气颗粒物（TSP）、PM_{10} 等监测仪（可根据用户需要选配）。

气象仪：可测量风速、风向、温度、相对湿度、大气压力（可根据用户需要选配降雨量、日照等）。

现场校准系统：包括多种标准气体、一套气体标定装置。

子站计算机：可连续自动采集大气污染监测仪、气象仪、现场校准的数据及状态信息等，并进行预处理和存储，等待中心计算机轮询或指令。

采样集气管：由采样头、总管、支路接头、抽气风机、排气口等组成。

远程数据设备由调制解调器和公用电话线路组成，有线调传或直接使用无线 PC 卡(支持 GPRS)，保证设备站房等其他硬件。

二、系统参数

激光粉尘仪具有新世纪国际先进水平的新型内置滤膜在线采样器，在连续监测粉尘浓度的同时，可收集到颗粒物，以便对其成分进行分析，并求出质量浓度转换系数 *K* 值。可直读粉尘质量浓度（mg/m^3），具有 PM_{10}、PM_5、$PM_{2.5}$、$PM_{1.0}$及 TSP 切割器供选择。仪器采用了强力抽气泵，使其更适合需配备较长采样管的中央空调排气口 PM_{10}可吸入颗粒物浓度的检测，和对可吸入尘 $PM_{2.5}$进行监测。

三、主要技术指标

（1）配置 40mm 滤膜在线采样器。

（2）具有可更换粒子切割器 PM_{10}、PM_5、$PM_{2.5}$、$PM_{1.0}$及 TSP 供选择。

（3）直读粉尘质量浓度（mg/m^3），1min 出结果。

（4）大屏幕液晶显示器，汉字菜单提示。

（5）检测灵敏度　（L）0.01mg/m；（H）0.001mg/m。

（6）重复性误差　±2%。

（7）测量精度　±10%。

（8）测量范围　（L）0.01～100mg/m；（H）0.001～10mg/m。

（9）测定时间　标准时间为 1min，设有 0.1min 及手动挡（可任意设定采样时间）。

（10）具有公共场所监测模式、大气环境监测模式以及劳动卫生模式。可计算出时间加权平均值（TWA）和短时间接触允许浓度（STEL）等。

（11）存储　可循环存储 999 组数据。

（12）定时采样　可设定测量时间（1～9999）s，关机时间（0～9999）s，预热时间（0～10）s 及采样次数（1～9999）次。

（13）粉尘浓度超标报警阈值设定　浓度最大阈值：$65mg/m^3$；测定时间：(1～9999)s。

（14）输出接口

①PC 机通讯接口：RS232；可选 RS485；可选无线数传电台；可选 GPRS 通讯。

②微型打印机输出接口。

③模拟量输出接口：0～1V；可选 4～20mA。

④数字量输出接口：电平信号。

（15）电源　Ni－MH 充电电池组（1.2V×4），可连续使用 8h；附 220VAC/12VDC 电源适配器。

（16）另配具有湿度修正功能，数据更加精确。

（17）质量　2.4kg，195mm×85mm×132mm。

（18）标准配置　仪器、电池、电源适配器、皮包、小改锥、切割器五选一、滤膜、小塑料袋、说明书、合格证、保修单。

（19）选配　仪器专用通讯软件、微型打印机、采样杆（送国产软管）、标配以外切割器。

四、系统功能

（一）系统软件功能

系统软件的开发立足于基础建设，功能设计上高度浓缩，极大限度减少对操作系统的要求，几乎不依赖于其他应用软件的支持，运行环境要求低，易于安装使用和维护，属绿色环保软件，适宜于长期稳定运行。

（二）子站软件功能

测试项目可以由用户设置组态，适应不同的子站配置。可对一次仪表输出模拟信号采集，并进行 A/D 转换。可通过 RS232、RS485 口直接采集带通讯功能的一次仪表的数据。可连接 MODEM（调制解调器），通过电话线路与中心站远程联系，实现数据传输及控制。采集数据可用图形动态显示，以分钟平均值为基本数据，自动生成数据文件。可查阅任意一日的原始数据，统计小时平均值及污染指数，生成日报、周报、月报、年报等，并可打印输出。可将任意一日的原始数据和统计小时均值以文本文件导出。可以控制一次仪表的调零。可主动呼叫向远程发送任意一日任意时段的数据。

（三）中心站软件功能

测试项目可以由用户设置组态，适应不同的子站配置。可连接 MODEM（调制解调器）或通过公用电话系统（PSDN）与子站系统连接，实时观察子站的监测，图形动态显示。可远程调传子站任意时段的历史数据。子站数据调入中心站后，可查阅任意子站任意一日的原始数据，统计小时平均值及污染指数，生成日报、周报、月报、年报等，并可打印输出。可将各子站的统计日报数据转入年度数据库，以进一步编辑处理，导出为可上报的国家标准要求的数据库文件，如：生成日报、周报、月报、年报等。丰富多变的图表处理功能，可供用户生成各种图表观察或打印。可主动呼叫及向远程发送任意一日任意时段的数据。可将任意一日的原始数据和统计小时均值以文本文件导出。

参考文献

[1] 尹奇德，王利平，王琼．环境工程实验．武汉：华中科技大学出版社，2009.
[2] 雷中方，刘翔．环境工程学实验．北京：化学工业出版社，2007.
[3] 李燕城，吴俊奇．水处理实验技术．2版．北京：中国建筑工业出版社，2004.
[4] 郝瑞霞，吕鉴．水质工程学实验与技术．北京：北京工业大学出版社，2006.
[5] 彭党聪．水污染控制工程实践教程．北京：化学工业出版社，2007.
[6] 陈泽堂．水污染控制工程实验．北京：化学工业出版社，2011.
[7] 张健．环境工程实验技术．镇江：江苏大学出版社，2015.
[8] 银玉容，朱能武．环境工程实验．广州：华南理工大学出版社，2014.
[9] 卞文娟．环境工程实验．南京：南京大学出版社，2011.
[10] 王云海．水污染控制工程实验．西安：西安交通大学出版社，2013.
[11] 成官文．水污染控制工程实验教学指导书．北京：化学工业出版社，2013.
[12] 郝吉明，段雷．大气污染控制工程实验．北京：高等教育出版社，2004.
[13] 陆建刚，陈敏东，张慧．大气污染控制工程实验．北京：化学工业出版社，2008.
[14] 童志权．大气污染控制工程．北京：机械工业出版社，2006.
[15] 宋立杰，赵天涛，赵由才．固体废物处理与资源化实验．北京：化学工业出版社，2008.
[16] 杨胜科，席临平，易秀．环境科学实验技术．北京：化学工业出版社，2008.
[17] 奚旦立，孙裕生，刘秀英．环境监测．北京：高等教育出版社，1996.
[18] 奚旦立．环境监测实验．北京：高等教育出版社，2011.
[19] 张莉，余训平，祝启坤．环境工程实验指导教程．北京：化学工业出版社，2011.
[20] 杜连祥，路福平．微生物学实验技术．北京：中国轻工业出版社，2014.
[21] 彭党聪．水污染控制工程实践教程．北京：化学工业出版社，2004.
[22] 高廷耀，顾国维，周琪．水污染控制工程．北京：高等教育出版社，2007.
[23] 章非娟，徐竟成．环境工程实验．北京：高等教育出版社，2006.
[24] 刘玉婷．环境监测实验．北京：化学工业出版社，2007.
[25] 付新梅，杨秀政，黄云碧．环境监测设计实验．北京：科学出版社，2013.
[26] 严金龙，潘梅．环境监测实验与实训．北京：化学工业出版社，2014.
[27] 孙成．环境监测实验（第二版）．北京：科学出版社，2015.
[28] 邓晓燕，初永宝，赵玉美．环境监测实验．北京：化学工业出版社，2015.
[29] 李光浩．环境监测实验．武汉：华中科技大学出版社，2010.
[30] 岳梅．环境监测实验．合肥：合肥工业大学出版社，2012.
[31] 齐文启，孙宗光，变归国．环境监测新技术．北京：化学工业出版社，2003.